高等学校计算机规划教材

U0133987

数据通信与计算机网络

（非计算机专业）

朴 燕 王 宇 主编

张竞秋 臧景峰 闫晓媛 副主编

电子工业出版社
Publishing House of Electronics Industry
北京·BEIJING

内 容 简 介

本书系统介绍计算机网络的相关知识。全书共 6 章，内容包括计算机网络概述、数据通信、网络体系结构、传输控制协议及 Internet 协议、局域网与广域网、网络技术与网络安全。本书通俗易懂、结构合理、理论与实践并重、注重系统性、新颖性和实用性。每章附有习题，助于读者强化所学知识。本书附有 4 个精心设计的实验。本书配有 PPT、习题答案等教学资源。

本书可作为普通高等院校非计算机专业"计算机网络"课程的教材，也可作为计算机网络设计人员、开发人员及管理人员的技术参考书。

图书在版编目（CIP）数据

数据通信与计算机网络：非计算机专业 /朴燕，王宇主编 —北京：电子工业出版社，2011.5
高等学校计算机规划教材
ISBN 978-7-121-13360-2

I. ①数… II. ①朴…②王… III. ①数据通信－高等学校－教材②计算机网络－高等学校－教材
IV. ①TN919②TP393

中国版本图书馆 CIP 数据核字（2011）第 073087 号

策划编辑：史鹏举
责任编辑：史鹏举
印　　刷：涿州市京南印刷厂
装　　订：涿州市桃园装订有限公司
出版发行：电子工业出版社
　　　　　北京市海淀区万寿路 173 信箱　　邮编：100036
开　　本：787×1092　1/16　　印张：13　　字数：333 千字
印　　次：2011 年 5 月第 1 次印刷
定　　价：27.00 元

凡所购买电子工业出版社图书有缺损问题，请向购买书店调换。若书店售缺，请与本社发行部联系，联系及邮购电话：(010)88254888。

质量投诉请发邮件至 zlts@phei.com.cn，盗版侵权举报请发邮件至 dbqq@phei.com.cn。

服务热线：(010)88258888。

前 言

随着微电子技术、计算机技术和通信技术的迅速发展和相互渗透，计算机网络已成为当今最热门的应用之一，在过去几十年里取得了长足的发展，尤其是在近十几年来得到了高速发展。21 世纪，计算机网络尤其是 Internet 技术，必将改变人们的生活、学习、工作乃至思维方式，并对科学、技术、政治、经济乃至整个社会产生巨大的影响。每个国家的经济建设、社会发展、国家安全乃至政府的高效运转，都将越来越依赖于计算机网络。

本书并未覆盖计算机网络的所有方面，并不是大而全的参考手册，而是重点论述目前计算机网络采用的比较成熟的思想、结构和方法，并力求做到深入浅出、通俗易懂。在内容选择上，一方面以 ISO/OSI 参考模型为背景，介绍计算机网络的基本概念、原理和设计方法；另一方面，以 TCP/IP 协议簇为线索详细讨论各常用的网络互连协议和网络应用协议，并简单讨论网络管理和网络安全。考虑到非通信专业学生对数据通信知识的缺乏，本书增加了有关数据通信基础知识的内容，力求使本书在内容上相对完整。

全书共 6 章。

第 1 章简单介绍计算机网络的产生、发展、主要功能、分类，以及网络体系结构和 ISO/OSI 参考模型。

第 2 章介绍数据通信技术，内容包括数据通信基本概念和基础理论、数据的编码技术、数据传输方式、多路复用技术，以及数据交换技术。

第 3 章介绍网络体系结构，介绍 OSI 模型各层的作用和原理，重点阐述物理层、数据链路层和网络层，并简要介绍 OSI 的高层协议。

第 4 章、第 5 章，介绍网络互连、TCP/IP 参考模型、IP、ARP、IP 路由协议、TCP 和UDP，以及各种广域网、局域网、高速局域网技术。

第 6 章介绍目前常用的无线网络技术、多媒体技术及相关的网络安全技术。

本书可作为普通高等院校非计算机专业"计算机网络"课程的教材，建议学时为 32~48 学时。本书也可作为计算机网络设计人员、开发人员及管理人员的技术参考书。本课程配套精品课程网站（http://jpk.cust.edu.cn/sjtx），提供教学大纲、授课教案、CAI 课件、实验指导、习题、教学录像、期末考试题及答案教学资源。本网站获得吉林省高等学校教育技术成果二等奖。

本书配有电子课件、习题参考答案等教学资源，需要者可从华信教育资源网http://www.hxedu.com.cn 免费注册下载。

本书第 1、3 章由朴燕编写，第 2 章由闫晓媛编写，第 4 章由王宇编写，第 5、6 章由张竞秋和臧景峰编写。由于计算机网络技术发展非常迅速，涉及知识面广，加之作者水平有限，书中难免存在疏漏之处，欢迎广大读者批评指正。

编 者

目 录

第 1 章　数据通信与计算机网络概述

本章导读：网络直接影响着我们的生活。本章将介绍网络技术的发展历程、基本原理及相关概念、术语。

教学内容：计算机网络的发展、Internet 的起源与发展及计算机网络的发展趋势；计算机网络的定义、基本组成及功能；计算机网络的分类和应用模式；计算机网络的拓扑结构与选用。

教学要求：了解计算机网络发展各阶段的特点。理解计算机网络的定义、基本组成及功能。掌握计算机网络的拓扑结构与选用。

1.1　计算机网络发展的历史阶段

计算机网络近年来获得了飞速的发展。30 年前，很少有人接触过网络。现在，计算机通信已成为我们社会结构的一个基本组成部分。网络被用于工商业的各个方面，包括广告宣传、生产、销售、计划、报价和会计等。从小学到研究生教育的各级学校都使用计算机网络为教师和学生提供全球范围的联网图书信息的即时检索和查询等业务。简而言之，计算机网络已遍布全球各个领域。

计算机网络从 20 世纪 60 年代发展至今，已经形成从小型的办公局域网络到全球性的大型广域网的规模。对现代人类的生产、经济、生活等各个方面都产生了巨大的影响。1946 年世界上第一台电子计算机问世后的十多年时间内，由于价格很昂贵，电脑数量极少。早期所谓的计算机网络主要是为了解决这一矛盾而产生的，其形式是将一台计算机经过通信线路与若干台终端直接连接，我们也可以把这种方式看做最简单的局域网雏形。

最早的 Internet 是由美国国防部高级研究计划局 ARPANET 建立的。现代计算机网络的许多概念和方法，如分组交换技术都来自 ARPANET。ARPANET 不仅进行了租用线互联的分组交换技术研究，而且做了无线、卫星网的分组交换技术研究，其结果导致 TCP/IP 问世。

1977—1979 年，ARPANET 推出了目前形式的 TCP/IP 体系结构和协议。1980 年前后，ARPANET 上的所有计算机开始了 TCP/IP 协议的转换工作，并以 ARPANET 为主干网建立了初期的 Internet。1983 年，ARPANET 的全部计算机完成了向 TCP/IP 的转换，并在UNIX（BSD4.1）上实现了 TCP/IP。ARPANET 在技术上最大的贡献就是 TCP/IP 协议的开发和应用。著名的科学教育网 CSNET 和 BITNET 先后建立。1984 年，美国国家科学基金会 NSF规划建立了 13 个国家超级计算中心及国家教育科技网，随后替代了 ARPANET 的骨干地位。1988 年 Internet 开始对外开放。1991 年 6 月，在连通 Internet 的计算机中，商业用户首次超过了学术界用户，这是 Internet 发展史上的一个里程碑，从此 Internet 成长速度一发不可收拾。

纵观计算机网络的发展历史可以发现，它和其他事物的发展一样，也经历了从简单到复杂，从低级到高级的过程。在这一过程中，计算机技术与通信技术紧密结合，相互促进，共同发展，最终产生了计算机网络。在计算机网络出现之前，信息的交换是通过磁盘进行相互传递资源的，如图1.1所示。总体看来，网络的发展可以分为四个阶段。

1. 第一代：面向终端的计算机网络

早期的计算机系统是高度集中的，所有的设备安装在单独的机房中，后来出现了批处理和分时系统，分时系统所连接的多个终端连接着主计算机。20 世纪 50 年代中后期，许多系统都将地理上分散的多个终端通过通信线路连接到一台中心计算机上，出现了第一代计算机网络，如图 1.2 所示。主机是网络的中心和控制者，终端(键盘和显示器)分布在各处并与主机相连，用户通过本地的终端使用远程的主机。只提供终端和主机之间的通信，而网络之间的计算机无法通信。

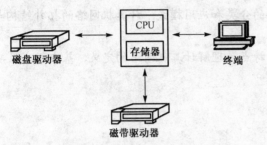

图 1.1　利用磁盘进行数据交换

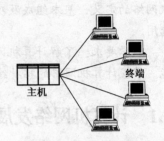

图 1.2　面向终端的单主机互联系统

在这里，终端用户通过终端机向主机发送一些数据运算处理请求，主机运算后又发给终端机；终端用户要存储数据时向主机里存储，终端机并不保存任何数据。第一代网络并不是真正意义上的网络，而是一个面向终端的互联通信系统。当时的主机负责两方面的任务：负责终端用户的数据处理和存储；负责主机与终端之间的通信过程。

随着终端用户对主机的资源需求量增加，主机的作用就改变了，出现了通信控制器 CCP (Communication Control Processor)，它的主要作用是完成全部的通信任务，让主机专门进行数据处理，以提高数据处理的效率，如图1.3 所示。

当时主机主要作用是处理和存储终端用户发出对主机的数据请求，通信任务主要由通信控制器完成。这样把通信任务分配给通信控制器，主机的性能就会有很大的提高，集中器主要负责从终端到主机的数据集中收集及主机到终端的数据分发。

典型应用是美国航空公司与 IBM 在 20 世纪 50 年代初开始联合研究，20 世纪 60 年代投入使用的飞机订票系统 SABRE-I，它由一台计算机和全美范围内 2000 个终端组成(这里的终端是指由一台计算机外部设备组成的简单计算机，有点类似现在所提的"瘦客户机"，仅包括 CRT 控制器、键盘，没有 CPU、内存和硬盘)。

2. 第二代：计算机网络阶段(局域网)

从 20 世纪 60 年代中期到 70 年代中期，随着计算机技术和通信技术的进步，已经形成了将多个单主机互联系统相互连接起来，以多处理机为中心的网络，并利用通信线路将多台主机连接起来为终端用户提供服务，如图 1.4 所示。

第二代网络是在计算机网络通信网的基础上，通过完成计算机网络体系结构和协议的研究形成的计算机初期网络。如 20 世纪 60 至 70 年代初期由美国国防部高级研究计划局研制的 ARPANET 网络，它将计算机网络分为**资源子网**和**通信子网**。通信子网一般由通信设备、网络介质等物理设备所构成；资源子网的主体为网络资源设备，如服务器、用户计算机(终端机或工作站)、网络存储系统、网络打印机、数据存储设备等。在现代的计算机网络中资源子网和通信子网也是必不可少的部分，通信子网为资源子网提供信息传输服务，而资源子网上用户间的通信是建立在通信子网的基础上的。没有通信子网，网络就不能工作；没有资源子网，通信子网的传输也就失去了意义，两者结合起来组成了统一的资源共享网络。

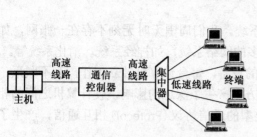

图 1.3　利用通信控制器实现通信

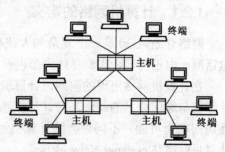

图 1.4　多主机互联系统

第二代网络应用网络分组交换技术进行对数据远距离传输。分组交换是主机利用分组技术将数据分成多个报文，每个数据报自身携带足够多的地址信息，当报文通过节点时暂时存储并查看报文目标地址信息，运用路由算法选择最佳目标传送路径将数据传送给远端的主机，从而完成数据转发。

20 世纪 70 年代后期是通信网大发展的时期，各发达国家政府部门、研究机构和电报电话公司都在发展分组交换网络。这些网络以实现计算机之间的远程数据传输和信息共享为主要目的，通信线路大多租用电话线路，少数铺设专用线路，这一时期的网络称为第二代网络，以远程大规模互联为主要特点。

3. 第三代：计算机网络标准化阶段

20 世纪 70 年代末至 90 年代的第三代计算机网络是具有统一网络体系结构并遵循国际标准的开放式、标准化的网络。ARPANET 兴起后，计算机网络发展迅猛，各大计算机公司相继推出自己的网络体系结构及实现这些结构的软、硬件产品。

在第三代网络出现以前网络是无法实现不同厂家设备互连的。早期，各厂家为了霸占市场，采用自己独特的技术并开发自己的网络体系结构，当时，IBM 发布了 SNA（System Network Architecture，系统网络体系结构），DEC 公司发布了 DNA（Digital Network Architecture，数字网络体系结构）。不同的网络体系结构是无法互连的，所以不同厂家的设备无法达到互连，即使是同一家的产品在不同时期也是无法达到互连的，这样就阻碍了大范围网络的发展。为了实现网络大范围的发展和不同厂家设备的互连，1977 年国际标准化组织 ISO（International Organization for Standardization）提出一个标准框架——OSI（Open System Interconnection/ Reference Model，开放系统互连参考模型），共七层。1984 年正式发布了 OSI，使厂家设备、协议达到全网互连。

4. 第四代：互联网——信息高速公路（高速、多业务、大数据量）

20 世纪 90 年代末至今的第四代计算机网络，由于局域网技术发展成熟，出现光纤及高速网络技术、多媒体网络、智能网络，整个网络就像一个对用户透明的大的计算机系统，发展为以 Internet 为代表的互联网。

第四代网络是随着数字通信出现和光纤的接入而产生的，其特点是网络化、综合化、高速化及计算机协同能力。同时，快速网络接入 Internet 的方式也不断地诞生，如 ISDN、ADSL、DDN、FDDI 和 ATM 网络等。

1.2　计算机网络概述

1.2.1　计算机网络的定义

网络(Network)是一个复杂的人或物的互连系统。我们周围无时无刻不存在一张网,如电话网、电报网等。我们身体内部也存在许许多多的网络系统,如神经系统、消化系统等。

在计算机网络出现的前期,计算机都是独立的设备,每台计算机独立工作,互不联系。计算机与通信技术的结合,对计算机系统的组织方式产生了深远的影响,使计算机之间的相互访问成为可能。不同种类的计算机通过同种类型的通信协议(Protocol)相互通信,产生了计算机网络(Computer Network)。

计算机网络,就是把分布在不同地理区域的计算机及专门的外部设备利用通信线路互连成一个规模大、功能强的网络系统,从而使众多的计算机可以方便地互相传递信息、共享信息资源。给出如此广泛的定义是因为 IT 业迅速发展,各种网络互连终端设备层出不穷,如计算机、打印机、WAP(Wireless Application Protocol)手机、PDA(Personal Digital Assistant)、网络电话等各种支持网络互连的设备。

1.2.2　计算机网络的功能

1.数据通信

利用计算机网络可实现各计算机之间快速可靠地互相传送数据,进行信息处理,如传真、电子邮件(E-mail)、电子数据交换(EDI)、电子公告牌(BBS)、远程登录(Telnet)与信息浏览等通信服务。数据通信是计算机网络最基本的功能。

2.资源共享

网络的出现使资源共享变得很简单,能在网络上达到数据共享、软件共享、硬件共享,使交流的双方可以跨越空间的障碍,随时随地传递信息。

3.负载均衡与分布处理

负载均衡(Load Balancing)通过网络可以缓解用户资源缺乏的矛盾,使各种资源得到合理的调整。分布处理(Distributed Processing):一方面,对于一些大型任务,可以通过网络分散到多个计算机上进行分布式处理,也可以使各地的计算机通过网络资源共同协作,进行联合开发、研究等;另一方面,计算机网络促进了分布式数据处理和分布式数据库的发展。

举个典型的例子:一个大型 ISP(Internet 内容提供商)为了支持更多的用户访问他的网站,在全世界多个地方放置了相同内容的 WWW(World Wide Web)服务器;通过一定技术使不同地域的用户看到放置在离他最近的服务器上的相同页面,这样来实现各服务器的负载均衡,同时用户也节省了访问时间。

4.提高系统的安全可靠性

计算机网络系统能实现对差错信息的重发,网络中各计算机还可以通过网络成为彼此的后备机,从而增强系统的可靠性。计算机通过网络中的冗余部件可大大提高可靠性,例如,在工作过程中，一台机器出了故障，可以使用网络中的另一台机器；网络中一条通信线路出了故障，可以取道另一条线路，从而提高网络整体系统的可靠性。

1.2.3　计算机网络的组成

一般而论，计算机网络有三个主要组成部分：若干主机，为用户提供服务；一个通信子网，主要由节点交换机和连接这些节点的通信链路组成；网络软件和一系列的协议，为在主机和主机之间或主机和子网中各节点之间的通信所用，是通信双方事先约定好的、必须遵守的规则。

为了便于分析，按照数据通信和数据处理的功能，一般从逻辑上将网络分为通信子网和资源子网两部分。图1.5给出了典型的计算机网络结构。

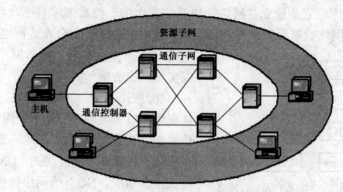

图 1.5　计算机网络的基本结构

1．通信子网

通信子网由通信控制器(CCP)、通信线路与其他通信设备组成，负责完成网络数据传输、转发等通信处理任务。

通信控制器在网络拓扑结构中被称为网络节点。它一方面作为与资源子网的主机、终端连接的接口，将主机和终端连入网内；另一方面又作为通信子网中的分组存储—转发节点，完成分组的接收、校验、存储、转发等功能，实现将源主机报文准确发送到目的主机的作用。目前通信控制器一般为路由器和交换机。

通信线路为通信控制器与通信控制器、通信控制器与主机之间提供通信信道。计算机网络采用了多种通信线路，如电话线、双绞线、同轴电缆、光纤电缆、无线通信信道、微波与卫星通信信道等。

2．资源子网

资源子网由主机系统、终端、终端控制器、连网外设、各种软件资源与信息资源组成。资源子网实现全网的面向应用的数据处理和网络资源共享，它由各种硬件和软件组成。

(1)主机系统(Host)。它是资源子网的主要组成单元，装有本地操作系统、网络操作系统、数据库、用户应用系统等软件。它通过高速通信线路与通信子网的通信控制器相连接。普通用户终端通过主机系统连入网内。早期的主机系统主要指大型机、中型机与小型机。

(2)终端。它是用户访问网络的界面。终端可以是简单的输入、输出终端，也可以是带有微处理器的智能终端。智能终端除具有输入、输出信息的功能外，本身具有存储与处理信息的能力。终端可以通过主机系统连入网内，也可以通过终端设备控制器、报文分组组装与拆卸装置或通信控制器连入网内。

(3)网络操作系统(NOS)。它是建立在各主机操作系统之上的一个操作系统，用于实现不同主机之间的用户通信，以及全网硬件和软件资源的共享，并向用户提供统一、方便的网络接口，便于用户使用网络。

(4)网络协议。网络协议是实现计算机之间、网络之间相互识别并正确进行通信的一组标准和规则，它是计算机网络工作的基础。在 Internet 上传送的每个消息至少通过三层协议：网络协议(Network Protocol)，负责将消息从一个地方传送到另一个地方；传输协议(Transport Protocol)，管理被传送内容的完整性；应用程序协议(Application Protocol)，作为对通过网络应用程序发出的请求的应答，将传输转换成人类能识别的东西。

(5)网络数据库。它是建立在网络操作系统之上的一种数据库系统，可以集中驻留在一台主机上(集中式网络数据库系统)，也可以分布在每台主机上(分布式网络数据库系统)，它向网络用户提供存取、修改网络数据库的服务，以实现网络数据库的共享。

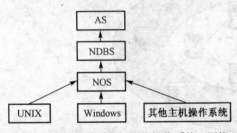

图 1.6　主机操作系统、网络操作系统、网络数据库系统和应用系统之间的关系

(6)应用系统。它是建立在上述部件基础的具体应用，以实现用户的需求。图 1.6 表示了主机操作系统、网络操作系统、网络数据库系统和应用系统之间的层次关系。图中 UNIX、Windows 为主机操作系统，NOS 为网络操作系统，NDBS 为网络数据库系统，AS 为应用系统。

1.3　计算机网络的分类

计算机网络从发展到现在应用得非常广泛，计算机网络分类方法有很多种，根据网络的分类不同，在同一种网络中可能会有很多种不同的名词说法，如局域网、总线网、以太网或 Windows NT/2000 网络等。因此，对计算机网络分类的研究有助于我们更好地理解和学习计算机网络。以下是计算机网络的主要方法分类。

1.3.1　计算机网络按覆盖范围分类

计算机网络所覆盖的地理范围不同，所采用的传输技术也有所不同，因此形成了不同的网络技术特点和网络服务功能。按覆盖地理范围的大小，可以把计算机网络分为局域网、城域网和广域网。

1. 局域网

局域网(Local Area Network，LAN)是将小区域内的各种通信设备互连在一起所形成的网络，覆盖范围一般局限在房间、大楼或园区内。局域网一般指分布于几千米范围内的网络。局域网的特点是：距离短、延迟小、数据速率高、传输可靠。

局域网可分布于一个间房、每个楼层、整栋楼及楼群之间等，范围一般在 2 km 以内，最大距离不超过 10 km，如图1.7所示。它是在小型计算机和微型计算机大量推广使用之后逐渐发展起来的。一方面，它容易管理与配置；另一方面，容易构成简洁整齐的拓扑结构。局域网速率高,延迟小,传输速率通常为 10 Mb/s～ 2 Gb/s。因此, 网络节点往往能对等地参与对整个网络的使用与监控。再加上成本低、应用广、组网方便及使用灵活等特点,深受用户欢迎, 是目前计算机网络技术发展中最活跃的一个分支。局域网的物理网络通常只包含物理层和数据链路层。

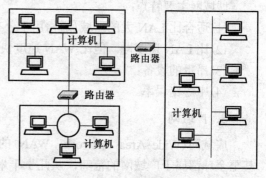

图 1.7　局域网

局域网主要用来构建单位的内部网络,如办公室网络、办公大楼内的局域网、学校的校园网、工厂的企业网、大公司及科研机构的园区网等。局域网通常属于单位所有,单位拥有自主管理权,以共享网络资源和协同式网络应用为主要目的。

局域网主要特点:
(1) 适应网络范围小;
(2) 传输速率高;
(3) 组建方便、使用灵活;
(4) 网络组建成本低;
(5) 数据传输错误率低。

局域网按照采用的技术、应用范围和协议标准的不同,可以分为共享局域网和交换局域网。局域网发展迅速,应用日益广泛,是目前计算机网络中最活跃的分支。

2. 城域网

城域网(Metropolitan Area Network, MAN)是介于广域网与局域网之间的一种大范围的高速网络,它的覆盖范围通常为几千米至几十千米,传输速率为 2 Mb/s～数 Gb/s,如图 1.8 所示。随着使用局域网带来的好处,人们逐渐要求扩大局域网的范围,或者要求将已经使用的局域网互相连接起来,使其成为规模较大的城市范围内的网络。因此,城域网设计的目标是要满足几十千米范围内的大量企业、机关、公司与社会服务部门的计算机连网需求,实现大量用户、多种信息传输的综合信息网络。城域网主要指大型企业集团、ISP、电信部门、有线电视台和政府构建的专用网络和公用网络。

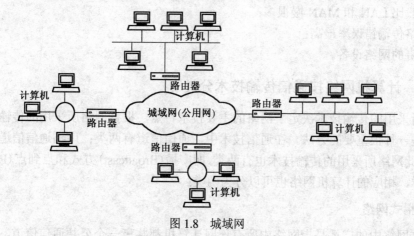

图 1.8　城域网

城域网主要特点:

(1)适合比 LAN 大的区域(通常用于分布在一个城市的大校园或企业之间);

(2)比 LAN 速度慢，但比 WAN 速度快;

(3)昂贵的设备;

(4)中等错误率。

3. 广域网

广域网(Wide Area Network，WAN)的覆盖范围很大，几个城市、一个国家、几个国家甚至全球都属于广域网的范畴，从几十千米到几千或几万千米，如图 1.9 所示。此类网络起初是出于军事、国防和科学研究的需要。如美国国防部的 ARPANET 网络，1971 年在全美推广使用并已延伸到世界各地。由于广域网覆盖距离遥远，其速率比局域网低得多。另外在广域网中，网络之间连接用的通信线路大多租用专线，当然也有专门铺设的线路。物理网络本身往往包含了一组复杂的分组交换设备，通过通信线路连接起来，构成网状结构。由于广域网一般采用点对点的通信技术，所以必须解决寻址问题，这也是广域网的物理网络中包含网络层的原因。

图 1.9　广域网

互联网在范畴上属于广域网。但它并不是一种具体的物理网络技术，它是将不同的物理网络技术按某种协议统一起来的一种高层技术，是广域网与广域网、广域网与局域网、局域网与局域网之间的互连，形成了局部处理与远程处理、有限地域范围资源共享与广大地域范围资源共享相结合的网络。目前，世界上发展最快、最热门的互联网就是 Internet，它是世界上最大的互联网。国内这方面的代表主要有:中国电信的 CHINANET 网、中国教育科研网(CERNET)、中国科学院系统的 CSTNET 和金桥网(GBNET)等。

广域网的主要特点:

(1)规模可以与世界一样大小;

(2)一般比 LAN 和 MAN 慢很多;

(3)网络传输错误率最高;

(4)昂贵的网络设备。

1.3.2　计算机网络按通信传输技术分类

网络所采用的传输技术决定了网络的主要技术特点，根据网络所采用的传输技术对网络进行划分是一种很重要的方法。在通信技术中，通信信道有两类:广播通信信道与点到点通信信道。因此网络所采用的传输技术也有两类，即广播(Broadcast)方式和点到点(Point-to-Point)方式。这样，相应的计算机网络也可以分为两类:

1. 广播式网络

广播式网络中的广播是指网络中所有连网计算机都共享一个公共通信信道，当一台计算机利用共享通信信道发送报文分组时，所有其他计算机都会接收并处理这个分组。由于发送的分组中带有目的地址与源地址，网络中所有接收到该分组的计算机将检查目的地址是否与本节点的地址相同。如果被接收报文分组的目的地址与本节点地址相同，则接收该分组，否则将收到的分组丢弃。广播网络中的计算机或设备使用一个共享的通信介质进行数据传播，网络中的所有节点都能收到任何节点发出的数据信息。广播网络中的传输方式目前有以下 3 种方式：

单播(Unicast)：发送的信息中包含明确的目的地址，所有节点都检查该地址。如果与自己的地址相同，则处理该信息，如果不同则忽略。

组播(Multicast)：将信息传送给网络中部分节点。

广播(Broadcast)：在发送的信息中使用一个指定的代码标识目的地址，将信息发送给所有的目的节点。当使用这个指定代码传输信息时，所有节点都接收并处理该信息。

2．点到点式网络

网络中的每两台主机、两台节点交换机之间或主机与节点交换机之间都存在一条物理信道，机器(包括主机和节点交换机)沿某信道发送的数据确定无疑只有信道另一端的唯一一台机器收到。在这种点到点的拓扑结构中，没有信道竞争，几乎不存在访问控制问题。绝大多数广域网都采用点到点的拓扑结构，网状网是典型的点到点拓扑。此外，星型结构、树型结构，某些环网，尤其是广域环网，也是点到点的。

1.3.3　计算机网络按拓扑结构分类

拓扑结构：网络中通信线路和节点之间的几何排列形式；或者，网线与节点之间排列所构成的图形。网络拓扑结构是抛开网络电缆的物理连接来讨论网络系统连接形式，是指网络电缆构成的几何形状，它能表示出网络服务器、工作站、网络设备的网络配置和互相之间的连接。在网络方案设计过程中，网络拓扑结构是关键问题之一，了解网络拓扑结构的有关知识对网络系统集成具有指导意义。

计算机网络拓扑结构如图 1.10 所示，一般可以分为总线型、星型、环型、树型、网状型等。

总线型在一条单线上连接着所有工作站和其他共享设备(文件服务器、打印机等)。总线型网络的特点是：结构简单、非常便于扩充、价格相对较低、安装使用方便。一旦总线的某一点出现接触不良或断开，整个网络将陷于瘫痪。实际安装时要特别处理好总线的各个接头。

星型是以中心节点为中心与各节点连接。星型网络的特点：系统稳定性好，故障率低。由于任何两个节点间通信都要经过中心节点，故中心节点出故障时，整个网络会瘫痪。在文件服务器/工作站的局域网模式中，中心节点是文件服务器，存放共享资源。在文件服务器与工作站之间接有集线器(HUB)，集线器的作用为多路复用。目前大多数局域网均采用星型结构。

环型网络是由节点和连接节点的点-点链路组成的一个闭合环，每个节点从一条链路上接收数据，然后以同样的速率串行在另一条链路上发送出去。链路大多数是单方向的，即数据在环上只沿一个方向传输。局域网技术中的令牌环网是环型网的一个实例。工作站、共享设备(服务器、打印机等)通过通信线路将设备构成一个闭合的环。环型网络的特点是：信息在网络中沿固定方向流动,两个节点间有唯一的通路,可靠性高。由于整个网络构成闭合环,故网络扩充起来不太方便。环型网是局域网常采用的拓扑结构之一。

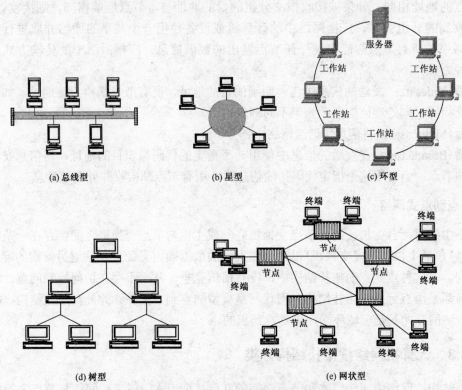

图 1.10 计算机网络拓扑结构

树型拓扑是一种分级结构。在树型结构的网络中,任意两个节点之间不产生回路,每条通路都支持双向传输。这种结构的特点是扩充方便、灵活,成本低,易推广,适合分主次或分等级的层次型管理系统。

网状型网络的每个节点都与其他节点有一条专业线路相连。网状型拓扑广泛用于广域网中。由于节点之间有多条线路相连,所以网络的可靠性较高。由于结构比较复杂,建设成本较高。

以上介绍了五种基本的网络拓扑结构,以此为基础,还可构造出一些复合型的网络拓扑结构。例如,中国教育科研计算机网络(CERNET)可认为是网状型网、树型网和环型网的复合,如图1.11所示。其主干网为网状型结构,连接的每一所大学大多是树型结构或环型结构。

1.3.4 计算机网络按组件分类

1. 对等网

在对等(Peer to Peer)网络中,各个计算机的地位没有从属关系,也没有专用的服务器和客户机。网络中的资源分散在每台计算机上的,每台计算机都有可能成为服务器也有可能成为客户机。网络的安全验证在本地进行,一般对等网络中的用户小于或等于 10 台,如图1.12所示。

对等网能够提供灵活的共享模式,组网简单、方便,但难于管理,安全性能较差。它可满足一般数据传输的需要,所以一些小型单位在计算机数量较少时可选用"对等网"结构。

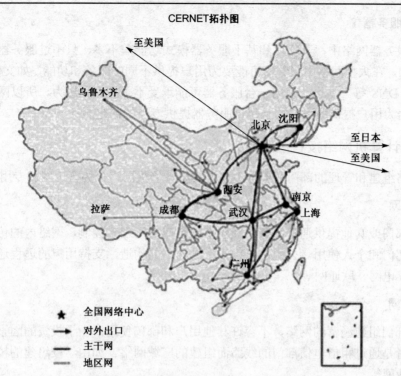

图 1.11　中国教育科研计算机网络拓扑图

图 1.12　对等网

2.客户机/服务器模式（Client/Server）

为了使网络通信更方便、稳定、安全，我们引入基于服务器的网络（Client/Server，简称 C/S），如图 1.13 所示。这种类型网络中有一台或几台较大计算机集中进行共享数据库的管理和存取，称为服务器，而将其他的应用处理工作分散到网络中其他计算机上去做，构成分布式的处理系统。服务器控制管理数据的能力已由文件管理方式上升为数据库管理方式，因此，C/S 中的服务器也称为数据库服务器，注重于数据定义及存取、安全备份及还原、并发控制及事务管理，执行诸如选择检索和索引排序等数据库管理功能。它有足够的能力做到把通过其处理后用户所需的那部分数据而不是整个文件通过网络传送到客户机去，减轻了网络的传输负荷。C/S 结构是数据库技术的发展和普遍应用与局域网技术发展相结合的结果。

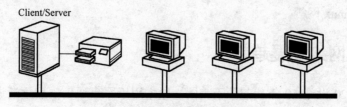

图 1.13　基于服务器的网络

3. 专用服务器

在专用服务器网络中,其特点和基于服务器模式功能差不多,只不过服务器在分工上更加明确。例如,在大型网络中服务器可能要为用户提供不同的服务和功能,如文件打印服务、Web、邮件、DNS 等。那么,使用一台服务器可能承受不了这么大压力,所以网络中就需要有多台服务器为用户提供服务,并且每台服务器提供专一的网络服务。

1.3.5　计算机网络按管理对象分类

根据网络组建和管理的部门和单位不同,常将计算机网络分为公用网和专用网。

1. 公用网

由电信部门或其他提供通信服务的经营部门组建、管理和控制,网络内的传输和转接装置可供任何部门和个人使用。公用网常用于广域网络的构造,支持用户的远程通信。如我国的电信网、广电网、联通网等。

2. 专用网

由用户部门组建经营的网络,不容许其他用户和部门使用;由于投资的因素,专用网常为局域网或者是通过租借电信部门的线路而组建的广域网络。如由学校组建的校园网、由企业组建的企业网等。

3. 利用公用网组建专用网

许多部门直接租用电信部门的通信网络,并配置一台或多台主机,向社会各界提供网络服务,这些部门构成的应用网络称为增值网络(或增值网),即在通信网络的基础上提供了增值的服务,如中国教育科研网(CERNET)。

1.3.6　其他分类方式

除了上述分类方式外,对计算机网络还可以采用以下的分类方式:

(1)按网络传输信息采用的物理信道分类,可划分为有线网络和无线网络,而且两者还可细分。

(2)按通信速率的不同分类,可划分为低速网络(数据传输速率在 1.5 Mb/s 以下的网络系统)、中速网络(数据传输速率在 50 Mb/s 以下的网络系统)、高速网络(数据传输速率在 50 Mb/s 以上的网络系统)。

(3)按数据交换方式分类,可分为线路交换网络、报文交换网络、分组交换网络、ATM 网络等。

(4)按采用的网络操作系统分类,可分为 Novell 网、Windows NT 网、Windows 2000 Server 网、UNIX 网、Linux 网等。

1.4　计算机网络发展趋势

计算机网络 20 世纪 60 年代起源于美国,原本用于军事通信,后逐渐进入民用,经过短短 50 年不断的发展和完善,现已广泛应用于各个领域,并飞速向前发展。在不久的将来,我们将看到一个充满虚拟性的新时代。在这个虚拟时代,人们的工作和生活方式都会极大地改变，那时我们将进行虚拟旅行，读虚拟大学，在虚拟办公室里工作，进行虚拟的驾车测试等。

(1) 全球因特网装置之间的通信量将超过人与人之间的通信量。 因特网将从一个单纯的大型数据中心发展成为一个更加聪明的高智商网络，将成为人与信息之间的高层调节者。其中的个人网站复制功能将不断预期人们的信息需求和喜好，用户将通过网站复制功能筛选网站，过滤掉与己无关的信息并将所需信息以最佳格式展现出来。同时，个人及企业将获得大量个性化服务。这些服务将由软件设计人员在一个开放的平台中实现。由软件驱动的智能网技术和无线技术将使网络触角伸向人们所能到达的任何角落，同时允许人们自行选择接收信息的形式。

(2) 带宽的成本将变得非常低廉，甚至可以忽略不计。 随着带宽瓶颈的突破，未来网络的收费将来自服务而不是带宽。交互性的服务，如连网的视频游戏、电子报纸和杂志等服务将成为未来网络价值的主体。

(3) 在不久的未来，无线网络将更加普及，其中短距无线网络前景看俏。 短距无线通信标准 Zigbee 与超宽频 UWB（Ultra Wideband）即将制订完成，未来将与蓝牙（BlueTooth）共同建构短距离无线网络环境，包括蓝牙、Zigbee 与 UWB 等相关产品出货量都将大幅成长。随着电子电机工程师协会（IEEE）推出 802.15 个人局域网络（WPAN）标准后，新一代的短距离无线通信发展趋势逐渐确定，除了蓝牙（802.15.1）外，Zigbee（802.15.4）标准也已出台，未来 Zigbee 与 UWB 将以各自不同特性，如速度、价格等切入短距离无线网络环境。

(4) 计算机网络飞速发展的同时，安全问题不容忽视。 网络安全经过了 20 多年的发展，已经发展成为一个跨学科的综合性科学，包括通信技术、网络技术、计算机软件、硬件设计技术、密码学、网络安全与计算机安全技术等。

在理论上，网络安全是建立在密码学及网络安全协议的基础上的。密码学是网络安全的核心，利用密码技术对信息进行加密传输、加密存储、数据完整性鉴别、用户身份鉴别等，比传统意义上简单的存取控制和授权等技术更可靠。加密算法是一些公式和法则，它规定了明文和密文之间的变换方法。由于加密算法的公开化和解密技术的发展，加上发达国家对关键加密算法的出口限制，各个国家正不断致力于开发和设计新的加密算法和加密机制。

从技术上，网络安全取决于两个方面：网络设备的硬件和软件。网络安全则是由网络设备的软件和硬件互相配合来实现的。但是，由于网络安全作为网络对其上的信息提供的一种增值服务，人们往往发现软件的处理速度成为网络的瓶颈，因此将网络安全的密码算法和安全协议用硬件实现，实现线速的安全处理仍将是网络安全发展的一个主要方向。

在安全技术不断发展的同时，全面加强安全技术的应用也是网络安全发展的一个重要内容。因为即使有了网络安全的理论基础，没有对网络安全的深刻认识、没有广泛地将它应用于网络中，那么谈再多的网络安全也是无用的。同时，网络安全不仅是防火墙，也不仅是防病毒、入侵监测、防火墙、身份认证、加密等产品的简单堆砌，而是包括从系统到应用、从设备到服务的比较完整的、体系性的安全系列产品的有机结合。

总之，网络在今后的发展过程中不再仅仅是一个工具，也不再是一个遥不可及仅供少数人使用的技术专利，它将成为一种文化、一种生活融入社会的各个领域。

习　题　1

1. 计算机网络的发展可划分为几个阶段？每个阶段各有何特点？
2. 计算机网络可从几方面进行分类？
3. 什么是计算机网络？它由什么网络单元组成？
4. 计算机网络组成的三要素是什么？
5. 计算机网络具有哪些功能？
6. 目前，计算机网络应用在哪些方面？

第 2 章 数 据 通 信

本章导读：数据通信技术是数据通信网络的数据交换基础。为了使计算机之间能够相互进行通信及数据传输，需要将计算机处理的数字信号转换成可以在网上传输的光电信号，然后才能通过网络传输介质进行传输。本章在明确数据通信基本概念的基础上，介绍数据通信相关的技术，包括数据编码技术与数据传输方式、多路复用技术及数据交换技术。

教学内容：数据通信的基本概念，数据的编码技术，数据传输方式及多路复用技术，数据交换技术。

教学要求：理解数据通信的基本概念，了解数据的各种编码技术，掌握各种数据传输方式的特点及应用，掌握各种多路复用技术的原理及各种数据交换技术的特点。

2.1 数据通信的基本概念

2.1.1 数据、信号和信道

关于数据通信，首先要明确几个常用的术语。

1. 数据

通信是为了交换信息，而数据(Data)是信息的载体。信息涉及数据所表示的内涵，而数据涉及信息的表现形式，它可以是话音、数值、文本、图形和图像等，数据是通信双方交换的具体内容。

数据可以有模拟数据(Analog Data)和数字数据(Digital Data)之分。

模拟数据是随时间连续变化的函数，在一定的范围内有连续的无数个值。模拟数据在现实世界中大量存在，例如，当我们说话时，声音大小是连续变化的，因此运送话音信息的声波就是模拟数据。

计算机中使用数字数据。计算机的电路只有高、低两种电平状态，分别表示二进制数字"1"和"0"，它们用某种编码(Coding)方式可以编为计算机系统所使用的二进制代码，用这些代码表示的数据就是数字数据。数字数据是离散的，只有有限个值。美国信息交换标准代码(American Standard Code for Information Interchange，ASCII)就是一种使用最为广泛的二进制代码，可以表示英文和数字。

2. 信号

数据是通过信号(Signal)进行传输的，信号是数据传输的载体，是数据的物理表现形式。在网络系统中，通过传输介质传输的数据称为信号。数据在发送前要把它转换成某种物理信号，用它的特征参数表示所传输的数据，如电信号的电平，正弦电信号的幅值、频率和相位，电脉冲的幅值、上升沿和下降沿，光脉冲信号的有和无等。实质上，这些信号在介质中都是通过电磁波(Electromagnetic Wave)进行传输的，因此可以说，传输信号是数据在介质中传输的电磁波表现形式。

信号也有模拟信号和数字信号之分。模拟信号是表示数据的特征参数连续变化的信号，而数字信号是离散的信号。例如，把模拟的话音转化为电信号进行传输，使电信号的幅值与声音大小成正比，它是幅值连续变化的模拟信号。如果把二进制代码的"1"和"0"直接用高、低两种电平信号表示，作为传输信号，其幅值只有离散的两种电平，是一种数字信号。

3. 信道

信道(Channel)是指以传输介质为基础的信号传输的通道。信道可分为物理信道和逻辑信道。物理信道是指用来传输信息的物理通路，由传输介质和端接设备组成；逻辑信道是指在发送端、接收端之间传输信息的通路。逻辑信道是在物理信道的基础上建立起来的传输信息通路，一条物理信道可以对应一条或多条逻辑信道。

信道按传输信号的类型可分为模拟信道和数字信道；按使用权限可分为公用信道和专用信道；按传输介质可分为有线信道和无线信道。固定电话信道、有线电视信道和光信道均属于有线信道。

使用模拟信号传输数据的信道称为模拟信道，使用数字信号传输数据的信道称为数字信道。数字信道有更高的传输质量，它传输的是由二进制的"1"和"0"组成的数字信号，一般编码为高/低电平、脉冲上升/下降沿、有/无光脉冲等两种状态，因而有相当大的容差范围，即使传输过程中有一定的信号畸变，一般不会影响到接收端的正确判断，正确还原的概率非常高。

一般来讲，模拟数据用模拟信号表示，在模拟信道上传输；数字数据用数字信号表示，在数字信道上传输。传输模拟信号的是模拟传输系统(Analog Transmission System)，传输数字信号的是数字传输系统(Digital Transmission System)。

历史上电话系统一直在通信领域占据统治地位，它是一个模拟传输系统。早年，模拟的话音转换成模拟电信号在模拟信道上传输，即模拟传输方式。后来，随着技术的发展，很多国家把电话主干线改造为数字干线，先将模拟的话音转换为数字数据，然后在数字干线上传输，即数字传输方式。

2.1.2　数据通信的模型

完整的通信模型如图 2.1 所示，它包含信源、传输介质和信宿，其中信源是产生和发送数据的源头，信宿是接收数据的终点，传输介质是用来传送数据的媒体。在计算机网络中，信源和信宿是各种计算机或终端。

图 2.1　一个完整的通信模型

信源：将原始数据转换成原始电信号。

变换器：将原始电信号转换成适合信道传输的信号。信源发出的原始电信号需要进行信号转换，才能够在信道中传输。

反变换器：将从信道上接收的信号还原为原始的电信号，与变换器作用相反。

信宿：将还原出来的原始电信号转换成数据。

噪声源：信道中的噪声及分散在通信系统其他各处的噪声的集中表示。

1．数据通信的特点

数据通信，通信系统中传输的是数据信息。在数据通信系统中，由于采用的计算机和终端设备的类型不同，在通信速率、编码格式、同步方式和通信规程等方面存在较大的差别，通信系统需要定义严格的通信协议或标准。

数据通信对数据传输的可靠性要求很高。由于数据通常以 0 和 1 组成的二进制序列来表示，如果在传输中出现 0 和 1 序列位数和值的错误，都会造成接收端接收信息错误。通常情况下，语音和电视系统的误码率仅要求$\leqslant 10^{-2}$，数据通信系统要求误码率$\leqslant 10^{-8}$。

数据通信的数据传输速率要求较高，且接续和传输的响应较快。数据信号的传输速率根据所使用的信道而不同，例如，一条 128 Kb/s 速率的 ISDN 数据线路，每分钟可以传 960000 个字符，即使早期的 2400 b/s 速率的模拟电话信道，每分钟也可以传输 18000 个字符。这个速率对于使用模拟信号的传统电话通信来说是根本不可能实现的。

模拟信号和数字信号可在适当的传输介质中传输，信号在传输过程中的衰减是不可避免的。因此在通信线路中有时需要将信号增强或复原的设备，在模拟通信系统中采用放大器，而在数字通信系统中使用中继器。

2．数据通信的过程

数据通信过程是数据从信源经过传输介质的传输到达信宿的过程。每个数据通信过程都包括数据传输和通信控制两方面。数据传输是通信的基本目的和基本功能，通信控制执行与数据通信相关的辅助操作。数据通信一般分为五个基本阶段，每个阶段都包括一组操作，每组操作完成一个通信功能。

第 1 阶段：建立通信线路，通过网络设备为信源与信宿建立双方通信的物理通道。

第 2 阶段：建立数据传输链路，使信源与信宿保持同步联系，保证双方均处于正确的收发状态。

第 3 阶段：信源传送数据及相关的控制信息，信宿负责接收。

第 4 阶段：数据传输结束后，信源与信宿通过通信控制信息确认通信结束。

第 5 阶段：信源或信宿通知网络设备通信过程结束，网络设备清除通信通道，以供其他设备使用。

当采用专用通信线路时，物理连接通道始终保持连接，不需要接通和中断过程，上述五个阶段中的第 1 和第 5 阶段可以省去。

3．数据通信系统的模型

数据通信的基本目的是在两用户之间交换信息。数据通信系统是指以计算机为中心，用通信线路连接分布在远地的数据终端设备而完成数据通信的系统，数据通信系统模型如图2.2所示。一个完整的数据通信系统包括三个基本组成部分：数据终端设备(Data Terminal Equipment，DTE)、数据电路终端设备(Data Circuit-terminating Equipment，DCE)和通信信道。其中，将DCE 之间的连接称为数据电路，将 DTE 之间的连接称为数据链路。

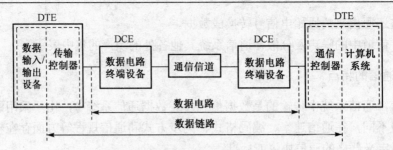

图 2.2　数据通信系统的一般模型

DTE 由计算机系统或终端设备加上通信/传输控制器组成,DTE 既是信源也是信宿。DTE 是数据通信系统的输入/输出设备,其主要功能是完成数据的输入/输出、处理、存储及通信控制。

DCE 也称数据通信设备(Data Communication Equipment),位于数据电路的两个端点,是数据信号的转换设备,其作用是在电信网络提供的信道特性和质量的基础上实现正确的数据传输,并实现收、发之间的同步。数据电路由通信信道和 DCE 两部分组成。如果信道是模拟的,DCE 的作用是把 DTE 传来的数据信号转换为模拟信号再送往信道,或者反过来把信道送来的模拟信号还原为数据信号并送到 DTE;如果信道是数字的,DCE 的作用是实现信号码型与电平的转换,信道特性的均衡,收发时钟的形成与供给,以及线路接续控制等。

通信信道是数据信号传输的通道。通信信道主要有专用线路和交换网络两种。一般情况下,交换网络多指电信部门的广域网络,而专用线路则是本单位内部组建的局域网。

在数据通信系统中,DTE 发出和接收的都是数据,连接通信双方的 DTE 的电路用来传输 DTE 发出的数据。所以把 DCE 之间的通路(包括 DCE 和通信信道)称为数据电路。为了实现有序、有效的通信,当数据电路建立后,还需要按一定的规程对传输过程进行规范,规范的执行是由传输和通信控制器完成的。加了通信/传输控制器的数据电路称为数据链路(Data Link,DL),它既包含硬件,又包含软件。通常,只有在数据链路建立起来后,通信双方(计算机或终端设备)才能进行真正有效的数据传输。

2.1.3　数据通信系统的主要性能指标

1. 有效性

数据通信系统的有效性用传输速率和频带利用率来衡量。

(1)传输速率

信息速率 R_b(又称比特率)指单位时间传输的信息量,单位为位/秒(b/s)。码元速率 R_s(又称波特率)指单位时间传输的码元数,单位为码元/秒,又称波特(baud)。一个 M 进制码元的信息量为 $\log_2 M$ 位,所以码元速率 R_s 和信息速率 R_b 之间的关系为

$$R_b = R_s \log_2 M \text{(b / s)} \tag{2.1}$$

(2)频带利用率

频带利用率是描述数据传输速率和带宽之间关系的指标。

定义单位频带内的信息传输速率为信息频带利用率,即

$$\eta_b = \frac{R_b}{B} \text{(b/s} \cdot \text{Hz)} \tag{2.2}$$

定义单位频带内的码元传输速率为码元频带利用率，即

$$\eta_s = \frac{R_s}{B} (\text{baud/Hz}) \tag{2.3}$$

信息频带利用率应用更为广泛，如果不加以说明，频带利用率均指信息频带利用率。

2. 可靠性

数据通信系统的可靠性用差错率来衡量。

定义误比特率 P_b 为

$$P_b = \frac{错误位数}{传输总位数} \tag{2.4}$$

定义误码元率 P_s 为

$$P_s = \frac{错误码元数}{传输总码元数} \tag{2.5}$$

差错率越小，通信的可靠性越高。如传输数字电话时，要求 P_b 在 $10^{-6} \sim 10^{-3}$，传输计算机数据则要求 $P_b < 10^{-9}$。

3. 信道容量

任何实际的信道都是不理想的，也就是说信道的带宽是有限的——即所能通过的信号的频带是受限制的。信道带宽是指信道上所能传输的电信号的频率范围。信号在传输时会产生各种失真及带来多种干扰，这使得信道上的码元传输速率存在一个上限。

奈奎斯特准则与香农定理给出了信道的极限传输能力，称为信道容量(channel capacity)，即信道所能支持的最大数据传输速率。

(1) 奈奎斯特准则

早在 1924 年，奈奎斯特(H. Nyquist)就给出一个准则：对于一个带宽为 W(单位 Hz)的理想低通信道，最高码元传输速率 B_{MAX}(单位 baud)为 $2W$，即

$$B_{MAX} = 2W \tag{2.6}$$

该式就是著名的奈氏准则。对于带宽为 W，具有理想带通矩形特性的信道，奈氏准则变为最高码元传输速率 $B_{MAX} = W$。具有理想带通矩形特性的信道只允许上下限频率之间的信号成分不失真地通过，其他频率成分则不能通过。

如果采用 M 进制码元传输信息，则信道的极限信息传输速率即信道容量

$$C_{MAX} = 2W \log_2 M \ (\text{b/s}) \tag{2.7}$$

例如，对于带宽为 100 MHz 的 5 类非屏蔽双绞线，其最高的码元传输速率为 200 M baud，如果采用 $M = 4$ 进制码元传输信息，则信道的极限信息传输速率为 400 Mb/s。

因为信道中总是存在噪声，因此奈奎斯特准则给出的是理论上的上限。

由奈奎斯特准则可见，信息传输速率越高，要求信道的带宽越宽，即对传输介质和设备的要求越高。在计算机网络特别是高速计算机网络中，在满足信息传输速率要求的前提下，寻找合适的编码方式，使信号的波特率减小，从而降低对传输介质和设备的要求。

(2) 香农定理

信道中噪声的存在限制了信道的信息传输速率。1948 年，香农(C. Shannon)用信息论的理论推导出了带宽受限且具有加性高斯白噪声干扰的信道的极限信息传输速率 C_{MAX}，即

$$C_{\text{MAX}} = W\log_2\left(1+\frac{S}{N}\right)(\text{b/s}) \qquad (2.8)$$

式中，W 为信道带宽，单位 Hz；S 为信道内所传信号的平均功率；N 为信道内的高斯噪声平均功率；S/N 为信噪比，通常人们不直接使用 S/N，而是使用 $10\lg(S/N)$，单位为分贝(dB)，例如，$S/N =1000$ 时，S/N 为 30 dB。

式 (2.8) 是香农公式，由香农公式可知，信道的带宽或信噪比越大，则信息的极限传输速率越高。更重要的是，它指出，只要信息实际传输速率低于信道的极限传输速率，就一定可以找到某种方法实现无差错传输；若信息传输速率高于信道的极限传输速率，则无差错传输在理论上是不可能的。

自从香农定理发表后，各种新的信号处理和调制方法不断出现，其目的都是为了尽可能地接近香农公式给出的传输速率极限。在实际信道上能够达到的信息传输速率要比香农的极限传输速率低得多，这是因为在实际信道中的信号还会有其他损失，如各种脉冲信号间的干扰及在传输过程中产生的失真等，而这些因素在香农定理中没有考虑。

2.2　数据编码技术

除了模拟数据采用模拟信号发送外，数字数据采用数字信号发送，数字数据采用模拟信号发送和模拟数据采用数字信号发送都需要某种形式的数据表示形式或编码。

2.2.1　数字数据的数字信号编码

数字信号的编码就是将二进制数字数据用两个电平表示，形成矩形脉冲电信号，这种矩形脉冲电信号组成的数字数据包括单极性不归零码、双极性不归零码、单极性归零码、双极性归零码、曼彻斯特码、差分曼彻斯特码、4B/5B 码等。

1. 单极性不归零码(NRZ 码)

这是一种最简单的码型，用高电平表示"1"，用零电平表示"0"，如图 2.3(a)所示。单极性不归零码的取样时间是每个码元的中心，判决门限为半幅度电平，当测得的信号值为 0～0.5 时表示 0，当测得的信号值为 0.5～1 时表示 1。

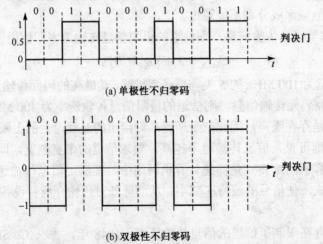

图 2.3　单极性不归零码和双极性不归零码的波形

单极性不归零码的特点是容易出现连续的 0 或连续的 1，不利于传输中接收端同步信号的提取，不利于判决电路的工作。单极性不归零码传输简单，但代码易受线路特性改变，不宜长距离传输，在串行传输等短距离传输中常使用此编码。

2. 双极性不归零码

这种脉冲有两个方向的电压极性。双极性不归零码用正电平表示"1"，负电平表示"0"，判决门限为零电平，当接收的信号值在 0～1 之间时表示"1"，当接收信号的值在–1～0 之间时表示"0"，如图 2.3(b)所示。从长时间传输的统计平均值来看，直流分量近似为零，有利于有线信道传输，RS-232 传输就采用这种编码方式。

3. 单极性归零码(RZ 码)

这种码与 NRZ 码的根本区别在于它有小于 1 的占空比，即每个脉冲在码元周期内总要回归到零电平，如图 2.4(a)所示。

4. 双极性归零码

这种码的特点是"1"码发送正的窄脉冲，"0"码发送负的窄脉冲，采用归零形式，每个码元中间的跳变可用于同步，如图 2.4(b)所示。

归零码和不归零码、单极性码和双极性码的特点如下：

不归零码在传输中难以确定一位的结束和另一位的开始，需要用某种方法使发送器和接收器之间进行定时或同步；归零码的脉冲较窄，根据脉冲宽度与传输频带宽度成反比的关系，归零码在信道上占用的频带较宽。

单极性码会积累直流分量，这样就不能使变压器在数据通信设备和所处环境之间提供良好绝缘的交流耦合，直流分量还会损坏连接点的表面电镀层；双极性码的直流分量大大减少，这对数据传输是很有利的。

5. 曼彻斯特(Manchester)码

曼彻斯特码又称数字双相码或分相码，采用正的电压跳变(从低到高的跳变)表示"0"，负的电压跳变(从高到低的跳变)表示"1"，如图 2.5(a)所示。每一个码元的中间均有跳变，接收端可将此跳变作为位的同步时钟，因此这种编码又称为自同步编码。以太网采用的正是曼彻斯特码。

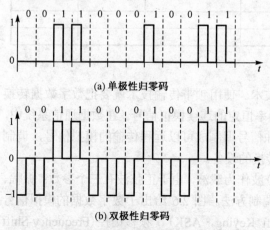

(a) 单极性归零码

(b) 双极性归零码

图 2.4　单极性归零码和双极性归零码的波形

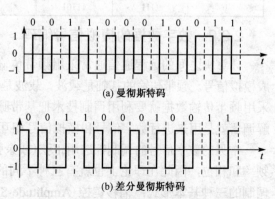

(a) 曼彻斯特码

(b) 差分曼彻斯特码

图 2.5　曼彻斯特码和差分曼彻斯特码的波形

曼彻斯特码的特点是,由于每个码元中间均有跳变,所以不存在直流分量,同时有利于误码检测。曼彻斯特码的缺点是,需要的带宽是直接二进制编码的 2 倍。

6. 差分曼彻斯特码

差分曼彻斯特码采用每位的起始处有、无跳变表示“0”和“1”,若有跳变为“0”,无跳变则为“1”,而每位的中间跳变只用做同步时钟信号,如图 2.5(b)所示。显然,这种编码能保持直流的平衡,也是自同步编码,令牌环常采用差分曼彻斯特码。对中速网络,采用这种编码方案,虽然增加了传输所需带宽,编码效率仅为 50%,但简单易行。

采用差分曼彻斯特码有利于提供更好的抗噪声能力,因为一个期待跳变的丢失可用于检测差错。若要产生一个无法检测到的差错,那么线路上的噪声必须在期待的跳变发生之前和之后同时翻转信号,这样的事件发生几率是很小的。

7. 4B/5B 码

为了提高编码效率,高速网络常采用 4B/5B 或 5B/6B 码。4B/5B 码是将 4 位二进制代码组进行编码,转换成 5 位二进制代码组,如表 2-1 所示。在 5 位代码组合中有 32 种组合,但只有 16 种组合用于数据,另 8 种组合用于线路状态和控制指示。

表 2-1   4B/5B 码

数据符号	4 位码组	5 位码组	状态控制符号	意义	5 位码组	无效编码
0	0000	11110	Q	线路静止	00000	00001
1	0001	01001	I	线路空闲	11111	00010
2	0010	10100	H	线路暂停	00100	00011
3	0011	10101	J	第 1 个帧首定界符	11000	00101
4	0100	01010	K	第 2 个帧首定界符	10001	00110
5	0101	01011	T	帧尾定界符	01101	01000
6	0110	01110	R	控制指示符 0	00111	01100
7	0111	01111	S	控制指示符 1	11001	10000
8	1000	10010				
9	1001	10011				
A	1010	10110				
B	1011	10111				
C	1100	11010				
D	1101	11011				
E	1110	11100				
F	1111	11101				

2.2.2   数字数据的模拟信号编码

计算机之间的远程通信通常采用频带传输技术。使用频带传输技术就要把数字数据转换成模拟信号。频带传输的基础是载波,载波是频率恒定的连续模拟信号。在数据通信系统中,采用频带传输数据就要利用调制技术把基带脉冲信号调制成可以远程传输的模拟信号,调制解调器就是用来进行数字信号和模拟信号相互转换的设备。

常见的数字信号的调制都选用正弦(或余弦)波作为载波,由于正弦波有三个参数:振幅、频率和相位,因此在理论上也就有三种不同的调制方法。图 2.6 给出了数字数据的模拟信号调制的三种基本形式:幅移键控(Amplitude-Shift Keying, ASK)、频移键控(Frequency-Shift Keying, FSK)、相移键控(Phase-Shift Keying, PSK)。

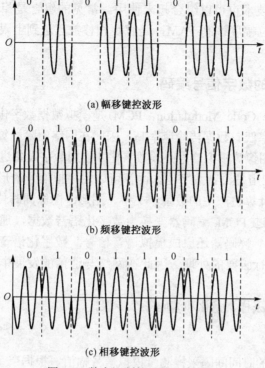

(a) 幅移键控波形

(b) 频移键控波形

(c) 相移键控波形

图 2.6　数字调制的三种基本形式

1. 幅移键控

在幅移键控(ASK)方式下，用固定频率载波的两个不同的振幅来表示两个二进制值。在有些情况下，一个振幅为零，即用振幅恒定载波的存在来表示一个二进制数字，而另一个二进制数字用载波的不存在表示。ASK 方式容易受增益变化的影响，因此是一种效率相当低的调制技术，通常用于小于 1200 b/s 的低速话音线路上。

2. 频移键控

在频移键控(FSK)方式下，用载波信号的两种不同的频率来表示二进制值，一般利用载波频率附近的两个不同频率来表示。若模拟信号的载波中心频率为 1100 Hz，以 1100 Hz 频率上移 100 Hz，即"1200 Hz 载波"表示"1"；以中心频率下移 100 Hz，即"1000 Hz 载波"表示"0"。这种方案比起 ASK 方式来，不容易受干扰的影响，主要用于高达 1200 b/s 的传输速率中，也可广泛用于 3～30 MHz 的高频无线电传输和局域广播网络。

3. 相移键控

在相移键控(PSK)方式下，用载波的相位表示数字。根据确定相位参考点的不同，PSK 分为绝对调相和相对调相。绝对调相是以未调载波信号的相位作为参考点，如已调载波信号的相位与参考点一致则表示二进制数"1"，如相位差 180°，则为"0"。相对调相是以前一位数据的已调载波信号的相位做参考点，如与前一位的相位一致则为二进制数"1"，如相位差 180°，则为"0"。

PSK 方式占用频带较窄，有较强的抗干扰能力，而且比 FSK 方式更有效；在音频线路上，传输速率可达 9600 b/s。PSK 可以使用二相或多于二相的相移，利用这种技术可以对传输速率起到加倍的作用。

上述所讨论的各种技术也可以组合起来使用。常见的组合是相移键控和幅移键控，由 PSK 和 ASK 组合的相位幅度调制 PAM，是解决相移数已达到上限但还要提高传输速率的有效方法。

2.2.3 模拟数据的数字信号编码

脉冲编码调制(Pulse Code Modulation，PCM)是模拟数据数字化的主要方法。由于数字信号传输失真小、误码率低、数据传输速率高，因此在网络中除计算机等数字设备直接产生的数字信号外，语音、图像等模拟信号必须数字化才能用数字设备进行处理。

PCM 技术的典型应用是语音数字化。语音可以用模拟信号的形式通过电话线路传输，但是在网络中将语音与计算机产生的数字、文字、图形、图像同时传输，就必须先将语音信号数字化。在发送端通过 PCM 编码器变换为数字化语音数据，通过通信信道传送到接收端，接收端再通过 PCM 解码器还原成模拟语音信号。数字化语音传输速率高、失真小，可以存储在计算机中进行必要的处理。因此在网络与通信的发展中语音数字化成为重要的发展趋势。

PCM 编码过程分为采样、量化和编码三个步骤。

1. 采样

采样就是按照一定的时间间隔采样测量模拟信号幅值。根据奈奎斯特采样定理，只要采样频率不低于模拟信号最高频率的 2 倍，则可以由采样得到的样本值无失真地恢复原来的模拟信号。

例如，声音频带是 20~20 kHz，而人类听觉的语言频带为 300~3400 Hz，足以清晰地分辨电话声音。因此电话的语音频带(简称话带)取为 4 kHz，其采样频率为 8 kHz，即每秒 8000 次，即采样周期为 125 μs；又如，彩色电视信号带宽为 4.6 MHz，采样频率为 9.2 MHz。

2. 量化

采样后得到的样本在时间上是离散的，但在幅值上仍然是连续的。量化就是把幅值上连续的抽样信号转化为离散信号，将样值幅度按量化级决定取值的过程。经过量化的样值幅度为离散的量化值。

3. 编码

用二进制数表示量化值。如果有 L 个量化级，则二进制数的位数为 $\log_2 L$。例如，16 个量化级需要 4 位二进制码。

从上述脉冲编码调制的原理可以看出，采样速率取决于模拟信号的最高频率，而量化级的多少则决定了采样的精度。在实际使用中，希望采样的速率不要太高，以免编、解码器的工作频率太高，不利于设备的正常工作；同时也希望量化级不要太多，主要能够满足要求就可以了，以免得到的数据量太大。

2.3 数据传输方式

数据传输方式可以从不同的角度划分，本节介绍基带传输与宽带传输，并行传输与串行传输，单工、半双工与全双工传输。

2.3.1 基带传输与宽带传输

在数据通信系统中，根据被传输的数据信号的特点，数据传输可分为基带传输与宽带传输，可传输数字信号和模拟信号。

1. 基带传输

基带是指调制前原始信号所占用的频带，是原始电信号所固有的基本频带。在信道中直接传输基带信号时，称为基带传输。基带传输的信号既可以是模拟信号，也可以是数字信号，具体类型由信源决定，目前主要是数字信号。采用基带传输技术的系统称为基带传输系统。

基带传输时，信号的频带可以从 0 频（相当于直流）到几百或几千兆赫兹，要求信道具有较宽（从直流到高频）的通频带。另外，由于传输线路的电容对传输信号的波形影响很大，使传输距离受到限制，一般不大于 2.5 km，所以当超过该距离时，需接入中继器对信号进行再生和放大。

在基带传输中，需要对数字信号进行编码来表示数据。在发送端，基带传输的数据经过编码器变换为直接传输的基带信号，如曼彻斯特编码或差分曼彻斯特编码信号；在接收端，由解码器恢复成与发送端相同的矩形脉冲信号。

基带传输是一种最简单、最基本的数据传输方式。基带传输不需要调制解调器，设备费用少，具有速率高和误码率低等优点，适合短距离的数据传输，大多数的局域网使用基带传输，如以太网、令牌环网。在基带传输中，传输介质的整个频带范围都用于传输基带信号，通信信道利用率低。基带传输可以利用时分复用（TDM）实现多路信号复用，提高传输信道的利用率。

2. 频带传输

远距离通信信道（包括无线信道）多为模拟信道，一般都具有特定的频带传输特性。例如，传统的电话信道只适用于传输音频范围（300～3400 Hz）的模拟信号，不适用于直接传输频带很宽但能量集中在低频段的数字基带信号。因此，数字信号进行远距离传输时，必须将其转换成可在长途信道（如电话线路）上传输的模拟信号，变换后的信号就是频带信号。

在信道中直接传送频带信号时，称为频带传输。频带传输解决了利用已有的模拟信道传输数字数据的问题。频带传输需要将数字数据模拟化，借助于模拟的正弦载波信号，用数字数据调制载波，使数字数据寄生在载波的某个参数上，借助于模拟信道进行传输。模拟信道主要指电话传输系统。

基带信号与频带信号的转换是由调制解调技术完成的。常用的频带调制方式有：频率调制、幅度调制、相位调制和调幅加调相的混合方式。经过调制的信号称为已调信号，已调信号通过线路传输到接收端，经过解调恢复为原始基带信号。具有调制、解调功能的装置称为调制解调器（MODEM），它是完成数字信号与模拟信号之间的转换，以利于在模拟线路上传输数字信号的主要设备。可以说，频带传输的最主要技术就是调制与解调。频带传输在发送端和接收端都要设置调制解调器。

频带传输的优点是可以实现远距离数据通信；频带传输不仅克服了目前许多长途电话线路不能直接传输基带信号的缺点，它可以利于现有的大量模拟信道（如电话信道）通信，价格便宜，容易实现，家庭用户拨号上网就属于这一类通信。计算机网络的远距离通信通常采用的是频带传输，现有的电话、模拟电视信号等，都是属于频带传输。频带传输还可以利用频分复用(FDM)实现多路复用，提高通信线路的利用率。它的缺点是速率低，误码率高。

3．宽带传输

宽带是比音频带宽(4 kHz)更宽的频带。它包括大部分的无线电频谱，可以容纳全部的广播信号，能够进行高速数据传输。宽带信号是将基带信号进行调制后的频分复用模拟信号。将信道分成多个子信道，分别传送音频、视频和数字信号，称为宽带传输；也就是说，它通过借助频带传输，将链路容量分解成两个或更多的信道，每个信道可以携带不同的信号，这就是宽带传输。使用这种宽频带传输的系统，称为宽带传输系统。

对于局域网而言，宽带是指专门用于使用模拟信号传输的同轴电缆，通常还指可以在传输介质上进行频分多路复用方式的传输技术。由于数字信号的频带很宽，必须先将其转换成模拟信号才能在宽带网络中传输。宽带网络中的多条信道，通常采用频带传输技术，传输的是模拟信号，所以宽带传输系统属于模拟信号传输系统。

一般来说，宽带传输与基带传输相比有以下优点：

(1)能在一个信道中传输声音、图像和数据信息，使系统具有多种用途；

(2)一条宽带信道能划分为多条逻辑信道，实现多路复用，因此信道的容量大大增加；

(3)宽带传输比基带传输的距离要远许多，这是因为在宽带传输中数字数据需要被模拟信号运载传输(数字数据的波形加载在模拟信号的波形上进行传输)，而模拟信号传输的距离要比数字信号远。

总之，宽带传输一定是采用频带传输技术的，但频带传输不一定就是宽带传输。

局域网的数据传输分为基带传输和宽带传输两类。基带传输的信号主要是数字信号，而宽带传输的是模拟信号。

2.3.2　并行传输与串行传输

按照数据流的组织方式不同，数据传输方式分为并行传输和串行传输。通常情况下，并行传输用于短距离、高速率的通信；串行传输用于长距离、低速率的通信。

1．并行传输

并行传输是将 8 位、16 位或 32 位的数据按数位宽度同时进行传输，每个数位都要有自己的数据传输线和发送、接收设备。如按 8 位并行传输，从发送端到接收端的信道就需要 8 根线，如图 2.7 所示。并行传输的优点是传输速率高，收发双方不存在同步问题；缺点是传输设备多，线路投资大，而且并行线路间的电平相互干扰也会影响传输质量，因此不适合较长距离的通信，一般用于距离近(如计算机内部、计算机和打印机之间)、传输速率要求高的通信中。

2．串行传输

在计算机中，通常以 8 位二进制代码来表示一个字符。串行传输就是在一根数据传输线上，按照字符所包含的数位的顺序，从低位到高位一位接一位地传送，到达通信接收装置后，将串行比特流还原成字符，如图 2.8 所示。由于数据流是串行的，必须解决收发双方如何保持字符同步的问题，否则，在接收端将无法正确区分每个字符，导致传输过来的信息变为一串毫无意义的比特流。在数字数据远距离传输场合，大多采用串行传输方式。

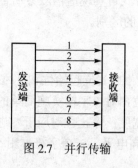

图 2.7 并行传输

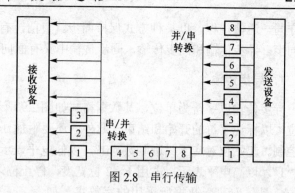

图 2.8 串行传输

显然，在同样的时钟频率下，与同时传输多位数据的并行传输相比，串行传输的速度要慢很多，但由于串行传输节省了大量通信设备和通信线路，在技术上更适合远距离通信。因此，计算机网络普遍采用串行传输方式。但在实际通信中，通信设备内部的数据是并行的，采用串行传输时，发送端需要通过并/串转换器将并行数据流转换成串行数据流，将其送到信道上传送，在接收端又通过串/并转换，还原成 8 位并行数据流。

2.3.3 单工、半双工与全双工通信

数据通信方式按照信号在信道或传输介质中的传输方向可以分为单工通信（Simplex）、半双工通信（Half-duplex）和全双工通信（Full-duplex）三种方式。

1. 单工通信

所谓单工通信，是指在两个通信设备间，信息只能沿着一个方向传输。也就是说，在通信设备的双方，一方只能为发送设备，而另一方只能为接收设备。例如，广播和电视节目的传送、信息采集系统和寻呼系统都是单工通信的例子。

2. 半双工通信

所谓半双工通信，是指两个通信设备间的信息可以进行双向交换，但不能同时进行。也就是说，在同一时刻，只能有一个设备发送数据，另一个设备接收数据。半双工通信的双方各自具备发送装置和接收装置，但要按信息流向轮流使用这两个装置；同样，两个方向的应答信号也交替使用同一信道。该方式需具备信道转换方向的能力，一般用软件控制换向，但换向过程中存在换向的延时时间。当然，也有采用机械开关的方法，这种开关换向往往需要人工介入。半双工通信方式常用在通信双方传输的顺序是交替的情况，例如，对讲机或使用同一载频工作的普通无线电收发报机就是半双工通信的例子。

3. 全双工通信

所谓全双工通信是指同时可在两个通信设备间进行两个方向上的信息传输，即通信的一方在发送信息的同时也能接收信息。一般的实现方法是采用两个单工通信设备完成全双工通信（即四线制），也可以采用频分多路复用技术，在一条线路上分成高频和低频两条信道，这时要采用二线制，它的收、发信道分开设置，应答信号通常可利用另一传输信道传送。

2.3.4 异步传输与同步传输

在串行通信中，通信双方最基本的要求之一就是同步。接收方必须知道正在接收的数据传输速率，这样它才能定时在线路上采样，以判断接收到的每一位的值。为此，通信双方应

遵守同一通信规程,以某种方式保持同步。目前,有两种常用的方式可实现通信双方所需要的同步:异步传输和同步传输,同步传输中又有面向字符和面向位的区别。

1. 异步传输

异步传输以字符为单位,其数据格式如图2.9所示。每个字符附加 1 位起始位和 1 位停止位,以标记字符的开始和结束。此外,还要附加 1 位奇偶校验位,对该字符实施简单的差错控制。起始位对应于二进制数 "0",以低电平表示,占用 1 位宽度;停止位对应于二进制数 "1",以高电平表示,占用 1～2 位宽度,停止位之后是持续的高电平。一个字符占用 5～8 位,具体取决于数据所采用的字符集。如电报码为 5 位,ASCII 码为 7 位,汉字为双 8 位(但传输时仍按 1 字节 8 位进行控制)。起始位和停止位结合,便可实现字符的同步,这种方式又称为起止式通信方式。

1位	5~8位	1位	1位
起始位	字符	校验位	停止位

图 2.9　异步传输的数据格式

发送端不发送数据时,传输线处于高电平状态,当接收端检测到低电平信号(即起始位)时,则表示发送端开始发送数据,于是开始接收数据,在接收了一个字符的数据位后,传输线将重新处于高电平状态。在异步通信中,任何两个字符之间的时间间隔可以是随机的、不同步的,但在一个字符时间之内,收发双方各数据位必须同步。

由于异步传输可以直接利用起始位和停止位兼作线路的同步时钟,所以这种传输方式不需要线路两端有统一的时钟信号;由于可用一位代码作为奇偶校验位(当数据代码为 8 位时,一般不做奇偶校验),一旦发送出错,仅需重发出错的一个字符即可,而且控制简单。但因为每次只能传送一个字符,且每个字符需要多占 2～3 位的开销,所以这种方式传输效率低、速度慢,最大传输效率仅为 8/11,较适合终端误码率要求高或数据传输速率低的线路中。

2. 同步传输

在同步传输中,发送方以固定的时钟频率发送数据信号,数据的每一位与时钟信号一一对应;接收方要从接收的数据中正确区分出每一位,即实现位同步。为了实现位同步,必须使发送方和接收方的时钟保持同步。在同步传输中,保持时钟同步有两种方法:外同步法和内同步法。

外同步法是在发送方和接收方之间使用单独的时钟信道,在近距离传输时,可增加一根时钟信号线。内同步法是从数据信号波形的本身提取时钟信号,例如,曼彻斯特码和差分曼彻斯特码的每个码元中间均有电平跳变,利用这些跳变作为时钟信号。

同步传输以数据块为单位,发送方发送数据块的起始位置和接收方接收数据块的起始位置必须 "同步",发送与接收的数据块称为帧,帧同步有 "面向字符" 和 "面向位" 两种方式。

(1)面向字符的同步传输

在面向字符的同步传输中,每个数据块的头部用一个或多个同步字符 SYN 来标记数据块的开始;尾部用 ETX 标记数据块的结束。其中,这些特殊字符的位模式与传输的普通字符都有显著的差别。典型的面向字符的同步通信规程是 IBM 公司的二进制同步通信规程 BISYNC。

(2)面向位的同步传输

在面向位的同步传输中，通常采用一个特殊的位串(01111110)来标记数据块的开始和结束。数据块将作为流来处理，而不是作为字符来处理。为了避免在数据流中出现标记块开始和结束的特殊位模式，通常采用位插入方法，即发送端在发送数据流时，每当出现连续的 5 个 1 就插入 1 个"0"。接收端在收到 5 个"1"后，如果收到的是"0"就删去它；如果是"1"，表示数据块结束。典型的面向位的同步通信规程是国家标准化组织(ISO)规定的高级数据链路控制(HDLC)规程和 IBM 公司规定的同步数据链路控制(SDLC)规程。

对于相当大的数据块来说，同步传输要比异步传输有效得多。异步传输至少有 20%以上的额外开销；而同步传输，如 HDLC 中控制信息为 48 位，对于传输 1000 个字符的数据块来说，其额外开销仅占 $48/(48+8\times1000) \approx 0.006$。同步传输的缺点是如果数据有一位出错，就必须重发整个数据块，且控制比较复杂。

2.4　信道复用技术

信道复用技术也称为多路复用技术，它是把多路信号在单一的传输线路和用单一的传输设备进行传输的技术，是把多个低速信道组合成一个高速信道的技术。

在远距离通信中，一些高容量的同轴电缆、地面微波、卫星设施及光缆，可传输的频率带宽都很宽，为了高效合理地利用资源，通常采用多路复用技术，即将一个物理信道分为多个逻辑信道，使多路信号同时在一个物理信道传输，以有效地使用传输介质的带宽，提高信道的传输效率。

图 2.10 中，多路复用器(Multiplexer)在发送端将来自多个输入线路的数据组合、调制成一路复用数据，并将此数据信号送到高容量的数据链路；多路分配器(Demultiplexer)接收复用的数据流，依照信道分离(分配)还原为多路数据，并将它们输出到适当的线路上。

图 2.10　多路复用基本模型

多路复用技术主要有频分多路复用、时分多路复用、波分多路复用和码分多路复用 4 种技术。

1. 频分复用技术

频分多路复用技术(Frequency Division Multiplexing，FDM)是把信道的可用频带分成多个互不交叠的频段，每路信号占用其中的一个频段。接收时用适当的滤波器分离出不同的信号，分别进行解调，恢复各路信号。在 FDM 中，各个频段(带)都有一定的带宽，称为逻辑信道(有时简称信道)。为了防止由于相邻信道信号频率覆盖造成的干扰，在相邻两个频段之间要设立一定的"保护"频带。

频分复用的典型例子很多，例如，无线电广播和无线电视将多个电台或电视台的多组节目对应的声音、图像信号分别载在不同频率的无线电波上，同时在同一无线空间中传播，接收者根据需要接收特定的某种频率的信号收听或收看。同样，有线电视也是基于同一原理。

频分多路复用技术较适用于传输模拟信号。其主要优点是原理简单、技术成熟，系统的效率较高,可相当充分地利用信道的频带。缺点是各路信号之间容易产生串扰。引起串扰的主要原因是信号频谱之间的相互交叉和信号在被调制后,由于调制系统的非线性而带来的已调信号频谱的展宽,进而令信号失真和无法解调接收。因此,使用频分复用技术要求复用频谱之间有足够大的保护间隔,还要求调制系统具有很高的线性滤波功能。

2. 时分复用技术

时分多路复用技术(Time Division Multiplexing,TDM)是按传输信号的时间进行分割,使不同的信号在不同时间内传送,即将整个传输时间分为许多时间间隔,称为时隙,每个时隙被一路信号占用。相当于在同一频率内不同相位上发送和接收信号,频率共享。换句话说,TDM 就是通过在时间上交叉发送每一路信号的一部分来实现用一条线路传输多路信号。图2.11中画出了 4 个用户 A、B、C、D,每个用户所占用的时隙周期性地出现(其周期就是 TDM 帧的长度),因此,TDM信号也称为等时(isochronous)信号。

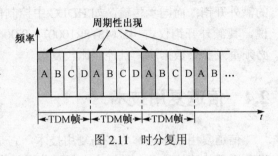

图 2.11　时分复用

时分多路复用又分为同步时分复用(Synchronous Time Division Multiplexing,STDM)和异步时分复用(Asynchronous Time Division Multiplexing,ATDM)。

(1)同步时分复用是时分多路复用技术的一个分支。这种技术采用固定时隙分配方式,将传输信号的时间分为固定大小的时间片,每个时间片称为一帧,再将每帧划分成等长度的多个时隙,每个时隙以固定的方式分配给各路数字信号,各路数字信号在每帧都顺序分配到一个时隙。通常,与复用器相连接的是低速设备(如终端),复用器将低速设备送来的、在时间上连续的低速率数据经过提高传输速率,压缩到对应的时隙,使其变为在时间上间断的高速时分数据,以达到多路低速设备复用高速链路的目的。所以,与复用器相连的低速设备的数目及速率受复用器及复用传输速率的限制。

在同步时分复用方式中,由于时隙预先分配且固定不变,无论时隙拥有者是否传输数据都要占用一定的时隙,形成了时隙浪费,其时隙利用率很低。图 2.12 说明了这一概念。假定有 4 个用户 A、B、C、D 进行时分复用,复用器按①→②→③→④的顺序依次扫描用户 A、B、C、D 的各时隙,然后构成一个个时分复用帧。图中画出了 4 个时分复用帧,每个时分复用帧有 4 个时隙。可以看出,当某用户暂时无数据发送时,时分复用帧中分配给该用户的时隙只能处于空闲状态,其他用户即使一直有数据要发送,也不能使用这些空闲的时隙,这就导致复用后的信道利用率不高。为了克服 STDM 的缺点,引入了异步时分复用(ATDM)。

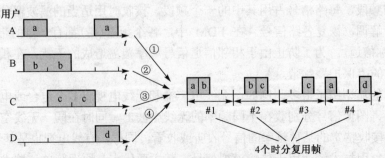

图 2.12　同步时分复用可能会造成线路资源的浪费

(2)异步时分复用又称统计时分复用(Statistical Time Division Multiplexing)或智能时分复用(Intelligent Time Division Multiplexing)。它能动态地按需分配时隙,避免每帧中出现空闲时隙。同时,对每个时隙加上用户标识,以区别该时隙属于哪个用户。由于用户的数据并不按固定的时间间隔来发送,所以称为异步。集中器(concentrator)常使用这种统计时分复用。图2.13是异步时分复用的原理图,一个使用异步时分复用的集中器连接 4 个低速用户,然后将它们的数据集中起来通过高速线路发送到一个远地计算机。输出线路上每个时隙之前的短时隙(白色)是用户的地址信息。

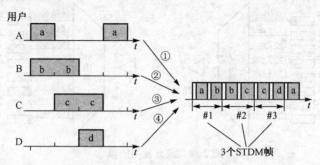

图 2.13   异步时分复用的工作原理

异步时分复用使用 STDM 帧来传送复用的数据,但每个 STDM 帧中的时隙数小于连接在集中器上的用户数。各用户的数据可随时发往集中器的输入缓存,集中器按顺序依次扫描输入缓存,将缓存中的输入数据放入 STDM 帧中,对没有数据的缓存就跳过去。当一个帧的数据放满了,就发送出去。STDM 帧不是固定分配时隙,而是按需动态地分配时隙,因此,异步时分复用可以提高线路的利用率。

在异步时分复用中,只有某一路用户有数据要发送时才把时隙分配给它。当用户暂停发送数据时不给它分配时隙。线路的空闲时隙可用于其他用户的数据传输。所以,每个用户的传输速率可以高于平均速率(即通过多占时隙),最高可达到线路的总传输能力(即占用所有的时隙)。例如,线路的总传输能力为 28.8 Kb/s,3 个用户共用此线路,在同步时分复用方式中每个用户的最高速率为 9600 b/s,而在 ATDM 中每个用户的最高速率可达 28.8 Kb/s。

3. 波分复用技术

波分多路复用(Wavelength Division Multiplexing,WDM)是指光的频分复用,用于光纤通信中,用不同波长的光波来承载不同的通信子信道,多路复用信道同时传输所有子信道的波长。也就是说,波分复用是将多种不同波长的光载波信号(携带各种信息)在发送端经光复用器(也称合波器)汇合在一起,并耦合到同一根光纤中进行传输;在接收端,经光分用器(也称分波器)将各种波长的光载波分离,然后由光接收机做进一步处理以恢复原信号。这种在同一根光纤中同时传输多种不同波长光信号的技术,称为波分复用。

图 2.14 说明了波分复用的概念。8 路传输速率均为 2.5 Gb/s 的光载波(其波长均为 1310 nm)经光调制后,分别将波长变换到 1550～1557 nm,每个光载波相隔 1 nm。经过合波器后,在一根光纤中传输,数据传输的总速率达到 8×2.5 Gb/s = 20 Gb/s。但光信号传输了一段距离后就会衰减,因此对衰减了的光信号必须进行放大才能继续传输。现在,已经有了很好的掺铒光纤放大器 EDFA(Erbium Doped Fiber Amplifier)。它是一种光放大器,不需要像以前那样复杂,先要把光信号转换成电信号,经过电放大器放大后,再转换成为光信号。掺铒光纤放大

器 EDFA 不需要进行光电转换而直接对光信号进行放大，并且在 1550 nm 波长附近有 35 nm（即 4.2 THz）频带范围提供较均匀的、最高可达 40~50 dB 的增益。两个光纤放大器之间的光缆线路长度可达 120 km，合波器和分波器之间的无光电转换的距离可达 600 km（只需放入 4 个光纤放大器）。而在使用波分复用技术和光纤放大器之前，要在 600 km 的距离传输 20 Gb/s，需要铺设 8 根速率为 2.5 Gb/s 的光纤，而且每隔 35 km 要用一个再生中继器进行光电转换后的放大，并再转换为光信号（这样的中继器总共要有 128 个）。

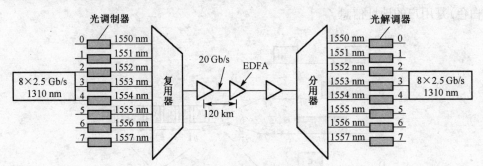

图 2.14　波分复用的概念

根据通信系统设计的不同，每个波长之间的间隔宽度也有不同。按照信道间隔的不同，WDM 可以细分为 CWDM（稀疏波分复用）和 DWDM（密集波分复用）。CWDM 的信道间隔为 20 nm，而 DWDM 的信道间隔为 0.2~1.2 nm。CWDM 和 DWDM 的区别主要有两点：一是 CWDM 载波通道间距较宽，因此同一根光纤上只能复用 5~6 个不同波长的光波；二是 CWDM 调制激光采用非冷却激光，而 DWDM 采用的是冷却激光。冷却激光采用温度调谐，非冷却激光采用电子调谐。由于在一个很宽的波长区段内温度分布很不均匀，因此温度调谐实现起来难度较大，成本也较高。CWDM 避开了这一难点，因而大幅降低了成本。CWDM 利用光多路复用器将在不同光纤中传输的波长结合到一根光纤中传输来实现。在链路的接收端，利用多路分配器将分解后的波长分别送到不同的光纤，从而接到不同的接收机。

WDM 传输容量大，可节约宝贵的光纤资源。对单模光纤系统而言，收发一路信号需要使用一对光纤；而对于 WDM 系统，不管有多少路信号，整个复用系统只需要一对光纤。例如，对于 16 路传输速率为 2.5 Gb/s 的系统来说，单模光纤系统需要 32 根光纤，而 WDM 系统仅需 2 根光纤。另外，WDM 对各类业务信号是"透明"的，可以传输不同类型的信号，如数字信号、模拟信号等，并能对其进行合成和分解。同时，采用 WDM 技术的网络扩容比较方便。

4. 码分复用技术

码分复用 CDM（Code Division Multiplexing）是在码域上进行多路信号的组合和分离。每个信道分配不同的基本地址码序列，使得不同信道分得的码序列彼此正交，接收机只要对其欲接收的信号的地址码进行相关检测，即可获得信号。即多路信号调制在不同的码型上进行复用，占据相同的频带和相同的时间。

实际中更常用的名词是码分多址 CDMA（Code Division Multiple Access）。CDMA 以传输信号的码型不同来区分信道，建立多址接入。CDMA 是一种扩频技术，本质上，扩频为每个用户信号标记了唯一的目的地址。CDMA 的任意一对发射信号之间的正交性都是基于代数性质的，但是实际产生的宽带扩频函数并没有真正正交，任意一对发射信号之间的互相关代表了干扰，因此，CDMA 方式存在各用户间的相互干扰——多址干扰。

下面简述 CDMA 的工作原理。在 CDMA 中，每一位时间再划分为 m 个短的间隔，称为码片(Chip)。通常 m 的值是 64 或 128。为了说明简单，设 $m = 8$。

使用 CDMA 的每个站被指派一个唯一的 m 位码片序列(Chip Sequence)。一个站如果要发送二进制数 1，则发送它自己的 m 位码片序列；如果要发送二进制数 0，则发送该码片序列的二进制反码。例如，指派给 S 站的 8 位码片序列是 00011011。当 S 发送二进制数 1 时，发送序列为 00011011；发送二进制数 0 时，则发送 11100100。为了方便，我们按惯例将码片中的 0 写成-1，将 1 写成+1。因此，S 站的码片序列是(-1 -1 -1 +1 +1 -1 +1 +1)。

现假定 S 站要发送信息的数据率为 b b/s。由于每一位要转换成 m 位的码片，S 站实际发送的数据率提高到 mb b/s，同时 S 站所占用的频带宽度也提高到原来的 m 倍。这种通信方式是扩频(Spread Spectrum)通信中的一种。扩频通信通常有两大类，一种是直接序列(Direct Sequence)，如上面使用码片序列就是这一类，记为 DS-CDMA；另一种是跳频(Frequency Hopping)，记为 FH-CDMA。

CDMA 系统的一个重要特点就是这种体制给每个站分配的码片序列不仅必须各不相同，而且还必须互相正交(Orthogonal)。在实用的系统中使用伪随机码序列。

用数学公式可以清楚地表示码片序列的这种正交关系。令向量 S 表示站 S 的码片向量，令 T 表示其他任何站的码片向量。两个不同站的码片序列正交，则向量 S 和 T 的规格化内积(Inner Product)为 0：

$$S \cdot T = \frac{1}{m} \sum_{i=1}^{m} S_i T_i = 0 \tag{2.9}$$

例如，向量 S 为 (-1 -1 -1 +1 +1 -1 +1 +1)，同时设向量 T 为(-1 -1 +1 -1 +1 +1 +1 -1)，相当于 T 站的码片序列为 00101110。将向量 S 和 T 的各分量值代入式(2.9)可看出两个码片序列是正交的。不仅如此，向量 S 和各站码片反码的向量的内积也为 0。还有一点也很重要，即任何一个码片向量和该码片向量自己的规格化内积为 1：

$$S \cdot S = \frac{1}{m} \sum_{i=1}^{m} S_i S_i = \frac{1}{m} \sum_{i=1}^{m} S_i^2 = \frac{1}{m} \sum_{i=1}^{m} (\pm 1)^2 = 1 \tag{2.10}$$

而一个码片向量和该码片反码的向量的规格化内积值为-1，从式(2.10)可以很清楚地看出，因为求和的各项变为-1。

现在，假定在一个 CDMA 系统中有多个站相互通信，每个站所发送的是数据位和本站码片序列的乘积，因而是本站的码片序列(相当于发送二进制数 1)和该码片序列的二进制反码(相当于发送二进制数 0)的组合序列，或没有数据发送。还假定所有的站所发送的码片序列都是同步的，即所有的码片序列都在同一个时刻开始，利用全球定位系统 GPS 可以做到。

现假定有一个 X 站要接收 S 站发送的数据。X 站必须知道 S 站所特有的码片序列，X 站使用它得到的码片向量 S 与接收到的未知信号进行求内积的运算，X 站接收到的信号是各个站发送的码片序列之和，根据式(2.9)和(2.10)，再根据叠加原理(假定各种信号经过信道到达接收方是叠加的关系)，那么求内积得到的结果是：所有其他站的信号都被过滤掉(其内积的相关项都是 0)，而只剩下 S 站发送的信号。当 S 站发送二进制数 1 时，在 X 站计算内积的结果为+1；当 S 站发送二进制数 0 时，内积的结果为-1。

图2.15 是 CDMA 的工作原理。设 S 站要发送的数据是 110 三个码元，CDMA 将每个码元扩展为 8 个码片，而 S 站选择的码片序列为 (-1 -1 -1 +1 +1 -1 +1 +1)。S 站发送的

扩频信号 S_x 只包含互为反码的两种码片序列。T 站选择的码片序列为(-1 -1 $+1$ -1 $+1$ $+1$ $+1$ -1)，也发送 110 三个码元，T 站的扩频信号为 T_x。因为所有的站都使用相同的频率，所以每个站都能够收到所有的站发送的扩频信号。本例中，所有的站收到的都是叠加的信号 S_x+T_x。

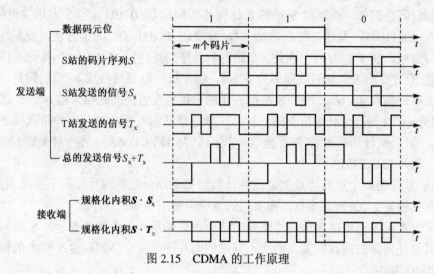

图 2.15　CDMA 的工作原理

当接收站打算接收 S 站发送的信号时，就用 S 站的码片序列与收到的信号求规格化内积，这相当于分别计算 $S \cdot S_x$ 和 $S \cdot T_x$，然后再求它们的和，显然后者是 0，而前者就是 S 站发送的数据位。

2.5　数据交换技术

两个设备进行通信，最简单的方式是用一条通信线路将这两个设备直接连接，但在网络节点较多的情况下，在任意两个节点之间建立一条连接几乎是不现实的，而且在广域网中，两个相距很远的设备之间也不可能有直接的连线。在实际网络中，两个终端之间常常是通过许多中间节点来进行数据传输，这就涉及数据交换技术。所谓交换技术，就是在通信系统中，在通信双方之间通过中间节点建立一条物理的或逻辑的通道进行数据传输的过程。交换又称转接，数据交换技术在交换通信网中实现数据传输时是必不可少的。

典型的交换技术有电路交换和存储—转发交换两种方式，其中存储—转发交换方式又可以分为报文交换和分组交换。

2.5.1　电路交换

1. 电路交换原理

电路交换(Circuit Switching，CS)技术是最早出现的一种交换方式，起源于电话交换系统，现已有一百多年的历史，目前主要应用于电话网中，也可用于数据通信。电话通信是交互式实时通信，对时延和时延抖动敏感，而对误码差错不敏感。在通信过程中，交换机不需要对信息进行差错检验和纠正，但要求交换机处理时延小。

有时将传输信道统称为电路。电路交换就是在一对需要进行通信的装置(站)之间建立一条临时但专用的电路(路径)作为这两个用户之间的通信线路，即暂时连接、独占一条路径并保持到连接释放为止。电路交换是一种以电路连接为目的、实时的交换方式。其通信过程为电路建立→消息传送→电路释放：

(1)电路建立：在通信之前，在源站和目的站之间建立一条专用的物理通信路径，该通路一直维持到通话结束。因此，电路交换是一种面向连接的交换方式。

(2)消息传送：当通路建立后，两站就可进行实时、透明的消息传送(即在交换节点处不存储和处理信息，连续传送)，通常为全双工传输。

(3)电路释放：在完成数据或信号传输后，由源站或目的站提出终止通信，各节点相应拆除该电路的对应连接，释放由该电路占用的节点和信道资源。

2．电路交换的特点

(1)电路建立时，要求每对节点之间的通道必须是空闲的，只要有任意两个节点之间的通道处于忙的状态，电路就无法建立。

(2)节点内部具有智能交换能力，能计算出通过网络的有效路径。

(3)一旦电路建立后，数据以固定的速率传输，除通过传输链路时的传播延迟以外，没有别的延迟，在每个节点的延迟是可以忽略的，适用于实时大批量连续的数据传输。

(4)电路信道利用率低。电路建立，进行数据传输，直至通信链路拆除为止，信道是专用的，再加上通信建立时间、拆除时间和呼损，其利用率较低。

根据电路交换的特点可知，电路交换适合于通信量大、用户确定、连续占用信道的情况，如话音传送、中低速文件传送、传真业务等，而不适合于具有突发性、断续占用信道、对差错敏感的数据业务。

自从 1889 年电路交换发明至今一百多年来，电路交换技术已发展得非常成熟、完善，是现今广泛使用的一种重要的交换技术。目前，固定电话网中的交换机、GSM 网中的移动交换中心、窄带综合业务数字网(N-ISDN)、智能网(IN)中的业务交换点(Service Switching Point，SSP)均采用电路交换技术。

数据通信与话音通信不同，其特点是具有突发性，信息断续占用信道，不要求实时通信，要求误码率低等。显然，电路交换不适合于数据交换，如电路接续时间较长，使短报文通信效率低。虽然通过增加资源，可以减小呼损，然而统计结果表明，通信的一半以上时间，线路是空闲的，包括来话时的来话中继线空闲、叫人空闲、讲话间隙空闲等。电路交换的计费是根据通话时间进行的，对于断续占用信道的数据信息来说，显然不经济，若采用按数据流量计费，则比较合理。

为了适应数据通信用户的特点和要求，克服电路交换的诸多缺点，数据交换普遍采用基于存储-转发方式的交换技术，存储-转发交换方式又可以分为报文存储-转发交换与报文分组存储-转发交换，报文分组存储-转发交换方式又可以分为数据报与虚电路方式。

2.5.2 报文交换

1．存储—转发方式

存储-转发方式是指当某一交换节点收到某一信息(报文或分组)，并要求转换到另一交换节点，但输出线路或其他设施都已被占用，就先把该信息在此交换节点处存储起来排队等待，等输出节点线路空闲时再转发至下一节点。在下一节点再存储-转发，直至到达目的地。

此方式的优点是线路利用率高，缺点是由于信息需在交换节点处存储、排队等待，故时延大，适合于突发性的数据传送。当数据传送要求误码率低而对实时性要求不高时，可不太考虑时延的影响。

2. 报文交换原理

报文交换(Message Switching)是根据电报的特点提出来的。电报传送基本上只要求单向连接，一般允许有一定的延迟，如果传输中有差错则必须纠正。因此，报文传送不要求实时连接，但交换节点要有差错控制功能，能够进行检错、纠错。

报文交换的数据传输单位是报文。报文由三部分组成：报头(或标题)、正文和报尾，如图2.16所示。

报头	正文	报尾

图2.16　报文的组成

报文：指用户拟发送的完整数据。在报文交换中，报文始终以一个整体的结构形式在交换节点处存储，然后根据目的地转发。

报头：包含发送源地址、目的地址及其他辅助信息。

正文：要传送的报文数据。

报尾：包括报文的结束标志和误码检测。

报文交换的过程如下：

(1) 将信息分成报文，报文长度不限且可变。报文的长短由消息本身确定，不受其他限制。如计算机文件、电报、电子邮件等。

(2) 报文的存储－转发：包括路由选择、报头和报尾的识别。信息的传送不需要在源站和目的站之间建立一条专用的物理通信路径。每个交换节点在收到整个报文并检查无误后，就暂存这个报文，然后该节点交换机根据报文中的目的地址确定路由，经自动处理，再将信息送到待发线路上排队。一旦输出线空闲，就立即将该报文转发到下一个交换机，直至到达终点用户。一个报文在每个节点的延迟时间，等于接收报文所需的时间加上向下一个节点转发所需的排队延迟时间之和。

(3) 进行差错控制和完成网络拥塞处理、报文的优先处理等功能。

报文交换节点可以是一台专用计算机，它有足够的内存，或是一台报文交换机。

3. 报文交换的特点

(1) 信道利用率高。采用时分多路复用(统计时分复用)方式，通信双方不需独占一条链路。不同用户的报文可以在同一条线路上进行分时多路复用，提高信道利用率。

(2) 接收方和发送方无需同时工作，在接收方忙时，节点可暂时存储报文。

(3) 可进行速率和码型的转换，实现不同类型终端间的通信。用户信息要经由交换机进行存储和处理，报文以存储—转发方式通过交换机，即各节点彼此独立地传送报文，故其输入/输出电路的速率、码型格式等可以有差异，每个节点之间可以使用不同的数据速率和数据格式、码型。在每个节点处，可对数据的速率和码型进行转换，因而容易实现各种不同类型终端间的相互通信，并可以防止呼叫阻塞。

(4) 数据传输的可靠性高，每个节点在存储—转发中，都进行差错控制，即检错、纠错。

(5) 可实现一点多址传输。同一报文可由交换机转发到多个收信站。

(6) 可建立报文优先级别。在报文交换中，以其重要性确定优先级别。

(7) 报文交换的缺点：由于采用了对完整报文的存储—转发，节点存储—转发的时延较大，不适用于交互式通信，如电话通信。由于每个节点都要把报文完整地接收、存储、检错、纠错、转发，产生了节点延迟，并且报文交换对报文长度没有限制，报文可以很长，这样就有可能使报文长时间占用某两节点之间的链路，不利于实时交互通信。有时节点收到过多的数据而无空间存储或不能及时转发时，就不得不丢弃报文，而且发出的报文不按顺序到达目的地。

报文交换适合于电报类数据信息的传输，用于公众电报和电子邮箱等业务。

2.5.3 分组交换

从前面的内容可知，电路交换传输时延小，适合于交互式的实时话音通信，但线路利用率低，并且不利于不同类型终端设备之间的相互通信；报文交换线路利用率高，但时延大，不能满足许多数据通信系统的实时性要求。分组交换综合了电路交换和报文交换的优点，保持了一定的信道利用率和较小时延。

1．分组交换原理

分组交换（Packet Switching，PS）将一份较长的报文信息分成若干较短的、按一定格式组成的等长度的数据段，再加上包含有目的地址、分组编号、控制位等的分组头（即分组首部，如图 2.17 所示），形成一个统一格式的交换单位，称为报文分组，简称分组、数据包、信息包。然后采用统计时分复用和存储—转发方式，将分组传送到下一个交换节点。同一报文的不同分组在传输中作为独立的实体，既可以沿同一路径传送（虚电路方式），也可以沿不同路径进行传送（数据报方式），最后收端按分组编号将其重新组装成原始信息。

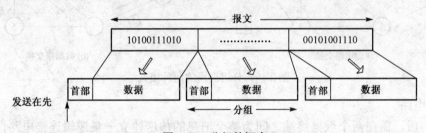

图 2.17　分组的概念

一般的复用是指在物理链路或数据链路上的复用，即在物理层或数据链路层上的复用。如电路交换中的同步时分复用就是在物理层上的复用，而分组交换中的统计时分复用是在网络层上的复用。

分组交换的过程如下：

(1)分包，即数据进行分组的过程。将要发送的整个报文信息划分为一个个统一规格的较短的数据块（分组）。报文信息以分组的形式发送。同一报文的不同分组的传送彼此独立，可经过同一路由（虚电路方式），按顺序到达目的地；也可经过不同的路由，按不同的次序传送到目的地（数据报方式）。

(2)分组的存储—转发，即传送过程。中间节点交换机接收分组后存储，根据其携带的地址信息在交换节点输出链路缓冲区排队等待，并转发到下一站，可实现不同速率终端之间的通信。

(3)重发，即检错、纠错过程。根据差错检测及重发策略，若某节点发现接收的分组有错，即可要求上一节点重发该分组。

(4)打包，即数据重组的过程。接收节点(最终目的节点)将收到的一个个分组按其原来的分组顺序重新排队组合，恢复成原来完整报文信息的形式，送给用户终端。

在每个用户终端处，要对其发送或接收的消息进行分包或打包。对于一般用户终端，分包、打包功能要由另外的分组装拆设备(Packet Assembler/Disassembler，PAD)完成，即完成数据包与原始数据间的转换。数据终端分为分组型终端和非分组型终端。分组型终端以分组的形式发送和接收信息；非分组型终端发送和接收报文，由 PAD 完成报文和分组之间的转换。

分组交换的特点与报文交换基本相同，主要区别在于分组的传输时间较短，从而能满足大多数用户快速交互的数据传输要求。

分组交换有虚电路分组交换和数据报分组交换两种。

2. 虚电路和数据报

在电路交换中，双方在通信过程中一直占用一条专用的物理链路，这种连接称为实连接。

在分组交换中，采用统计时分复用方式，双方在通信过程中断续地占用一段又一段链路，即通过非专用的许多链接的逻辑子信道，感觉上好像是一直占用了一条端到端的物理链路，这种连接称为虚连接。

分组交换的两种模式虚电路和数据报，如图2.18所示。

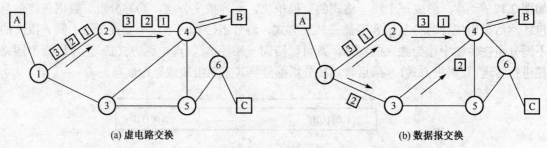

(a) 虚电路交换　　　　　　　(b) 数据报交换

图 2.18　分组交换的两种模式

（1）虚电路

经呼叫后，需在两个数据终端之间为整个消息的传送建立一条逻辑连接电路，称为虚电路(Virtual Circuit，VC)，每个分组中包含这个逻辑电路的标识符。

将传输信道划分成一个个的子信道，这些子信道称为逻辑(子)信道。每个逻辑信道可用相应的号码表示，称为逻辑信道号。虚电路与逻辑信道既密切相关，又不等同。虚电路是由多个不同链路的逻辑信道连接起来的，是连接两个 DTE 的通路，如图2.19所示。

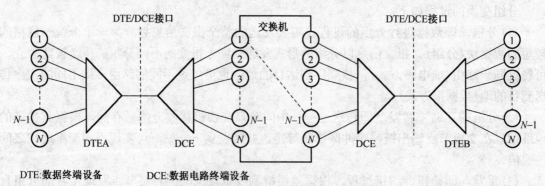

DTE:数据终端设备　　　　DCE:数据电路终端设备

图 2.19　多个逻辑信道通过交换机构成虚电路

图2.19中 DTEA-DCE 采用 1 号逻辑信道，DTEB-DCE 采用 $N-1$ 号逻辑信道。网络将两者连接起来，构成虚电路。由此可知，逻辑信道是 DTE 与 DCE 之间的一个局部实体，它始终存在，可以分配给一条或多条虚电路，或者空闲。

虚电路是两个 DTE 之间端到端的连接。一条虚电路至少要使用两条逻辑信道，即主叫和被叫用户侧各一条。虚电路有交换虚电路（Switched Virtual Circuit，SVC）和永久虚电路（Permanent Virtual Circuit，PVC）两种。SVC 在数据传输前呼叫建立，传输后自动释放。PVC需要用户向网络管理部门事先申请建立，由人工配置，建立之后就可直接进行数据传输，不必每次数据传输都进行连接的建立和释放，若无人工干预它不会自动释放，就如同网络为用户提供了一条通信专线一样，适用于业务繁忙的两个用户。

虚电路的特点：

① 虚呼叫建立过程。通信开始时，在数据传输之前，经呼叫后，源与目的地之间需建立一条逻辑连接即虚电路。以后，整个消息的所有分组都将沿着这条虚电路传输。网络的有关节点都登记了这一通信所使用的路由表（物理链路和逻辑链路），即路由选择是在虚电路建立时进行的，一旦建立，不再改变。在相关的每个节点上，无需进行路由选择，故同一报文的分组将以原来的顺序到达目的地。一旦交换结束，立即拆除此连接。

② 每个分组不需携带完整的目的地址，仅需有一个虚电路号码的标志，故分组额外开销小，但每个节点需要一定的存储空间存放路由表。分组按路由表采用存储－转发方式传送。

③ 在一条实际的链路上可以存在多条虚电路（分时复用）。

④ 在虚电路上，网络可以进行端到端的差错控制和端到端的流量控制，保证按顺序交付，以及无差错、无丢失、不重复的数据传送。

⑤ 若某一节点出现故障，则通过该节点的虚电路均会失效。

该模式适用于多分组的消息传送。

（2）数据报

自带寻址信息的独立处理的分组称为数据报（Datagram）。独立处理是指同一消息的各个分组走不同的路径。

数据报的特点是：

① 无呼叫建立过程。同一报文分成若干分组。不需要为整个报文的传送建立一个逻辑连接。每个分组被单独处理。

② 每个分组独立地选择路由，传输效率高、时延小、保密性好。每个分组必须携带完整的地址信息（源、目的地）。每个节点有路由表。交换节点独立地处理每个分组，根据网中流量分布的不同，为每个分组寻找最佳路径。同一报文的分组不一定选择同一路由。分组在各个节点之间传送灵活，按存储－转发方式传送分组，不必等待报文的所有分组全部到齐后再转发，即每个分组独立发送。除目的地外的其他节点，只能窃取到部分信息，不可能得到全部信息，有利于信息的保密。

③ 在目的地，根据分组的编号重新排序，组成原来的报文。数据报不保证顺序交付，不保证无差错、不丢失和不重复。在此模式中，由主机承担端到端的差错控制及端到端的流量控制，即在传输层协议中完成。

④ 可靠性高。如某个分组传送错误，重发该分组即可。若某个节点发生故障，后续分组可另选路由。

数据报适用于交换一些短时、独立的消息或需保密或具有某些灵活性的报文，如适用于军事通信、广播通信，具有迅速、经济等特点。IP 网就是采用数据报方式。

虚电路分组交换方式提供的网络服务是面向连接的服务(Connection-oriented Service)，而数据报分组交换方式提供的网络服务是无连接的服务(Connectionless Service)。面向连接的虚电路分组交换方式比无连接的数据报分组交换方式能提供更好的服务质量(Quality of Service，QoS)，但这是以额外的连接开销为代价的。

从三种交换方式的性能来看，与电路交换相比，分组交换电路利用率高，可实现变速、变码、差错控制和流量控制等功能；与报文交换相比，分组交换延时小，具备实时通信的特点。但分组交换获得的优点是有代价的，即每个分组前要加上相应的控制信息，增加了网络开销。因而，分组交换适合报文短的数据通信，电路交换适合报文长且数据量大的数据通信。

传统的交换技术不能满足多媒体业务应用，为了适应网络传输速率的快速提高，在上述基本交换方式的基础上，又出现了快速分组交换(Fast Packet Switching，FPS)技术。帧中继(Frame Relay，FR)和异步传输模式(Asynchronous Transfer Mode，ATM)就是两种著名的 FPS 技术。

较有发展前途的交换技术 ATM 是电路交换与分组交换技术的结合，能最大限度地发挥电路交换与分组交换技术的优点，具有从实时的话音信号到高清晰度电视图像等各种高速综合业务传输能力。

习 题 2

1. 一个简单的数据通信系统由哪几部分组成？各部分的功能是什么？

2. 数据传输速率与信道容量的单位各是什么？它们之间有何区别？

3. 通过计算说明一个 3400 Hz 的话音信道的极限传输速率是多少(设传送 8 种不同状态的信号码元)？

4. 在信噪比为 30 dB、带宽为 3 kHz 的信道上传输数据，每秒能发送的位数最大是多少？

5. 什么是数字信道和模拟信道？什么是基带传输和宽带传输？

6. 多路复用的主要目的是什么？

7. 画出 10110001 的曼彻斯特编码和差分曼彻斯特编码波形。

8. 若某信道采用 1 位偶校验、1 位停止位的异步传输，数据传输速率为 2400 b/s，则 1 分钟能传输多少个汉字(双字节)？

9. 下列哪一种传输方式被用于计算机内部的数据传输？

　　(a)串行　　　(b)并行　　　(c)同步　　　(d)异步

10. 半双工支持哪种类型的数据流？

　　(a)一个方向　　　　(b)同时在两个方向上

　　(c)两个方向，但每一时刻仅可以在一个方向上有数据流

11. 将下列描述与设备类型相匹配。一个设备类型可以用一次、多次或不用。而对于每个描述仅有一个正确的设备类型。

设备类型　　(a)DCE
　　　　　　(b)DTE
　　　　　　(c)硬件接口

描述：
　　　　　　_____1. 实际地处理和使用数据
　　　　　　_____2. 例子包括调制解调器或数字服务装置
　　　　　　_____3. 处理信号使其跟线路规范一致
　　　　　　_____4. 在处理机和调制解调器之间传送信息
　　　　　　_____5. 例子包括终端和主计算机

12. 将下列描述与交换技术相匹配。每种复用类型可以使用一次、多次或不用。对于每个描述仅有一种正确的交换技术。

交换技术　　(a) 电路交换
　　　　　　(b) 报文交换
　　　　　　(c) 分组交换

描述：
　　　　　　_____1. 必须在传输数据之前建立铜线通路
　　　　　　_____2. 适用于交互式数据处理的高速交换形式
　　　　　　_____3. 被进行话音通信的电话系统所采用的交换形式
　　　　　　_____4. 在每个中间交换站都要把用户报文存储在磁盘上
　　　　　　_____5. 在时间的任一点上都限制可以传输的数据量

第3章 网络体系结构

本章导读：本章是全书的核心部分，涉及的内容和知识点比较多，按照国际标准化组织 (International Organization for Standardization, ISO) 在 1984 年开发的开放系统互连 (OSI) 参考模型来描述网络体系结构。其中，物理层主要定义连接和通信的物理属性，包括各种接口、连接器、物理设备等，是学习以上各层的基础。数据链路层主要是在物理层的支持下，为网络层提供相邻节点无差错数据帧的传输服务。网络层主要介绍报文分组在网络源与目的节点之间的传输过程中所涉及的相关技术。传输层协议则在网络层的支持下为主机进程之间提供报文传输服务。而会话层、表示层和应用层是属于 OSI 的高层协议，会话层负责启动连接的建立、维持和终止；表示层确定数据传输并呈现给用户的方式；应用层提供了应用程序利用网络所需的协议和服务。每一层都负责特殊的过程或角色。值得注意的是，这 7 层是为了帮助人们理解数据传送到远程连网设备时所经历的传输过程，并非所有网络协议都完全符合这个模型。例如，TCP/IP 有 4 层。其中的某些层的功能被合并到一层当中。

教学内容：网络体系结构及相关概念，OSI 参考模型各层功能及详细技术细节。

教学要求：理解网络体系结构的相关概念。理解差错控制和滑动窗口协议。熟练掌握 IP 技术，重点是路由选择算法。理解传输层在网络体系结构中的地位和重要性、面向连接与非面向连接传输协议、传输地址与网络地址的区别。

要想让两台计算机进行通信，必须使它们采用相同的信息交换规则。我们把在计算机网络中用于规定信息的格式以及如何发送和接收信息的一套规则称为网络协议 (Network Protocol) 或通信协议 (Communication Protocol)。

为了减少网络协议设计的复杂性，网络设计者并不是设计一个单一、巨大的协议来为所有形式的通信规定完整的细节，而是采用把通信问题划分为许多个小问题，然后为每个小问题设计一个单独的协议的方法。这样做使得每个协议的设计、分析、编码和测试都比较容易。

分层模型 (Layering Model) 是一种用于开发网络协议的设计方法。在层次模型中，往往将系统所要实现的复杂功能分化为若干相对简单的细小功能，每项分功能以相对独立的方式去实现。这样有助于将复杂的问题简化为若干相对简单的问题，从而达到分而治之、各个击破的目的。

引入分层模型后，将计算机网络系统中的层、各层中的协议以及层次之间接口的集合称为计算机网络体系结构。但是，即使遵循了网络分层原则，不同的网络组织机构或生产厂商所给出的计算机网络体系结构也不一定是相同的，关于层的数量、各层的名称、内容与功能都可能有所不同。

网络体系结构是从体系结构的角度来研究和设计计算机网络体系的，其核心是网络系统的逻辑结构和功能分配定义，即描述实现不同计算机系统之间互连和通信的方法和结构，是层和协议的集合。通常采用结构化设计方法，将计算机网络系统划分成若干功能模块，形成层次分明的网络体系结构。

3.1　网络体系结构及协议的概念

3.1.1　网络协议

1. 协议的概念

通信双方通信时所应遵循的一组规则和约定称为协议。包括传送信息采用哪种数据交换方式、采用什么样的数据格式来表示数据信息和控制信息、传输有错采用哪种差错控制方式、发收双方选用哪种同步方式等。

2. 网络协议三要素

语法（Syntax）：规定通信双方"如何讲"。

语义（Semantics）：规定通信双方"讲什么"。

时序（Timing，又称定时）：规定通信双方"讲的顺序"或"应答关系"。

3. 常见网络协议

（1）NetBEUI 即 NetBios Enhanced User Interface，NetBios 增强用户接口。NetBEUI 协议是一种短小精悍、通信效率高的广播型协议，安装后不需要进行设置，特别适合于通过"网络邻居"传送数据。

（2）IPX/SPX 协议是 Novell 开发的专用于 NetWare 网络中的协议。

（3）TCP/IP 是目前最流行、互联网上广泛使用的一种协议，计算机要接入 Internet 就必须安装 TCP/IP 协议，但 TCP/IP 协议在局域网中的通信效率并不高。

3.1.2　网络体系结构

1. 网络体系结构的概念

网络体系结构是对构成计算机网络的各个组成部分之间的关系及其所要实现的功能的定义和描述，是针对计算机网络所执行的各种功能而设计出的一种层次结构模型，同时也为不同的计算机系统之间的互连、互通和互操作提供相应的规范和标准。因此网络体系结构可以看做是计算机网络的分层结构、各层协议和功能的集合，即网络体系结构={层，协议，功能}。

层次结构的好处在于使每一层实现一种相对独立的功能。分层结构还有利于交流、理解和标准化。层次结构一般以垂直分层模型表示（见图3.1）。

2. 网络体系结构的特点及划分原则

在图 3.2 所示的一般分层结构中，n 层是 $n-1$ 层的用户，又是 $n+1$ 层的服务提供者。$n+1$ 层虽然只直接使用了 n 层提供的服务，实际上它通过 n 层还间接地使用了 $n-1$ 层以及以下所有各层的服务。

因此其特点如下：

（1）以功能作为划分层次的基础。

（2）第 n 层的实体在实现自身定义的功能时，只能使用第 $n-1$ 层提供的服务。

（3）第 n 层在向第 $n+1$ 层提供的服务时，此服务不仅包含第 n 层本身的功能，还包含由下层服务提供的功能。

（4）仅在相邻层间有接口，且所提供服务的具体实现细节对上一层完全屏蔽。

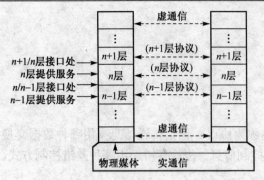

图 3.1　计算机网络的层次模型

图 3.2　层次模型

层次结构划分的原则：

(1)每层的功能应是明确的，并且是相互独立的。当某一层的具体实现方法更新时，只要保持上、下层的接口不变，便不会对邻层产生影响。

(2)层间接口必须清晰，跨越接口的信息量应尽可能少。

(3)层数应适中。若层数太少，则造成每一层的协议太复杂；若层数太多，则体系结构过于复杂，使描述和实现各层功能变得困难。

3.1.3　网络体系结构的主要概念及术语

1. 分层结构及相关概念

系统：网络中有自治能力的计算机或交换设备。

分层结构：指把一个复杂网络的系统设计问题分解成多个层次分明的局部问题，并规定每一层次所必须完成的功能。

服务：在相邻层之间，由下一层向上一层提供的功能的总称。

层次间的关系：在同一网络体系的层次结构中，每层完成一定功能，下层为上层提供服务，每一层可以通过层间接口调用其下层的服务。

同等层(对等层)：不同系统对应的相同层次。

实体：开放系统中，能够发送和接收信息的软件(如进程)和硬件(如智能 I/O 芯片)，称为实体。实体是系统中的活动元素，每一层次可以包含一个或多个实体。

同等层通信：不同系统同等层实体之间存在的通信。

同等层协议：同等层实体之间通信所遵守的规则。

接口：接口是上下层次之间调用功能和传输数据的方法。

接口协议：相邻层实体之间交换信息所遵守的规则。

服务访问点(SAP)：接口上相邻两层实体交换信息的地方，是相邻两层实体的逻辑接口。

2. 服务原语

服务并不抽象，它由一系列的服务原语来描述。所谓原语，就是不可再细分的意思。

请求(Request)：表示某实体希望开始调用服务做事；

指示(Indication)：表示某实体被通知有事件发生；

响应(Response)：表示某实体对事件做出响应；

确认(Confirm)：表示对发回响应的确认。

3.2 OSI 参考模型

国际标准化组织 ISO(International Organization for Standardization)在 1977 年建立了一个分委员会来专门研究体系结构，提出了开放系统互连(Open System Interconnection，OSI)参考模型(Reference Model，RM)，这是一个定义连接异种计算机标准的主体结构，OSI 解决了已有协议在广域网和高速通信方面存在的问题。

"开放"表示能使任何两个遵守参考模型和有关标准的系统进行连接。

"互连"是指将不同的系统互相连接起来，以达到相互交换信息、共享资源、分布应用和分布处理的目的。

3.2.1 OSI 参考模型基本概念

开放系统互连(OSI)参考模型采用分层的结构化技术，共分为 7 层，从低到高为：物理层、数据链路层、网络层、传输层、会话层、表示层、应用层。无论什么样的分层模型，都基于一个基本思想，遵守同样的分层原则：即目标站第 N 层收到的对象应当与源站第 N 层发出的对象完全一致，如图 3.3 所示。它由 7 个协议层组成，最低 3 层(1~3)是依赖网络的，涉及将两台通信计算机连接在一起所使用的数据通信网的相关协议，实现通信子网的功能。高 3 层(5~7)是面向应用的，涉及允许两个终端用户应用进程交互作用的协议，通常是由本地操作系统提供的一套服务，实现资源子网的功能。中间的传输层为面向应用的上 3 层遮蔽了跟网络有关的下 3 层的详细操作。从实质上讲，传输层建立在由下 3 层提供服务的基础上，为面向应用的高层提供与网络无关的信息交换服务。

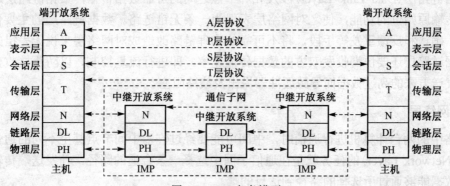

图 3.3 OSI 参考模型

层次结构模型中数据的实际传送过程如图 3.4 所示。图中发送进程送给接收进程的数据，实际上是经过发送方各层从上到下传递到物理介质；通过物理介质传输到接收方后，再经过从下到上各层的传递，最后到达接收进程。

在发送方从上到下逐层传递的过程中，每层都要加上适当的控制信息，即图中 H7、H6、…、H1，统称为报头。到最底层成为由"0"或"1"组成的数据比特流，然后再转换为电信号在物理介质上传输至接收方。接收方在向上传递时过程正好相反，要逐层剥去发送方相应层加上的控制信息。

因接收方的某一层不会收到底下各层的控制信息，而高层的控制信息对于它来说又只是透明的数据，所以它只阅读和去除本层的控制信息，并进行相应的协议操作。发送方和接收方的对等实体看到的信息是相同的，就好像这些信息通过虚通信直接给了对方一样。

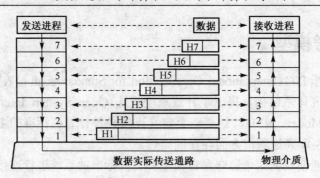

图 3.4　数据的实际传递过程

3.2.2　OSI 参考模型各层原理和作用

1. 物理层

物理层(Physical Layer)位于 OSI 参考模型的最低层,它直接面向原始比特流的传输。为了实现原始比特流的物理传输,物理层必须解决好包括传输介质、信道类型、数据与信号之间的转换、信号传输中的衰减和噪声等在内的一系列问题。另外,物理层标准要给出关于物理接口的机械、电气功能和规程特性,以便于不同的制造厂家既能够根据公认的标准各自独立地制造设备,又能使各个厂家的产品能够相互兼容。具体涉及接插件的规格,"0"、"1"信号的电平表示,收发双方的协调等内容。

2. 数据链路层

数据链路层(Data Link Layer)涉及相邻节点之间的可靠数据传输,数据链路层通过加强物理层传输原始位的功能,使之对网络层表现为一条无错链路。数据链路层的主要作用是通过校验、确认和反馈重发等手段,将不可靠的物理链路改造成对网络层来说无差错的数据链路。数据链路层还要协调收发双方的数据传输速率,即进行流量控制,以防止接收方因来不及处理发送方来的高速数据而导致缓冲器溢出及线路阻塞。

3. 网络层

网络中的两台计算机进行通信时,中间可能要经过许多中间节点甚至不同的通信子网。网络层(Network Layer)的任务就是在通信子网中选择一条合适的路径,使发送端传输层所传下来的数据能够通过所选择的路径到达目的端。

为了实现路径选择,网络层必须使用寻址方案来确定存在哪些网络及设备在这些网络中所处的位置,不同网络层协议所采用的寻址方案是不同的。在确定了目标节点的位置后,网络层还要负责引导数据报正确地通过网络,找到通过网络的最优路径,即路由选择。如果子网中同时出现过多的分组,它们将相互阻塞通路并可能形成网络瓶颈,所以网络层还需要提供拥塞控制机制以避免此类现象的出现。另外,网络层还要解决异构网络互连问题。

4. 传输层

传输层(Transport Layer)是 OSI 参考模型中唯一负责端到端节点间数据传输和控制功能的层,是第一个端到端即主机到主机的层次。传输层提供的端到端的透明数据传输服务,使高层用户不必关心通信子网的存在,它为会话层屏蔽了传输层以下的数据通信的细节,使会话层不会受到下 3 层技术变化的影响。但同时,它又依靠下面的 3 个层次控制实际的网络通信操作来完成数据从源到目标的传输。传输层为了向会话层提供可靠的端到端传输服务，也使用了差错控制和流量控制等机制。传输层是 OSI 参考模型中承上启下的层，它下面的 3 层主要面向网络通信，以确保信息被准确有效地传输；它上面的 3 个层次则面向用户主机，为用户提供各种服务。

5．会话层

会话层(Session Layer)的主要功能是组织和同步不同的主机上各种进程间的通信(也称对话)。会话层负责在两个会话层实体之间进行对话连接的建立和拆除。在半双工情况下，会话层提供一种数据权标来控制某一方何时有权发送数据。会话层还提供在数据流中插入同步点的机制，使得数据传输因网络故障而中断后，可以不必从头开始而仅重传最近一个同步点以后的数据。

在会话层和传输层都提到了连接，那么会话连接和传输连接到底有什么区别呢？会话连接和传输连接之间有 3 种关系：一对一关系，即一个会话连接对应一个传输连接；一对多关系，一个会话连接对应多个传输连接；多对一关系，多个会话连接对应一个传输连接关系。会话过程中，会话层需要决定到底使用全双工通信还是半双工通信。如果采用全双工通信，则会话层在对话管理中要做的工作就很少；如果采用半双工通信，会话层则通过一个数据令牌来协调会话，保证每次只有一个用户能够传输数据。当会话层建立一个会话时，先让一个用户得到令牌，只有获得令牌的用户才有权进行发送。如果接收方想要发送数据，可以请求获得令牌，由发送方决定何时放弃。一旦得到令牌，接收方就转变为发送方。

当进行大量的数据传输时，例如，正在下载一个 100 MB 的文件，当下载到 95 MB 时，网络断线了，为了解决这个问题，会话层提供了同步服务，通过在数据流中定义检查点(Checkpoint)来把会话分割成明显的会话单元。当网络故障出现时，从最后一个检查点开始重传数据。

常见的会话层协议有：结构化查询语言(SQL)、远程进程呼叫(RPC)、X-windows 系统、AppleTalk 会话协议、数字网络结构会话控制协议(DNA SCP)等。

6．表示层

表示层(Presentation Layer)为上层用户提供共同的数据或信息的语法表示变换。为了让采用不同编码方法的计算机在通信中能相互理解数据的内容，可以采用抽象的标准方法来定义数据结构，并采用标准的编码表示形式。表示层管理这些抽象的数据结构，并将计算机内部的表示形式转换成网络通信中采用的标准表示形式。

如图3.5所示，基于 ASCII 码的计算机将信息"HELLO"的 ASCII 编码发送出去。

图 3.5　两台计算机之间的信息交换

但因为接收方使用 EBCDIC 编码，所以数据必须加以转换。因此，传输的是十六进制字符 48454C4C4F，接收到的却是 C8C5D3D3D6。两台计算机交换的不是数据；相反地，它们以单词"HELLO"的方式交换了信息。

除了编码外，还包括数组、浮点数、记录、图像、声音等多种数据结构，表示层用抽象的方式来定义交换中使用的数据结构，并在计算机内部表示法和网络的标准表示法之间进行转换。

表示层还负责数据的加密,以在数据的传输过程对其进行保护。数据在发送端被加密,在接收端解密。使用加密密钥来对数据进行加密和解密。表示层还负责文件的压缩,通过算法来压缩文件的大小,降低传输费用。例如,假设要传输一个包含 n 个字符的文件,采用 EBCDIC 编码,那就有 $8n$ 个二进制位。如果会话层重新定义代码,用 0 代表 A,1 代表 B,依此类推,一直到 25 代表 Z,那么用 5 位(存储 0~25 所需要的最少位数)就可以表示一个大写字母。这样一来,实际上可以少传输 38%。

7. 应用层

应用层(Application Layer)是 OSI 参考模型中最靠近用户的一层,负责为用户的应用程序提供网络服务。与 OSI 参考模型其他层不同的是,它不为其他 OSI 层提供服务,而只是为 OSI 模型以外的应用程序提供服务,如电子表格程序和文字处理程序。包括为相互通信的应用程序或进程之间建立连接、进行同步,建立关于错误纠正和控制数据完整性过程的协商等。

应用层还包含大量的应用协议,如远程登录(Telnet)、简单邮件传输协议(SMTP)、简单网络管理协议(SNMP)和超文本传输协议(HTTP)等。

3.3 物理层

物理层位于 OSI 参考模型的最低层,却是整个开放系统的基础,它直接面向实际承担数据传输的物理介质(即信道),它是唯一直接提供原始比特流传输的层。物理层必须解决好与比特流的物理传输有关的一系列问题,包括传输介质、信道类型、数据与信号之间的转换、信号传输中的衰减和噪声,以及设备之间的物理接口等。

物理层协议规定了与建立、维持及断开物理信道所需的机械的、电气的、功能性和规程性的特性。其作用是确保比特流能在物理信道上传输。物理层的主要任务是确定与传输介质接口的机械特性、电气特性、功能特性和规程特性。

3.3.1 物理层的传输介质

传输介质也称传输媒体,泛指计算机网络中用于连接各个计算机的物理介质,特指用来连接各个通信处理设备的物理介质。传输介质是构成物理信道的重要组成部分,计算机网络中使用各种传输介质来组成物理信道。

传输介质包括有线传输介质和无线传输介质两大类。有线传输介质将信号约束在一个物理导体之内,如双绞线、同轴电缆和光纤等,故又称做有界介质;而无线传输介质如无线电波、红外线、激光等由于不能将信号约束在某个空间范围之内,故又称为无界介质。

1. 双绞线

双绞线(Twisted Pair)是一种最普通、使用最为广泛的传输介质。随着技术的发展,双绞线在计算机网络中应用也越来越多,发展迅猛,大有取代同轴电缆之势。双绞线的结构如图3.6所示。

图 3.6 双绞线的基本组成

双绞线的基本组成是：由两根 22～26 号的绝缘芯线按一定密度(绞距)的螺旋结构相互绞绕组成，每根绝缘芯线由各种颜色塑料绝缘层的多芯或单芯金属导线(通常为铜导线)构成。这也是双绞线名称的由来。许多电话线就是采用双绞线。

将两根导线绞在一起是为了减少在一根导线中电流发射的能量对另一根导线的干扰，而且绞在一起有助于减少其他导线中的信号对这两根导线的干扰。当两根导线靠得很近且互相平行时，一根导线中的电流信号的变化将在另一根导线上产生相似的电流变化；若两根导线靠得很近但互相垂直时，则一根导线上的电流变化几乎不会影响到另一根导线。所以导线绞在一起可以减少互相间干扰。

双绞线电缆一般由多对双绞线外包护套组成，其护套称为电缆护套。电缆的对数可分为 4 对双绞线电缆、大对数双绞线电缆(包括 25 对、50 对、100 对等)。

双绞线有两种类型：

(1)非屏蔽双绞线(Unshielded twisted-pair cable，UTP)，每根电缆外都有绝缘材料将其绝缘开来，如图3.7所示。非屏蔽双绞线通常使用 RJ—45 连接器(RJ—45 Connector，俗称水晶头)来连接到计算机上。非屏蔽双绞线的传输距离可达 100 m。

(2)屏蔽双绞线(Shielded Twisted-pair Cable，STP)，在每一对双绞线外加了一层金属屏蔽保护膜，如图3.8所示。在 4 对双绞线的外面又加了一层金属屏蔽保护膜。

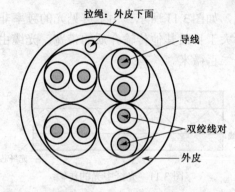

图 3.7　4 对非屏蔽双绞线(UTP)电缆结构图

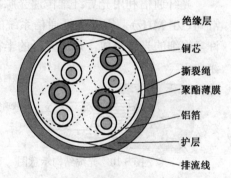

图 3.8　4 对屏蔽双绞线(STP)电缆结构图

UTP 易受外部干扰，包括来自环境噪声和附近其他双绞线的干扰。屏蔽双绞线 STP 在其外面加上金属包层来屏蔽外部干扰。虽然 STP 的抗干扰性能好，但比 UTP 昂贵，且安装也困难。

2. 同轴电缆

同轴电缆(Coaxial Cable)也像双绞线那样由一对导体组成，但它们是按同轴的形式组成的。最里面是内导体，外包一层绝缘材料，外面再套一层空心的圆柱形外导体，最外面是起保护作用的塑料外皮。内导体和外导体构成一组线对，如图3.9所示。

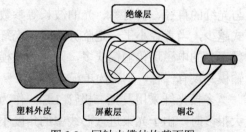

图 3.9　同轴电缆结构截面图

同轴电缆有多种型号，各国定义不同。通常用两种办法对其分类，第一种办法按其特性阻抗进行分类，分为 50 Ω、75 Ω、93 Ω等；第二种办法按其直径分类，又分为粗同轴电缆和细同轴电缆等。

50 Ω的同轴电缆又称基带同轴电缆，主要用来传送基带数字信号，广泛用于计算机网络。75 Ω电缆又称宽带同轴电缆，它是 CATV 电视系统中的标准传输电缆，用于传输电视等模拟信号。在传输模拟信号时，其频率高达 300～450 MHz 或更高，传输距离可达 100 km。93 Ω的同轴电缆主要用于 ARCNET 局域网。

与双绞线一样，同轴电缆可通过频分多路复用而传输多路模拟信号，如共用天线所用的 75 Ω同轴电缆中传输的电视信号为多频道电视信号。随着多路复用技术的发展，人们正试图在共用天线电视电线中传输电视信息的基础上传输其他信息。带宽很宽的数字信号也可以通过调制转换为带宽较窄的模拟信号，通过多路复用的方法在同轴电缆中传输。由于其几何结构和生产工艺等原因，同等条件下与双绞线相比，同轴电缆对高频信号的衰减较小，对外辐射小，更利于高频信号的传输。

3. 光缆

光缆是一种能传输光信号的传输介质。光纤是光缆的纤芯，光纤由光纤芯、包层和涂覆层三部分组成。最里面的是光纤芯，包层将光纤芯围裹起来，使光纤芯与外界隔离，以防止与其他相邻的光导纤维相互干扰。包层的外面涂覆一层很薄的涂覆层，涂覆材料为硅酮树脂或聚氨基甲酸乙酯。涂覆层的外面套塑(或称二次涂覆)，套塑的原料大都采用尼龙、聚乙烯或聚丙烯等塑料，从而构成光纤纤芯，如图3.10所示。

光纤通信利用光导纤维传递光脉冲信号进行通信，如图3.11所示。由于可见光的频率非常高(10^8 MHz)，因此光纤通信系统的传输带宽远远大于目前其他传输介质的带宽。光缆由许多很细的光纤组成，每根光纤的半径仅几微米至一二百微米。

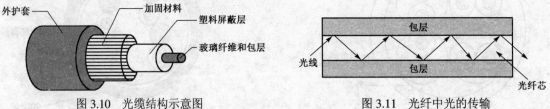

图 3.10　光缆结构示意图　　　　　　　图 3.11　光纤中光的传输

目前，通信上应用最多的为石英光纤。按照传输的总模数分，光纤通常又分为多模光纤和单模光纤。

所谓模式，就是光波电磁场的分布模式，同频率同波长的光由许多模式组成。模式的概念可以简单概括为：同频率同波长而不同模式的光沿光纤方向的传输速度不同，从光纤一端同时发送的同频同波长的光信号，其不同模式到达光纤另一端的时间各不相同。光纤的模式与光纤的直径、折射率、光的波长等参数有关。总的来说，光纤直径越小，其能传输光的模式越少，当直径小于一定临界值时，光纤内只能传输一种模式的光。若光纤中同一波长同一频率光的电磁场传输模式多，则称为多模光纤。若光纤中同一波长同一频率的光的电磁场传输模式仅有一种，则称为单模光纤。

多模光纤采用发光二极管 LED 作为光源，定向性较差。当光纤芯线的直径比光波波长大很多时，由于光束进入芯线中的角度不同，传播路径也不同，这时光束是以多种模式在芯内不断反射而向前传播。多模光纤的优点是连接比较容易，且成本较低。但多模光纤存在模间色散效应，影响频带的提高。多模光纤的传输距离一般在 2 km 以内。

单模光纤采用注入式激光二极管 ILD 作为光源，激光的定向性强。单模光纤的芯线直径一般为几个光波的波长，当激光束进入芯线中的角度差别很小时，能以单一的模式无反射地沿轴向传播，因此不会产生多次折射，单模光纤的传输速率较高。因单模光纤芯径小，不存在模间色散，克服了多模光纤存在的问题，带宽宽。但单模光纤的光源必须用激光，且比多模光纤更难制造，因此成本高。通常在室内采用多模光纤，而在室外采用单模光纤。

光纤的主要优点是支持极高的频带宽度，数据传输速率高（大于 100 Mb/s），衰减极低，传输距离远，且抗干扰能力和保密性能强，但是光纤的线缆成本高且连接比较复杂。光缆目前主要用于长距离的数据传输和网络的主干线，或用于有危险的、高压的或容易泄露信号的恶劣环境。随着光纤的价格不断降低，其使用范围也越来越广。

4．无线传输介质

在信号的传输中，若使用的介质不是人为架设的介质，而是自然界所存在的介质，那么这种介质就是广义的无线介质。如可传输声波信号的气体（大气）、固体和液体，能传输光波的真空、空气、透明固体、透明液体，以及能传输电波的真空、空气、固体和液体等。这些媒体都可以称为无线传输介质。在这些无线介质中完成通信称为无线通信。由于目前人类广泛使用的无线介质是大气，在其中传输的是电磁波，所以这里仅对利用大气介质传输电磁波的无线通信做简单介绍。

根据所利用的电磁波的频率又可将无线通信分为无线电通信、微波通信、红外通信和激光通信。

（1）无线电通信

利用无线电波传输信息的通信方式。无线电通信的方式有：双向通信、单向通信；单路通信、多路通信；直达通信、经过中间站转信。无线电通信建立迅速，便于机动，能同移动中的、方位不明的，以及被敌人分割或自然障碍阻隔的对象建立通信联络，广泛用于地面、航空、航海、宇宙航行的通信，是战时的主要通信手段。但无线电信号易被敌方截收、测向和干扰；有的无线电信道不够稳定，易受电离层和大气层变化的影响。

无线电通信（Radio）在无线电广播和电视广播中已广泛应用。国际电信联盟的 ITU-R 将无线电的频率划分为若干波段，即低频 LF（Low Frequency）、中频 MF（Medium Frequency）、高频 HF（High Frequency）、甚高频 VHF（Very High Frequency）、超高频 UHF（Ultra High Frequency）、特高频 SHF（Super High Frequency）、极高频 EHF（Extremely High Frequency）等。

在低频和中频的波段内，无线电波可轻易地通过障碍物，但能量随着与信号源距离的增大而急剧减少。在高频和甚高频波段内，地表电波会被地球吸收，但也会被离地表数百千米的带电离子层——电离层反射回来，因此传输距离较远。

（2）微波通信

微波数据通信系统有两种形式：地面系统和卫星系统。使用微波传输要经过有关管理部门的批准，而且使用的设备也需要有关部门允许才能使用。由于微波是在空间直线传播，如果在地面传播，地球表面是一个曲面，其传播距离受到限制，采用微波传输的站必须安装在视线内，传输的频率为 4～6 GHz 和 21～23 GHz，传输距离一般只有 50 km 左右。为了实现远距离通信，必须在一条无线通信信道的两个终端之间增加若干中继站。中继站把前一站送来的信息经过放大后再送到下一站。通过这种“接力”通信，可以传输电话、电报、图像、数据等信息。采用卫星微波，卫星在发送站和接收站之间反射信号，传输的频率为 11～14 GHz。

目前，利用微波通信建立的计算机局域网络也日益增多。由于微波是沿直线传输，所以长距离传输时要有多个微波中继站组成通信线路，而通信卫星可以看做是悬挂在太空中的微波中继站,可通过通信卫星实现远距离的信息传输。微波通信的主要特点是有很高的带宽(1~11 GHz),容量大,通信双方不受环境位置的影响,并且不需要事先铺设电缆。

(3)激光通信

无线激光通信也称自由空间光通信(Free Space Optical Communication, FSO),是以激光为载波、大气空间为传输介质实现大容量信息传递的一种新型宽带接入技术,兼有光纤通信和微波通信的优点。无线激光通信具有带宽更高、方向性好、保密性好、抗干扰能力强,以及布设展开迅速、使用便捷的优点,激光通信多用于短距离的传输。激光通信的缺点是其传输效率受天气影响较大。

大气传输激光通信系统是由两台激光通信机构成的通信系统,它们相互向对方发射被调制的激光脉冲信号(声音或数据),接收并解调来自对方的激光脉冲信号,实现双工通信。图3.12所示的是一台激光通信机的原理框图。图中系统可传递语音和进行计算机间数据通信。受调制的信号通过功率驱动电路使激光器发光,从而使载有语音信号的激光通过光学天线发射出去。另一端的激光通信机通过光学天线将收集到的光信号聚到光电探测器上,然后将这一光信号转换成电信号,再将信号放大,用阈值探测方法检出有用信号,再经过解调电路滤去基频分量和高频分量,还原出语音信号,最后通过功放经耳机接收,完成语音通信。当开关K掷向下时,可传递数据,进行计算机间通信,这相当于一个数字通信系统。

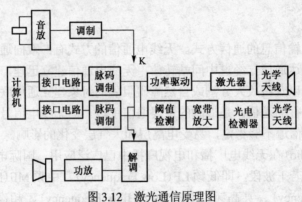

图3.12　激光通信原理图

(4)红外线通信

红外线通信利用红外光进行通信,已广泛应用于短距离的通信。它要求有一定的方向性,即发送器直接指向接收器。电视机和录像机的遥控器就是应用红外通信的例子。红外通信的发送和接收装置硬件相对便宜,且容易制造,也不需要天线。红外无线传输既可以进行点到点通信,也可以进行广播式通信。但这种传输技术要求通信节点之间必须在直线视距之内,不能穿越墙等障碍物。

由于红外通信的方便高效,使之在 PC、PC 外设及信息家电等设备上的应用日益广泛,如目前 PDA 的红外通信收发端口已成为必要的通信接口,应用 PDA 的红外收发端口对某些受红外控制的设备进行控制与通信正成为一个新的技术应用方向。

3.3.2　物理层功能

物理层是为数据终端设备提供传送数据的通路。数据通路可以是一个物理介质,也可以是多个物理介质连接而成。一次完整的数据传输,包括物理连接、传送数据、终止物理连接。物理层上的传输可以是全双工或半双工的,可以是同步方式或异步方式。

物理层提供了为建立、维护和拆除物理链路所需要的机械的、电气的、功能的和规程的特性。

1．机械特性

规定了插接器的规格、尺寸，连接器中针脚的数量和排列情况等。例如，串行通信的 EIA RS-232C 规定的 25 针插座，X.21 协议的 15 针脚插座。

2．电气特性

规定了在物理连接上传输二进制数据流时线路上信号电压高低、阻抗匹配情况、传输速率和距离的限制等。

3．功能特性

规定了物理接口上各条信号线的功能分配和确切定义，分为数据线、控制线、定时线和地线。

4．规程特性

规定了利用信号线进行二进制传输的一组操作过程，即各信号线的工作规则和先后顺序。

3.3.3　几种常见的物理层标准（物理层的接口）

1．EIA RS-232-C 接口标准

RS-232-C 是美国电子工业协会（Electrical Industrial Association，EIA）于 1973 年提出的串行通信接口标准，主要用于模拟信道传输数字信号的场合。RS-232-C 是用于数字终端设备（Data Terminal Equipment，DTE）与数字电路端接设备（Data Circuit-terminating Equipment，DCE）之间的接口标准。RS-232-C 接口标准所定义的内容属于国际标准化组织 ISO 所制订的开放式系统互联（OSI）7 层参考模型中的最低层物理层所定义的内容。RS-232-C 接口规范的内容包括机械特性、电气特性、功能特性和过程特性四个方面。现分别介绍如下：

（1）机械特性

RS-232-C 接口规范并没有对机械接口做严格规定。RS-232-C 的机械接口一般有 9 针、15 针和 25 针 3 种类型。标准的 RS-232-C 接口使用 25 针的 DB 连接器（插头、插座）。RS-232-C 在 DTE 设备上用做接口时一般采用 DB25M 插头（针式）结构，插头两个螺钉中心距离为 47.04 mm±0.13 mm；而在 DCE（如 MODEM）设备上用做接口时采用 DB25F 插座（孔式）结构。

（2）电气特性

DTE/DCE 接口标准的电气特性主要规定了发送端驱动器与接收端驱动器的信号电平、负载容限、传输速率及传输距离。RS-232-C 接口使用负逻辑，即逻辑"1"用负电平（范围为–5～–15 V）表示，逻辑"0"用正电平（范围为+5～+15 V）表示，–3～+3 V 为过渡区，逻辑状态不确定（实际上这一区域电平在应用中是禁止使用的）。RS-232-C 的噪声容限是 2 V。根据 RS-232-C 的电气特性可知，RS-232-C 接口电平与 TTL 电平（TTL 电平的逻辑"1"是 2.4 V，逻辑"0"是 0.4 V）不兼容，所以要外加电路实现电平转换。目前可用已有的集成电路电平转换器来进行电平转换。在传输距离不大于 15 m 时，RS-232-C 接口的最大速率为 19.2 Kb/s。

（3）功能特性

RS-232-C 接口连线的功能特性，主要是对接口各引脚的功能和连接关系做出定义。RS-

232-C 接口规定了 21 条信号线和 25 芯的连接器，其中最常用的是引脚号为 1~8、20 这 9 条信号线。表 3-1 列出了接口电路的名称和方向。

表 3-1　RS-232-C 功能特性

引脚号	信号线	功能说明	信号线型	连接方向
1	AA	保护地线(GND)	地线	
2	BA	发送数据(TD)	数据线	DCT
3	BB	接收数据(RD)	数据线	DTE
4	CA	请求发送(RTS)	控制线	DCE
5	CB	清除发送(CTS)	控制线	DTE
6	BB	数据设备就绪(DSR)	控制线	DTE
7	AB	信号地线(Sig.GND)	地线	
8	CF	载波检测(CD)	控制线	DTE
20	CD	数据终端就绪(DTR)	控制线	DCE
22	CE	振铃指示(RI)	控制线	DTE

若两台 DTE 设备，如两台计算机在近距离直接连接，则可采用图 3.13 的方法，图中(a)为完整型连接，(b)为简单型连接。

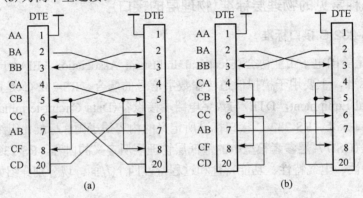

图 3.13　RS-232-C 的 DTE-DTE 连接

2. RS-449、RS-422 与 RS-423 接口标准

由于 RS-232-C 标准信号电平过高，采用非平衡发送和接收方式，所以存在传输速率低(≤20 Kb/s)、传输距离短(<15 m)、串扰信号较大等缺点。1977 年年底，EIA 颁布了一个新标准 RS-449，次年，这个接口标准的两个电气子标准 RS-423(采用差动接收器的非平衡方式)和 RS-422(平衡方式)也相继问世。这些标准在保持与 RS-232-C 兼容的前提下重新定义了信号电平，并改进了电路方式，以达到较高的传输速率和较大的传输距离。

(1)机械特性

RS-499 对标准连接器做了详细的说明，由于信号线较多，使用了 37 芯和 9 芯连接器，37 芯连接器定义了与 RS-449 有关的所有信号，而辅信道和信号在 9 芯连接器中定义。

(2)电气特性

RS-449 有两个标准来定义它的电气规程，分别是平衡式的 RS-422 标准和非平衡式的 RS-423 标准。

RS-422 电气标准是平衡方式标准，它的发送器、接收器分别采用平衡发送器和差动接收器，由于采用完全独立的双线平衡传输，抗串扰能力大大增强。又由于信号电平定义为±6 V(±2 V 为过渡区域)的负逻辑，故当传输距离为 10 m 时，速率可达 10 Mb/s，而距离增长至 1000 m 时，速率可达到 100 Kb/s 时，性能远远优于 RS-232-C 标准。

RS-423 电气标准是非平衡标准，它采用单端发送器(非平衡发送器)和差动接收器。虽然发送器与 RS-232-C 标准相同，但由于接收器采用差动方式，所以传输距离和速度仍比 RS-232-C 有较大的提高。当传输距离为 10 m 时，速度可达成 100 Kb/s；距离增至 100 m 时，速度仍有 10 Kb/s。RS-423 的信号电平定义为±6 V(其中±4 V 为过渡区域)的负逻辑。

(3)功能特性

各信号线的含义如表 3-2 所示。为了与 RS-232-C 兼容，RS-449 将它的 37 根信号线分为两组，第一组的信号线可以在 RS-232 中找到对应的信号线，第二组则是新定义的信号线。

从旧技术标准向新技术标准的过渡，需要花费巨大的代价，经过漫长的过程。RS-423 电气特性标准可以认为是从 RS-232-C 向 RS-449 标准全面过渡过程中的一个台阶。

表 3-2　RS-449 主要信号线含义

管脚	管脚定义
1	保护地
4、22	发送数据
6、24	接收数据
7、25	发送请求
9、27	允许发送
19	信号地

3.4　数据链路层

数据链路层是 OSI 参考模型中的第二层，介于物理层和网络层提供的服务的基础上向网络层提供服务。数据链路层的作用是对物理层传输原始比特流的功能的加强，将物理层提供的可能出错的物理连接改造成为逻辑上无差错的数据链路，使之对网络层表现为一条无差错的链路。数据链路层的基本功能是向网络层提供透明、可靠的数据传送服务。透明性是指该层上传输的数据的内容、格式及编码没有限制，也没有必要解释信息结构的意义；可靠的传输使用户免去对丢失信息、干扰信息及顺序不正确等的担心。

3.4.1　数据链路层的概念

在进行数据通信时，两个计算机之间的通路往往是由许多的链路串接而成的。一条链路只是一条通路的一个组成部分。那什么是链路呢？链路就是一条无源的点到点的物理线路段，链路间没有任何其他节点存在，网络中链路是一个基本的通信单元。对计算机之间的通信来说，从一方到另一方的数据通信通常是由许多的链路串接而成的，也称为通路。数据链路则是另一个概念。这是因为当需要在一条线路上传输数据时，除了必须有一条物理线路外，还必须有一些必要的规程来控制这些数据的传输。把实现这些规程的硬件和软件加到链路上，就构成了数据链路。数据链路就像一个数字管道，可以在它上面进行数据通信。当采用复用技术时，一条链路上可以有多条数据链路。现在最常用的方法是使用适配器(即网卡)实现这些协议的硬件和软件。一般的适配器都包括了数据链路层和物理层这两层的功能。

图 3.14 表示 H_1 向 H_2 发送数据，中间经过了 3 个数据链路，分别是 $H_1 \rightarrow R_1$、$R_1 \rightarrow R_2$、$R_2 \rightarrow H_2$。其中 $R_1 \rightarrow R_2$ 是两个路由器的点对点链路，数据链路层使用点对点协议(PPP)。另外两个是 LAN(如以太网)链路，属于广播链路，使用以太网的数据链路层协议即带冲突检测的载波监听多点接入。

图 3.14　H_1 向 H_2 发送数据

3.4.2　数据链路层功能

数据链路层最基本的服务是将源机网络层来的数据可靠地传输到相邻节点的目标机网络层。为达到这一目的，数据链路层必须具备一系列相应的功能：如何将数据组合成数据块，在数据链路层中将这种数据块称为帧，帧是数据链路层的传送单位；如何控制帧在物理信道上的传输，包括如何处理传输差错，如何调节发送速率以使之与接收方相匹配；在两个网络实体之间提供数据链路通路的建立、维持和释放管理。

1．帧同步功能

为了使传输中发生差错后只将出错的有限数据进行重发，数据链路层将比特流组织成帧的结构，必须设计成使接收方能够明确地从物理层收到比特流中对其进行识别帧，即能从比特流中区分出帧的起始与终止，这就是帧同步要解决的问题。

(1)帧的基本格式

尽管不同的数据链路层协议给出的帧格式都存在一定的差异，但它们的基本格式还是大同小异的。图 3.15 给出了帧的基本格式，组成帧的那些具有特定意义的部分称为域或字段(Field)。

帧开始	地址	长度/类型/控制	数据	FCS	帧结束

图 3.15　帧的基本格式

其中，帧开始字段和帧结束字段分别用以指示帧或数据流的开始和结束。地址字段给出节点的物理地址信息，物理地址可以是局域网网卡地址，也可以是广域网中的数据链路标识，地址字段用于设备或机器的物理寻址。第 3 个字段则提供有关帧的长度或类型的信息，也可能是其他一些控制信息。数据字段承载的是来自高层即网络层的数据分组(Packet)。帧检验序列(Frame Check Sequence，FCS)字段提供与差错检测有关的信息。通常数据字段之前的所有字段统称为帧头部分，而数据字段之后的所有字段称为帧尾部分。

(2)成帧与拆帧

引入帧机制不仅可以实现相邻节点之间的可靠传输，还有助于提高数据传输的效率。例如，若发现接收到的某(或某几)位出错时，可以只对相应的帧进行特殊处理(如请求重发等)，而不需要对其他未出错的帧进行这种处理；如果发现某帧被丢失，也只要请求发送方重传所丢失的帧，从而大大提高数据处理和传输的效率。但是，引入帧机制后，发送方的数据链路层必须提供将从网络层接收的分组(Packet)封装成帧的功能，即为来自上层的分组加上必要的帧头和帧尾部分，通常称为成帧；而接收方数据链路层则必须提供将帧重新拆装成分组的拆帧功能，即去掉发送端数据链路层所加的帧头和帧尾部分，从中分离出网络层所需的分组。在成帧过程中，如果上层的分组大小超出下层帧的大小限制，则上层的分组还要被划分成若干帧才能被传输。

发送端和接收端数据链路层所发生的帧发送和接收过程大致如下：发送端的数据链路层接收到网络层的发送请求之后，便从网络层与数据链路层之间的接口处取下待发送的分组，并封装成帧，然后经过其下层物理层送入传输信道，这样不断地将帧送入传输信道就形成了连续的比特流；接收端的数据链路层从来自其物理层的比特流中识别出一个个的独立帧，然后利用帧中的 FCS 字段对每帧进行校验，判断是否有错误。如果有错误，就采取收发双方约定的差错控制方法进行处理；如果没有错误，就对帧实施拆封，并将其中的数据部分即分组通过数据链路层与网络层之间的接口上交给网络层，从而完成相邻节点的数据链路层关于该帧的传输任务。

(3) 帧的定界

由于网络传输中很难保证计时的正确和一致，所以不能采用依靠时间间隔关系来确定一帧的起始与终止的方法。帧定界就是标识帧的开始与结束。下面介绍几种常用的帧定界方法实现帧同步。

① 字节计数法。这种帧同步方法以一个特殊字符表征一帧的起始，并以一个专门字段来标明帧内的字节数。接收方可以通过对该特殊字符的识别从比特流中区分出帧的起始，并从专门字段中获知该帧中随后跟随的数据字节数，从而确定出帧的终止位置。面向字节计数的同步规程的典型实例是 DEC 公司的数字数据通信报协议 DDCMP（Digital Data Communications Message Protocol）。DDCMP 采用的帧格式如下：

8	14	2	8	8	8	16	8-131064	16
SOH	Count	Flag	Ack	Seg	Addr	CRC1	Data	CRC2

格式中控制字符 SOH 标志数据帧的起始。Count 字段共有 14 位，用以指示帧中数据段中数据的字节数，数据段最大长度为 $8\times(2^{14}-1)=131064$ 位，长度必须为字节（即 8 位）的整倍数，DDCMP 协议就是靠这个字节计数来确定帧的终止位置的。DDCMP 帧格式中的 Ack、Seg、Addr 及 Flag 中的第 2 位，它们的功能分别类似于后面要介绍的 HDLC 中的 $N(S)$、$N(R)$、Addr 字段及 P/F 位。CRC1、CRC2 分别对标题部分和数据部分进行双重校验，强调标题部分单独校验的原因是，一旦标题部分中的 Count 字段出错，即失去了帧边界划分的依据，将造成灾难性的后果。

由于采用字段计数方法来确定帧的终止边界不会引起数据及其他信息的混淆，因而不必采用任何措施便可实现数据的透明性，即任何数据均可不受限制地传输。

② 使用字符填充的首尾定界符法。该法用一些特定的字符来定界一帧的起始与终止。为了不使数据信息位中出现的与特定字符相同的字符被误判为帧的首尾定界符，可以在这种数据字符前填充一个转义控制字符（DLE）以示区别，从而达到数据的透明性。

③ 使用位填充的首尾定界符法。该法以一组特定的位模式（如 01111110）来标志一帧的起始与终止。为了不使信息位中出现的与该特定模式相似的位串被误判为帧的首尾标志，可以采用位填充的方法。例如，采用特定模式 01111110，则对信息位中的任何连续出现的 5 个"1"，发送方自动在其后插入一个"0"，而接收方则做该过程的逆操作，即每收到连续 5 个"1"，则自动删去其后所跟的"0"，以此恢复原始信息，实现数据传输的透明性。位填充很容易由硬件来实现，性能优于字符填充方法。

④ 违法编码法。该法在物理层采用特定的位编码方法时采用。例如，曼彻斯特编码方法，将数据位"1"编码成"高-低"电平对，将数据位"0"编码成"低-高"电平对。而"高-高"电平对和"低-低"电平对在数据位中是违法的。可以借用这些违法编码序列来定界帧的起始与终止。局域网 IEEE 802 标准中就采用了这种方法。违法编码法不需要任何填充技术便能实现数据的透明性，但它只适用采用冗余编码的特殊编码环境。

由于字节计数法中 Count 字段的脆弱性(其值若有差错将导致灾难性后果),以及字符填充实现上的复杂性和不兼容性,目前较普遍使用的帧同步法是位填充法和违法编码法。

2. 差错控制功能

为保证发送方发出的所有帧都正确、有序地交付给目标机网络层,需要启动确认重传机制,由接收方向发送方提供有关接收情况的反馈信息。

如果发送方收到肯定确认,则知道此帧已正确到达;若收到否定确认,则意味着需重传此帧。同时,为防止丢失帧所引起的错误,需设置定时器。当发送方等待足够的时间还未收到接收方发回的确认帧,则可能是所传帧或确认帧丢失,解决的方法是重传此帧(返回 N 协议和选择重传)。

多次传送同一帧的危险是接收方可能收到重复帧,为防止这种情况发生,可为发出的各帧编号,使接收方能够辨别是重复帧还是新帧,从而保证每帧最终交付给目标网络层一次。通常利用检错码(Error-Detecting Codes)和纠错码(Error-Correcting Codes)来控制传送差错。

在计算机通信中,一般都要求有极低的位差错率,因此广泛地采用了信道编码技术。有两类编码,一类是检错码,即接收方可以检测出收到的帧中有差错,但不知道错在哪;一类是纠错码,即接收方收到有差错的数据帧时,能够自动将差错改正过来。

3. 流量控制功能

首先需要说明一下,流量控制并不是数据链路层特有的功能,许多高层协议中也提供流量控制功能,只不过流量控制的对象不同而已。例如,对于数据链路层来说,控制的是相邻两节点之间数据链路上的流量;而对于传输层来说,控制的则是从源到最终目的之间端对端的流量。

由于系统性能的不同,如硬件能力(包括 CPU、存储器等)和软件功能的差异,会导致发送方与接收方处理数据的速度有所不同。若一个发送能力较强的发送方给一个接收能力相对较弱的接收方发送数据,则接收方会因无能力处理所有收到的帧而不得不丢弃一些帧。如果发送方持续高速地发送,则接收方最终还会被"淹没"。也就是说,在数据链路层只有差错控制机制还是不够的,它不能解决因发送方和接收方速率不匹配所造成的帧丢失问题。

为此,在数据链路层引入了流量控制机制。流量控制的作用就是使发送方所发出的数据流量不要超过接收方所能接收的速率。流量控制的关键是需要有一种信息反馈机制,使发送方能了解接收方是否具备足够的接收及处理能力。

4. 链路管理功能

链路管理功能主要用于面向连接的服务。在链路两端的节点进行通信前,必须首先确认对方已处于就绪状态,并交换一些必要的信息以对帧序号初始化,然后才能建立连接。在传输过程中则要维持该连接。如果出现差错,需要重新初始化,重新自动建立连接。传输完毕后则要释放连接。数据链路层连接的建立、维持和释放称做链路管理。

在多个站点共享同一物理信道的情况下(如在局域网中),如何在要求通信的站点间分配和管理信道也属于数据层链路管理的范畴。

3.4.3　数据链路层的协议

数据链路控制协议也称链路通信规程,也就是 OSI 参考模型中的数据链路层协议。链路控制协议可分为异步协议和同步协议两大类。

　　异步协议以字符为独立的信息传输单位，在每个字符的起始处开始对字符内的位实现同步，但字符与字符之间的间隔时间是不固定的(即字符之间是异步的)。由于发送器和接收器中近似于同一频率的两个约定时钟，能够在一段较短的时间内保持同步，所以可以用字符起始处同步的时钟来采样该字符中的各位，而不需要每位再用其他方法同步。前面介绍过的"起—止"式通信规程便是异步协议的典型，它是靠起始位(逻辑 0)和停止位(逻辑 1)来实现字符的定界及字符内位的同步的。异步协议中由于每个传输字符都要添加诸如起始位、校验位、停止位等冗余位，故信道利用率很低，一般用于数据速率较低的场合。

　　同步协议是以许多字符或许多位组织成的数据块——帧为传输单位，在帧的起始处同步，使帧内维持固定的时钟。由于采用帧为传输单位，所以同步协议能更有效地利用信道，也便于实现差错控制、流量控制等功能。

　　同步协议又可分为面向字符的同步协议、面向位的同步协议及面向字节计数的同步协议三种类型。其中面向字节计数的同步协议在前面的帧同步功能中已做了较详细的介绍，下面介绍另两种同步协议。

1. 面向字符的同步控制协议

　　面向字符的同步协议是最早提出的同步协议，其典型代表是 IBM 的二进制同步通信 BSC(Binary Synchronous Communication)协议。随后 ANSI 和 ISO 都提出了类似的相应标准。

　　任何链路层协议均可由链路建立、数据传输和链路拆除三部分组成。为实现建链、拆链等链路管理及同步等各种功能，除了正常传输的数据块和报文外，还需要一些控制字符。BSC 协议用 ASCII 和 EBCDIC 字符集定义的传输控制字符来实现相应的功能。这些传输控制字符的标记、名字及 ASCII 码值和 EBCDIC 码值见表 3-3。

表 3-3　传输控制字符

标记	SOH	STX	ETX	EOT	ENQ	ACK	DLE	NAK	SYN	ETB
名称	序始	文始	文终	送毕	询问	确认	转义	否认	同步	块终
ASCII 码值	01H	02H	03H	04H	05H	06H	10H	15H	16H	17H
EBCDIC 码值	01H	02H	03H	37H	2DH	2EH	10H	3DH	32H	26H

　　各传输控制字符的功能如下：

　　SOH(Start of Head)：序始，用于表示报文的标题信息或报头的开始。

　　STX(Start of Test)：文始，标志标题信息的结束和报关文本的开始。

　　ETX(End of Text)：文终，标志报文文本的结束。

　　EOT(End of Transmission)：送毕，用以表示一个或多个文本的结束，并拆除链路。

　　ENQ(Enquire)：询问，用以请求远程站给出响应，响应可能包括站的身份或状态。

　　ACK(Acknowledge)：确认，由接收方发出的对正确接收到报文的响应。

　　DLE(Data Link Escape)：转义，用以修改紧跟其后的有限个字符的意义。在 BSC 中实现透明方式的数据传输，或者当 10 个传输控制字符不够用时提供新的转义传输控制字符。

　　NAK(Negative Acknowledge)：否认，由接收方发出的对未正确接收的报文的响应。

　　SYN(Synchronous)：同步字符，在同步协议中用以实现节点之间的字符同步，或用于在无数据传输时保持该同步。

　　ETB(End of Transmission Block)：块终或组终，用以表示报文分成多个数据块的结束。

　　BSC 协议将在链路上传输的信息分为数据和监控报文两类。监控报文又可分为正向监控和反向监控两种。每种报文中至少包括一个传输控制字符，用以确定报文中信息的性质或实现某种控制作用。

　　数据报文一般由报头和文本组成。文本是要传送的有效数据信息，而报头是与文本传送及处理有关的辅助信息，报头有时也可不用。对于不超过长度限制的报文可只用一个数据块发送，对较长的报文则分做多块发送，每个数据块作为一个传输单位。接收方对于每个收到的数据块都要给以确认，发送方收到返回的确认后，才能发送下一个数据块。

　　BSC 协议的数据块有如下四种格式：

　　(1)不带报头的单块报文或分块传输中的最后一块报文：

　　　SYN　　　SYN　　　STX　　　报文　　　ETX　　　BCC

　　(2)带报头的单块报文：

　　　SYN　　　SYN　　　SOH　　　报头　　　STX　　　报文　　　ETX　　　BCC

　　(3)分块传输中的第一块报文：

　　　SYN　　　SYN　　　SOH　　　报头　　　STX　　　报文　　　ETB　　　BCC

　　(4)分块传输中的中间报文：

　　　SYN　　　SYN　　　STX　　　报文　　　ETB　　　BCC

　　BSC 协议中所有发送的数据均跟在至少两个 SYN 字符之后，以使接收方能实现字符同步。报头字段包含识别符及地址，所有数据块在块终限定符(ETX 或 ETB)之后还有块校验字符 BCC(Block Check Character)，BCC 可以是垂直奇偶校验或者说 16 位 CRC，校验范围从 STX 开始到 ETX 或 ETB 为止。

　　当发送的报文是二进制数据而不是字符串时，二进制数据中形同传输控制字符的位串将会引起传输混乱。为使二进制数据中允许出现与传输控制字符相同的数据(即数据的透明性)，可在各帧中真正的传输控制字符(SYN 除外)前加上 DLE 转义字符，在发送时，若文本中也出现与 DLE 字符相同的二进制位串，则可插入一个 DLE 以标记。在接收端则进行同样的检测，若发现单个的 DLE 字符，则可知其后为传输控制字符；若发现连续两个 DLE 字符，则知其后的 DLE 为数据，在进一步处理前将其中一个删去。

　　正、反向监控报文有如下四种：

　　(1)肯定确认和选择响应：

　　　SYN　　　SYN　　　ACK

　　(2)否定确认和选择响应：

　　　SYN　　　SYN　　　NAK

　　(3)轮询/选择请求：

　　　SYN　　　SYN　　　P/S 前缀　　　站地址　　　ENQ

　　(4)拆链

　　　SYN　　　SYN　　　EOT

　　监控报文一般由单个传输控制字符或由若干其他字符引导的单个传输控制字符组成。引导字符统称为前缀，包含识别符(序号)、地址信息、状态信息及其他所需信息。ACK 和 NAK 监控报文的作用，首先是作为对先前所发数据块是否正确接收的响应，因而包含识别符(序号)；其次，用做对选择监控信息的响应，以 ACK 表示所选站接收数据块正确，NAK 表示接收数据块不正确。ENQ 用做轮询和选择监控报文，在多站结构中，轮询或选择的地址在 ENQ 字符前。EOT 监控报文用以标志报文交换的结束，并在两站点间拆除逻辑链路。

　　由于 BSC 协议与特定的字符编码集关系过于密切，故兼容性较差。为满足数据透明性而采用的字符填充法，实现起来比较麻烦，且依赖于所采用的字符编码集。另外，由于 BSC 是一个半双工协议，它的链路传输效率很低。不过，由于 BSC 协议需要的缓冲存储空间较小，因而在面向终端的网络系统中仍然被广泛使用。

2．面向位的同步协议

　　这里以 ISO 的高级数据链路控制规程 HDLC(High-level Data Link Control)协议为例，讨论面向位的同步控制协议的一般原理与操作过程。HDLC 最早是由 IBM 提出的面向位的数据链路控制协议的典型，HDLC 具有以下特点：协议不依赖于任何一种字符编码集；数据报文可透明传输，用于实现透明传输的"0 位插入法"易于硬件实现；全双工通信，不必等待确认便可连续发送数据，有较高的数据链路传输效率；所有帧均采用 CRC 校验，对信息帧进行顺序编号，可防止漏收或重发，传输可靠性高；传输控制功能与处理功能分离，具有较大的灵活性。由于以上特点，目前网络设计普遍使用 HDLC 数据链路控制协议。

　　(1)HDLC 的操作方式

　　HDLC 是通用的数据链路控制协议，在开始建立数据链路时，允许选用特定的操作方式。所谓操作方式，通俗地讲就是某站点是以主站点方式操作还是以从站方式操作，或者二者兼备。

　　链路有两种基本配置，即非平衡配置和平衡配置。

　　在非平衡配置中，每条链路有一个主站(primary station)控制整个链路的工作。主站发出的帧叫做命令(command)。受控的各站叫做次站或从站(secondary station)。次站发出的帧叫做响应(response)。可以是点对点工作，也可以多点工作。在平衡配置中，链路两端的两个站都是复合站(combined station)。复合站同时具有主站和次站的功能，因此每个站都可以发出命令和响应。它只能点对点工作，如图3.16所示。

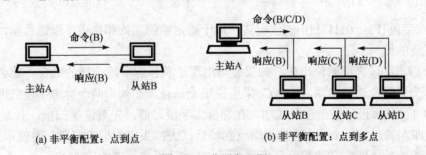

(a) 非平衡配置：点到点　　　　　　　　(b) 非平衡配置：点到多点

图 3.16　非平衡配置

　　对于非平衡配置，可以有两种数据传输方式。最常用的是正常响应方式 NRM(Normal Response Mode)，其特点是只有主站才能发起向次站的数据传输，而次站只有在主站向它发起命令帧进行轮询(poll)时才能以响应帧的形式回答主站。另一种是异步响应模式 ARM(Asynchronous Response Mode)。这种方式允许次站发起向主站的数据传输，即次站不需要等待主站发过来的命令，而是可以主动向主站发送响应帧。但是，主站仍负责整个系统的初始化、链路的建立和释放，以及差错恢复等。

对于平衡配置，如图3.17所示，只有异步平衡方式 ABM
(Asynchronous Balanced Mode)，其特点是每个复合站都可以
平等地发起数据传输，而不需要得到对方复合站的允许。

图 3.17　平衡配置

HDLC 常有的操作方式有以下三种：

① 正常响应方式 NRM(Norma Responses Mode)：这是
一非平衡数据链路方式，有时也称非平衡正常响应方式。该
操作方式适用于面向终端的点—点或一点与多点的链路。在这种操作方式中，传输过程由主
站启动，从站只有收到主站某个命令帧后，才能做出响应向主站传输信息。响应信息可以由
一个或多个帧组成，若信息由多个帧组成，则应指出哪个帧是最后一帧。主站负责整个链路，
且具有轮询、选择从站及向从站发送命令的权利，同时也负责对超时、重发及各类恢复操作
的控制。

② 异步响应方式 ARM(Asynchronous Responses Mode)：这也是一种非平衡数据链路操
作方式，与 NRM 不同的是，ARM 下的传输过程由从站启动。从站主动发送给主站的一个
或一组帧中可包含有信息，也可以是仅以控制为目的而发的帧。在这种操作方式，与 NRM
不同的是，ARM 下的传输过程由从站启动。在这种操作方式下，由从站来控制超时和重发。
该方式对采用轮询方式的多站链路来说是必不可少的。

③ 异步平衡方式 ABM(Asynchronous Balanced Mode)：这是一种允许任何节点来启动
传输的操作方式。为了提高链路传输效率，节点之间在两个方向上都需要有较高的信息传输
量。在这种操作方式下，任何时候任何站点都能启动传输操作，每个站点既可作为主站又可
作为从站，即每个站都是组合站。各站都有相同的一组协议，任何站点都可以发送或接收命
令，也可以给出应答，并且各站对差错恢复过程都负有相同的责任。

(2)HDLC 的帧结构

在 HDLC 中，数据和控制报文均以帧的标准格式传送。完整的 HDLC 帧由标志字段(F)、
地址字段(A)、控制字段(C)、信息字段(I)、帧校验序列字段(FCS)等组成，其格式如下：

标志(F)	地址(A)	控制(C)	信息(I)	帧校验序列(FCS)	标志(F)
01111110	8 位	8 位	N 位	16 位	1111110

① 标志字段(F)：01111110 的位模式，用于确定帧的起始和结束，以进行帧同步和准确
识别长度可变的帧。

在两个标志字段之间的位串中，如果碰巧出现了和标志字段一样的组合，就会被误认为
是帧边界。为了避免这种错误，HDLC 采用位填充法使一个帧中两个标志字段之间不会出现
6 个连续的 1。具体做法是：在发送端，在加标志字段之前，先对位串扫描，若发现 5 个连
续的 1，立即在其后加一个 0。在接收端收到帧后，去掉头尾的标志字段，对位串进行扫描，
当发现 5 个连续的 1 时，立即删除其后的 0，这样就还原成原来的比特流了。

② 地址字段(A)：该字段始终存放的是响应站的地址。在使用非平衡方式传送数据时，
地址字段总是填入次站的地址。在平衡方式时，地址字段总是填入响应站的地址。因此，该
字段也可用来区分命令和应答。若发送的帧的地址字段中的地址不是自己，则是命令帧；若
是自己，则是响应帧。全 1 是广播地址，全 0 是无效地址。

③ 控制字段(C)：用于序号和帧类型表示，如图3.18所示。

④ 信息字段(I)：信息字段可以是任意的二进制位串。位串长度未做严格限定，但其长度

也受下列因素的制约，如帧检验字段的检错能力；数据传输速率；通信站缓冲器大小等。因此在实际应用中，常根据上述因素综合权衡，规定出一帧的总长度和对超长帧的处理办法。目前国际上用得最多的是 1000～2000 位左右的长度。在 x.25 协议中，信息字段的最大长度一般为128 或 256 字节。但是，监控帧(S 帧)中规定不可有信息长度为 0，或无信息字段。

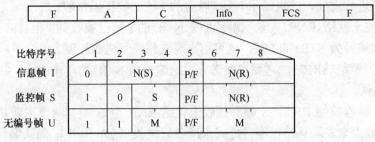

图 3.18　控制字段说明

⑤ 帧校验序列字段(FCS)：帧校验序列字段可以使用 16 位 CRC，对两个标志字段之间的整个帧的内容进行校验。FCS 的生成多项式由 CCITT V.41 建议规定为 $X^{16}+X^{12}+X^5+1$。

(3) HDLC 的帧类型

在 HDLC 协议中定义了三种类型的帧，分别是信息帧(I 帧)、监控帧(S 帧)和无编号帧(U帧)。各类帧由帧内控制字段的不同编码来区分。当第 1 位为"0"时，表示该帧为信息帧，用来传送用户数据。当第 1、2 位为"10"时，表示该帧为监控帧，用来监控数据链路，传送接收站发出的应答信息。当第 1、2 位为"11"时，表示此帧为无编号帧，用来传送命令和其他控制信息，以控制数据链路的建立、拆除，并处理系统错误等。除信息帧外，其他两类帧均没有数据字段。各类帧中控制字段的格式及位定义如表 3-4 所示。

表 3-4　各类帧中控制字段的格式

控制字段位	1	2	3	4	5	6	7	8
I 格式	0		N(S)		P		N(R)	
S 格式	1	0	S1	S2	P/F		N(R)	
U 格式	1	1	M1	M2	P/F	M3	M4	M5

控制字段中的第 1 位或第 1、第 2 位表示传送帧的类型。第 5 位是 P/F 位，即轮询/终止(Poll/Final)位。当 P/F 位用于命令帧(由主站发出)时，起轮询的作用，即当该位为"1"时，要求被轮询的从站给出响应，所以此时 P/F 位可称轮询位(或 P)；当 P/F 位用于响应帧(由从站发出)时，称为终止位(或 F 位)，当其为"1"时，表示接收方确认的结束。为了进行连续传输，需要对帧进行编号，所以控制字段中包括了帧的编号。

① 信息帧(I 帧)：信息帧用于传送有效信息或数据，通常简称 I 帧。I 帧以控制字段第1 位为"0"来标志。信息帧控制字段中的 N(S)用于存放发送帧序号，以使发送方不必等待确认而连续发送多帧。N(R)用于存放接收方下一个预期要接收的帧的序号，如 N(R)=5，即表示接收方下一帧要接收 5 号帧，换言之，5 号帧前的各帧接收方都已正确接收到。N(S)和N(R)均为 3 位二进制编码，可取值 0～7。

② 监控帧(S 帧)：监控帧用于差错控制和流量控制，通常简称 S 帧。S 帧以控制字段第1、2 位为"10"来标志。S 帧不带信息字段，帧长只有 6 字节即 48 位。S 帧的控制字段的第 3、4 位为 S 帧类型编码，共有 4 种不同组合：

"00"：接收就绪(RR)，由主站可以使用 RR 型 S 帧来轮询从站，即希望从站传输编号为 N(R)的 I 帧，若存在这样的帧，便进行传输；从站也可用 RR 型 S 帧来做响应，表示从站期望接收的下一帧的编号是 N(S)。

"01"：拒绝(REJ)，由主站或从站发送，用以要求发送方对从编号为 N(R)开始的帧及其以后所有的帧进行重发，这也暗示 N(R)以前的 I 帧已被正确接收。

"10"：接收未就绪(RNR)，表示编号小于 N(R)的 I 帧已被收到，但目前正处于忙状态，尚未准备好接收编号为 N(R)的 I 帧，这可用来对链路流量进行控制。

"11"：选择拒绝(SREJ)，它要求发送方发送编号为 N(R)的单个 I 帧，并暗示其他编号的 I 帧已全部确认。

可以看出，接收就绪 RR 型 S 帧和接收未就绪 RNR 型 S 帧有两个主要功能：首先，这两种类型的 S 帧用来表示从站已准备好或未准备好接收信息；其次，确认编号小于 N(R)的所有接收到的 I 帧。拒绝 REJ 和选择拒绝 SREJ 型 S 帧，用于向对方站指出发生了差错。REJ 帧对应 Go-back-N 策略，用以请求重发 N(R)起始的所有帧，而 N(R)以前的帧已被确认，当收到一个 N(S)等于 REJ 型 S 帧的 N(R)的 I 帧后，REJ 状态即可清除。SREJ 帧对应选择重发策略，当收到一个 N(S)等于 SREJ 帧的 N(R)的 I 帧时，SREJ 状态即应清除。

③ 无编号帧(U 帧)：无编号帧因其控制字段中不包含编号 N(S)和 N(R)而得名，简称 U 帧。U 帧用于提供对链路的建立、拆除及多种控制功能，这些控制功能由 5 个 M 位(M1、M2、M3、M4、M5，也称修正位)来定义，可以定义 32 种附加的命令或 32 种应答功能。

(4)信息交换控制过程

HDLC 是典型的面向连接的全双工通信，在进行信息交换时首先需要建立数据链路，然后进行链路的维持(传输数据)，最后释放数据链路。

① 链路的建立和释放。假设在非平衡配置中，主站 A 要和从站 B 进行通信，A 首先发送一个无编号帧给 B，在地址字段填写的是 B 的地址，控制字段 M 位的组合为 SNRM 命令，P/F 位为 1 表示 P 轮询(以下用 B、SNRM、P 表示)，从站 B 收到请求后以无编号帧(B，UA，F)作为响应，数据链路建立完成。信息传输完成后，主站 A 向从站 B 发送无编号帧(B，DISC，P)请求释放连接，B 向 A 发送无编号帧(B，UA，F)进行确认，数据链路释放。

② 链路的维持。在此阶段双方发送的是信息帧和监控帧。假设 A 和 B 构成的平衡配置进行全双工通信，A 站发送信息帧(B，I00，P)，I00 表示信息帧控制字段 N(S)N(R)=00，然后继续发送信息帧(B，I10)(B，I20)，这时 B 站发送的信息帧(A，I00)到达，A 站接收该帧后发送信息帧(B，I31，F)，表示 A 发送序号为 3 的信息，期待接收 B 的序号为 1 的信息。这时如果 B 站发送的信息帧(A，I10，P)到达，A 站以监控帧(A，RR2，F)进行响应，表示期望接收 B 的第 2 帧，第 2 帧以前的各帧已经接收。

3.4.4　流量控制

完全理想化的数据传输是基于这样两个假定：假定 1 为链路是理想的传输信道，所传送的任何数据既不会出差错也不会丢失；假定 2 为不管发送方以多快的速率发送数据，接收方总是来得及收下，并及时上交主机。但在实际的传输过程中，由于接收方的处理速度、缓存大小的不同，可能造成接收方无法按发送方的发送速率完整地接收数据。

例如，在面向字符的终端——计算机链路中，若远程计算机为许多台终端服务，它就有可能因不能在高峰时按预定速率传输全部字符而暂时过载。同样，在面向帧的自动重发请求系统中，当待确认帧数量增加时，有可能超出缓冲器存储空间，也会造成过载。流量控制涉及链路上字符或帧的发送速率的控制，以使接收方在接收前有足够的缓冲存储空间来接收每个字符或帧。下面介绍几种常用的流量控制方案。

1. 简单流量控制协议

保留上述的第一个假定，即主机 A 向主机 B 传输数据的信道仍然是无差错的理想信道。但现在不能保证接收端向主机交付数据的速率永远不低于发送端发送数据的速率，需要流量控制。由接收方控制发送方的数据流，是计算机网络中流量控制的一个基本方法。

发送节点：

(1) 从主机取一个数据帧；

(2) 将数据帧送到数据链路层的发送缓存；

(3) 将发送缓存中的数据帧发送出去；

(4) 等待；

(5) 若收到由接收节点发过来的确认应答信息，则从主机取一个新的数据帧，然后转到(2)。

接收节点：

(1) 等待；

(2) 若收到由发送节点发过来的数据帧，则将其放入数据链路层的接收缓存；

(3) 将接收缓存中的数据帧上交主机；

(4) 向发送节点发送一个确认信息，表示数据帧已经上交给主机；

(5) 转到(1)。

显然，用这样的方法收发双方能够很好地同步，发送方的数据流受接收方的控制，而且也只有控制发送方的发送速率才能解决收端缓存溢出问题。

前面假定数据在传输过程中不会出差错，但在实际的数据传输过程中，由于传输信道特性的不理想和外界干扰的存在，出现传输差错是不可避免的。传输差错导致接收的数据帧错误，接收方要求发送方重发数据帧。严重的传输差错还导致数据帧或应答帧丢失，使发送操作不能继续进行，或接收方重复接收数据。由接收方控制发送方的数据流是计算机网络中流量控制的一种基本方法。

2. 实用停止等待协议

上述的方法是在理想的通道情况下，无差错传输时采用的方法。但实际的传输中，由于存在信道的干扰，导致数据错误或丢失，为了能够检测出数据的差错情况，引入了差错控制方法。为了检测数据的差错，在发送方数据帧中加入校验码(CRC)。由于数据帧中有 CRC，所以接收方能检验出收到的帧是否有差错。当发现差错时，接收方就向发送方发送一个否认帧 NAK(Negative Acknowledgement)，以表示发送方应当重传出现差错的那个数据帧。如果多次出现差错，就要多次重传数据帧，直到收到接收方发来的确认帧 ACK 为止。当通信线路质量太差时，可能要重传很多次。为此，在发送端必须暂时保存已发送过的数据帧的副本，发送方在重传一定的次数后即不再重传，而是将此情况交上一层处理。

有时链路上的干扰很严重，或由于某一原因，接收方收不到发送方发来的数据帧。这种情况称为帧丢失，如图3.19所示。发生帧丢失时，接收方当然不会向发送方发送任何确认帧。如果发送方要等收到收方的确认帧再发送下一个数据帧，那么就将永远等下去，于是就出现了系统死锁现象。为了防止这种情况的发生，采用一种超时重发技术。发送方发送完一个数据帧时，就启动一个超时计时器(Timeout Timer)。此计时器又称为定时器。若到了超时计时器所设置的重传时间 t_{out} 仍收不到接收方的任何确认帧，则发送方就重传前面所发送的这一数据帧。一般可将重传时间选为略大于"从发完数据帧到收到确认帧所需的平均时间"。重传若干次后仍不能成功，则报告差错。

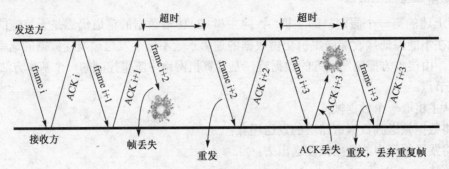

图 3.19　停止等待协议

如果接收方接收的数据正确，但提供给发送方的应答帧丢失，会导致发送方重复发送，出现重复帧，如图 3.19 所示。每个数据帧带上不同的发送序号。每发送一个新的数据帧就把它的发送序号加 1。若接收方收到发送序号相同的数据帧，就表明出现了重复帧。这时应丢弃重复帧，因为已经收到过同样的数据帧。但此时接收方还必须向发送方发送确认帧 ACK，以保证协议正常执行。

综上所述，虽然物理层在传输位时会出现差错，但由于数据链路层的停止等待协议采用了有效的检错重传机制，对上面的网络层就可以提供可靠传输的服务。虽然停止等待协议比较简单，容易实现，但是该协议通信信道的利用率不高，特别是对于传播时延较大的通信链路。

3．滑动窗口流量控制方法

停止—等待协议中的应答机制虽然解决了通信双方的同步问题，但一帧一应答的同步方法的通信效率过低，信道利用率低，不能充分利用介质带宽。为了提高信道的利用率，可以采用多帧一应答的同步方法，即接收站的接收缓冲区容量可以存放 n 个帧；发送站可连续发送 n 个帧后再停下来等待接收站的应答帧，当接收到应答帧后再发送下 n 个帧；接收站在处理完接收缓冲区中的 n 个数据帧后发送应答帧，指示发送站发送下 n 个帧。基于这种多帧应答机制的通信协议称为滑动窗口协议。

"滑动窗口"机制是实现数据帧传输控制的逻辑过程，它要求通信两端节点设置发送存储单元，用于保存已发送但尚未被确认的帧，这些帧对应着一张连续序号列表，即发送窗口。接收方则有一张接收序号列表，即接收窗口。

发送窗口用来对发送端进行流量控制，而发送窗口的大小 W_T，代表在还没有收到对方确认信息的情况下发送端最多可以发送多少个数据帧。显然，停止等待协议的发送窗口大小是 1。就是说，只要发送出去的某个数据帧未得到确认，就不能再发送下一个数据帧。发送窗口的概念最好用图形来说明。

现在设发送序号用 3 位来编码，即发送序号从 0 号到 7 号(共 8 个不同的序号)。又设发送窗口 $W_T = 5$，即在未收到对方确认信息的情况下，发送端最多可以发送出 5 个数据帧。发送窗口的规则归纳如下：

①　发送窗口内的帧是允许发送的帧，而不考虑有没有收到确认。发送窗口右侧所有的帧都是不允许发送的帧。在图 3.20(a) 画出了刚开始发送时的情况。

②　每发送完一个帧，允许发送的帧数就减 1。但发送窗口的位置不改变。如图 3.20(b) 中有三种不同的帧：已经发送的帧(最左边的 0 号帧)；允许发送的帧(共 4 个，1 号帧至 4 号帧)，以及不允许发送的帧(5 号帧和以后的帧)。

③　如果所允许发送的 5 个帧都发送完了，但还没有收到任何确认，那么就不能再发送任何帧了，如图 3.20(c) 所示。这时，发送端就进入等待状态。

④　每收到对一个帧的确认，发送窗口就向前(即向右方)滑动一个帧的位置。如图 3.20(d) 所示，表示收到了对前三个帧的确认，因此发送窗口可向右方滑动三个帧的位置。在图 3.20(d) 中，有四种不同的帧：已发送且已收到了确认的帧(最左边的 0～2 帧)；已发送但未收到确认的帧(左边的 3、4 帧)；还可以继续发送的帧(5～7 号帧)；以及不允许发送的帧(右边的 0 号帧和以后的帧)。

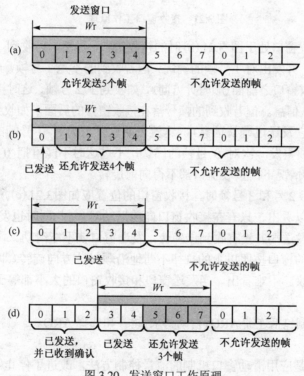

图 3.20　发送窗口工作原理

同理，在接收端设置接收窗口是为了控制可以接收哪些数据帧而不可以接收哪些帧。在接收端只有当收到的数据帧的发送序号落入接收窗口内才允许将该数据帧收下。若接收到的数据帧落在接收窗口之外，则一律将其丢弃。在连续 ARQ 协议中，接收窗口的大小 $W_r = 1$。接收窗口的规则很简单，归纳如下：

①　只有当收到的帧的序号与接收窗口一致时才能接收该帧。否则，就丢弃它。

②　每收到一个序号正确的帧，接收窗口就向前(即向右方)滑动一个帧的位置。同时向发送端发送对该帧的确认。

图 3.21(a) 表明一开始接收窗口处于 0 号帧处，接收端准备接收 0 号帧。0 号帧一旦收到，接收窗口即沿顺时针方向向前旋转一个号(如图 3.21(b))，准备接收 1 号帧，同时向发送端发送对 0 号帧的确认信息。

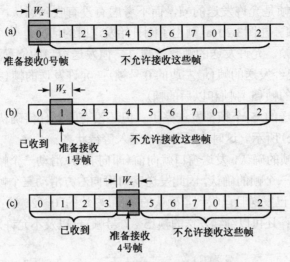

图 3.21　接收窗口工作原理

现在继续研究接收窗口处于图 3.21(b)时的接收策略。显然，若收到 1 号帧，则接收窗口将顺时针旋转一个号，并发出对 1 号帧的确认。但若收到的不是 1 号帧，情况就稍复杂些。如果收到的帧号落在接收窗口之前面(顺时针方向)，如收到了 2 号帧，这时接收端就必须丢弃它，并发出对 2 号帧的否认信息。但若收到的帧号落在接收窗口的后面，如收到了 0 号帧(注意，0 号帧已收到过，并对它发送过确认信息)，这就表明已发出的对 0 号帧的确认帧没有被发送方收到。因此现在还要再发一次对 0 号帧的确认，不过这时不能再把 0 号帧送交主机(否则就重复了)。在这两种情况下，接收窗口都不得向前旋转。

当陆续收到 1 号、2 号和 3 号帧时，接收窗口的位置应如图3.21(c)所示的那样。

从以上的讨论可以看出，只有在接收窗口向前滑动时(与此同时也发送了确认)，发送窗口才可能向前滑动。发送端若没有收到该确认，发送窗口就不能滑动。

正因为收发两端的窗口按照以上的规律不断地沿顺时针方向旋转(即滑动)，因此这种协议又称为滑动窗口协议。不难看出，当发送窗口和接收窗口的大小都等于 1 时，就是最初讨论的停止等待协议。

滑动窗口流量控制包括连续 ARQ(自动请求重传)和选择 ARQ。

(1)连续 ARQ

连续 ARQ 协议是应用滑动窗口机制的流量控制方法，改进了停止等待协议的缺点，是在发送完一个数据帧后，不是停下来等待确认帧，而是可以连续再发送若干数据帧，如果这时收到了接收端发来的确认帧，那么还可以接着发送数据帧。由于减少了等待时间，整个通信的吞吐量就提高了。

现举例说明连续 ARQ 协议的工作过程，如图3.22所示。节点 A 向节点 B 发送数据帧，发送窗口的大小 $W_T = 5$，表明节点 A 可连续发送 5 个数据帧，其序号为 0～4。当节点 A 发完 0 号帧后，不是停止等待，而是继续发送后续的 1 号帧、2 号帧等。由于连续发送了许多帧，所以确认帧不仅要说明是对哪一帧进行确认或否认，而且确认帧本身也必须编号。ACKn 表示对第 $n-1$ 号帧的确认。

节点 B 正确收到了 0 号帧和 1 号帧，并送交主机。现在设 2 号帧出了差错，于是节点 B 的 CRC 检验器就自动将有差错的 2 号帧丢弃，然后等待发送端超时重传。

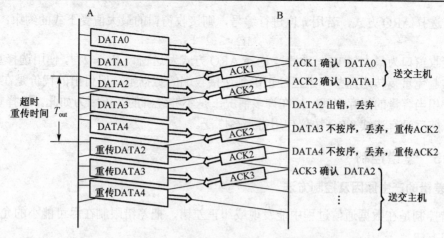

图 3.22　连续 ARQ 协议的工作原理：对出错数据帧的处理

在这里要注意：

① 接收端只按序接收数据帧。虽然在有差错的 2 号帧之后接着又收到了正确的 2 个数据帧，但接收端必须将这些帧丢弃，因为在这些帧前面有一个 2 号帧还没有收到。接收端应重复发送已经发送过的最后一个确认帧 ACK2。

② ACK1 表示确认 0 号帧 DATA0，并期望下次收到 1 号帧；ACK2 表示确认 1 号帧 DATA1，并期望下次收到 2 号帧。依此类推。

③ 节点 A 在每发送完一个数据帧时都要设置该帧的超时计时器。如果在所设置的超时时间 T_{out} 内收到确认帧，就立即将超时计时器清零。但若在所设置的超时时间 T_{out} 到了而仍未收到确认帧，就要重传相应的数据帧(仍需重新设置超时计时器)。在等不到 2 号帧的确认而重传 2 号数据帧时，虽然节点 A 已经发完了 4 号帧，但仍必须向回走，将 2 号帧及其后面的各帧全部重传。所以连续 ARQ 协议又称后退 N 帧 ARQ 协议。

(2)选择 ARQ

在连续 ARQ 中，如果某个数据帧发生差错，后续的数据帧即使被正确地接收到，也要被丢弃，造成网络资源浪费。为进一步提高信道的利用率，可以设法只重传出现差错的数据帧或者是定时器超时的数据帧。但在这种情况下，必须加大接收窗口，以便先收下发送序号不连续但仍处在接收窗口中的那些数据帧。等到所缺序号的数据帧收到之后再一并送交主机。在数据传送过程中，若某一帧出错，后面送来的正确的帧虽然不能立即送主机，但接收方仍可收下来，放在一个缓冲区中，同时要求发送方重新传送出错的那一帧，一旦收到重传的帧后，就可以与原先已收到但暂存在缓冲区中的其他帧一起按正确的顺序送主机。这就是选择重传协议。即发送窗口和接收窗口均大于 1。其原理如图3.23所示。

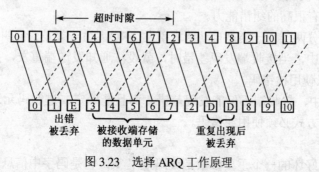

图 3.23　选择 ARQ 工作原理

对于选择 ARQ 方式，若用 n 位进行编号，则接收窗口的最大值受下式的约束：

$$W_r \leqslant 2^{n-1}$$

当接收窗口为最大值 $W_r = 2^{n-1}$ 时，选择 ARQ 方式发送窗口 $W_T = 2^{n-1}$，使用选择重传 ARQ 协议可以避免重复传送那些本来已经正确到达接收端的数据帧。但付出的代价是在接收端要设置具有相当容量的缓存空间，这在许多情况下是不够经济的。正因为如此，选择重传 ARQ 协议在目前远没有连续 ARQ 协议使用得那么广泛。

3.4.5　差错控制

1. 差错的产生原因及控制方法

差错控制是在数据通信过程中能发现或纠正差错，把差错限制在尽可能小的允许范围内的技术和方法。

信号在物理信道中传输时，线路本身的电气特性造成的随机噪声、信号幅度的衰减、频率和相位的畸变、电器信号在线路上产生反射造成的回音效应、相邻线路间的串扰及各种外界因素(如大气中的闪电、开关的跳火、外界强电流磁场的变化、电源的波动等)都会造成信号的失真。在数据通信中，将使接收端收到的二进制数位和发送端实际发送的二进制数位不一致，从而造成由"0"变成"1"或由"1"变成"0"的差错。

(1)热噪声和冲击噪声

传输中的差错都是由噪声引起的。噪声有两大类，一类是信道固有的、持续存在的随机热噪声；另一类是由外界特定的短暂原因所造成的冲击噪声。

热噪声引起的差错称为随机差错，所引起的某位码元的差错是孤立的，与前后码元没有关系。它导致的随机差错通常较少。

冲击噪声呈突发状，由其引起的差错称为突发错。冲击噪声幅度可能相当大，无法靠提高幅度来避免冲击噪声造成的差错，它是传输中产生差错的主要原因。冲击噪声虽然持续时间较短，但在一定的数据速率条件下仍然会影响到一串码元。

(2)差错的控制方法

最常用的差错控制方法是差错控制编码。数据信息位在向信道发送之前，先按照某种关系附加上一定的冗余位，构成一个码字后再发送，这个过程称为差错控制编码过程。接收端收到该码字后，检查信息位和附加的冗余位之间的关系，以检查传输过程中是否有差错发生，这个过程称为检验过程。

差错控制编码可分为检错码和纠错码。

① 检错码：能自动发现差错的编码。常见的检错码有奇偶校验码和循环冗余校验码。

② 纠错码：不仅能发现差错，而且能自动纠正差错的编码。海明码(Hamming Code)为典型的纠错码，具有很高的纠错能力。

差错控制方法分两类，一类是自动请求重发 ARQ，另一类是前向纠错 FEC。

在 ARQ 方式中，当接收端发现差错时，就设法通知发送端重发，直到收到正确的码字为止。ARQ 方式只使用检错码。

在 FEC 方式中，接收端不但能发现差错，而且能确定二进制码元发生错误的位置，从而加以纠正。FEC 方式必须使用纠错码。

(3)编码效率

衡量编码性能好坏的一个重要参数是编码效率 R，它是码字中信息位所占的比例。编码效率越高，即 R 越大，信道中用来传送信息码元的有效利用率就越高。编码效率计算公式为：$R = k/n = k/(k + r)$。式中，k 为码字中的信息位位数；r 为编码时外加冗余位位数；n 为编码后的码字长度。

2. 奇偶校验码

奇偶校验码是一种通过增加冗余位使得码字中"1"的个数为奇数或偶数的编码方法，它是一种检错码。奇校验是数据码元加上校验位中 1 的个数应为奇数个。偶校验是数据码元加上校验位中 1 的个数应为偶数个。

水平奇校验码是指在面向字符的数据传输中，在每个字符的 7 位信息码后附加一个校验位"0"或"1"，使整个字符中二进制位"1"的个数为奇数，如表3-5所示。例如，设待传输字符的二进制位序列为"1100001"，则采用奇校验码后的二进制位序列形式为"11000010"。接收方在收到所传输的二进制位序列后，通过检查序列中的"1"的个数是否仍为奇数来判断传输是否发生

表 3-5　水平奇校验

字母	信息位(对应字母的 ASCII 码)	校验位
a	1100001	0
b	1100010	0
c	1100011	1
d	1100100	0
e	1100101	1
f	1100110	1
g	1100111	0

了错误。若位在传输过程中发生错误，就可能会出现"1"的个数不为奇数的情况。水平奇校验只能发现字符传输中的奇数位错，而不能发现偶数位错。例如，上述发送序列"11000010"，若接收端收到"11001010"，则可以校验出错误，因为有一位"0"变成了"1"；但是若收到"11011010"，则不能识别出错误，因为有两位"0"变成了"1"。不难理解，水平偶校验也存在同样的问题。

垂直奇/偶校验也称为组校验，是将所发送的若干字符组成字符组或字符块，形式上相当于是一个矩阵，如表 3-6 所示，每行为一个字符，每列为所有字符对应的相同位。在这一组字符的末尾即最后一行附加一个校验字符，该校验字符中的第 i 位分别对应组中所有字符第 i 位的校验位。显然，如果单独采用垂直奇/偶校验，则只能检出字符块中某一列中的一位或奇数位错。

为了提高奇/偶校验码的检错能力，引入了水平垂直奇/偶校验，既对每个字符作水平校验，同时也对整个字符块作垂直校验，则奇/偶校验码的检错能力可以明显提高。这种方式的奇/偶校验称为水平垂直奇/偶校验，表 3-7 给出了一个水平垂直奇/偶校验的例子。虽然其实现方法简单，但是从总体上讲，奇/偶校验方法的检错能力仍较差，故这种校验一般只用于通信质量要求较低的环境。

表 3-6　垂直奇校验

字母	信息位(对应字母的 ASCII 码)
a	1100001
b	1100010
c	1100011
d	1100100
e	1100101
f	1100110
g	1100111
校验位	0011111

表 3-7　水平垂直奇校验

字母	信息位(对应字母的 ASCII 码)	校验位
a	1100001	0
b	1100010	0
c	1100011	1
d	1100100	0
e	1100101	1
f	1100110	1
g	1100111	0
校验位	0011111	0

3. 循环冗余码

奇偶检验码虽然简单,但漏检率太高。目前应用广泛的差错检测码是循环冗余码。循环冗余码又称为多项式码。这是因为任何一个二进制数位串组成的代码都可以和一个只含有 0 和 1 两个系数的多项式建立一一对应的关系。

循环冗余校验码(Cycle Redundancy Check,CRC)是一种被广泛采用的多项式编码。CRC 码由两部分组成,前一部分是 k 位的待发送信息,后一部分是 r 位的冗余码。由于前一部分是实际要传输的内容,因此是固定不变的,CRC 码的产生关键在于后一部分冗余码的计算。

计算中主要用到两个多项式:$f(x)$ 和 $G(x)$。其中,$f(x)$ 是一个 $k–1$ 阶多项式,其系数是待发送的 k 位序列;$G(x)$ 是一个 r 阶的生成多项式,由发收双方预先约定。

CRC 编码基于生成多项式,在采用多项式编码的方法时,发送方和接收方必须事先商定一个生成多项式,其生成多项式系数是一个为 0 或 1 的序列,位数为 k。

例如,x^4+x^2+1,把 x 按降幂排列,可以看成是 $1\times x^4+0\times x^3+1\times x^2+0\times x^1+1\times x^0$,其系数为 10101,而位数 $k=5$。

在求 CRC 码的运算中,采用模 2 运算。其运算法则是,加法不进位,减法不借位。加法和减法都与异或运算相同。例如:

$$
\begin{array}{cccc}
10011101 & 00110010 & 10011101 & 00110010 \\
+\,11001100 & +\,10101010 & +\,11001100 & +\,10101010 \\
\hline
01010001 & 10011000 & 01010001 & 10011000 \\
\end{array}
$$

对发送端具体步骤如下。

(1) 确定待发送数,生成多项式系数及位数 k。

(2) 把待发送数左移 $k–1$ 位(即在待发送数后填 $k–1$ 个 0),作为被除数。

(3) 把生成多项式系数做除数进行模 2 除法运算(够位上 1,不够位上 0),求得余数。

(4) 把步骤(2)中的被除数加上余数,即得 CRC 码。

例 1. 已知:信息码:110011　信息多项式:$F(x)=x^5+x^4+x+1$

　　　　　生成码:11001　生成多项式:$G(x)=x^4+x^3+1\ (r=4)$

求:循环冗余码和码字。

解:1) $(x^5+x^4+x+1)\times x^4=x^9+x^8+x^5+x^4$,对应的码是 1100110000。

　　2) 积/$G(x)$(按模二算法)。

$$
\begin{array}{r}
1\,0\,0\,0\,0\,1 \leftarrow Q(x)\\
G(x)\rightarrow 1\,1\,0\,0\,1\,\overline{)\,1\,1\,0\,0\,1\,1\,0\,0\,0\,0\,} \leftarrow F(x)\times x^r\\
1\,1\,0\,0\,1\\
\hline
1\,0\,0\,0\,0\\
1\,1\,0\,0\,1\\
\hline
1\,0\,0\,1 \leftarrow R(x)\,(冗余码)\\
\end{array}
$$

由计算结果知冗余码是 1001,码字是 1100111001。

例 2. 已知:接收码字:1100111001　多项式:$F(x)=x^9+x^8+x^5+x^4+x^3+1$

　　　　　生成码:11001　生成多项式:$G(x)=x^4+x^3+1(r=4)$

求:码字的正确性。若正确,则指出冗余码和信息码。

解:1)用接收码除以生成码,余数为 0,所以码字正确。

2）因 $r=4$，所以冗余码是：11001，信息码是：110011

$$G(x)\rightarrow 11001\overline{)\begin{array}{l}\ \ \ \ \ \ \ \ \ \ \ \ \ 100001 \leftarrow Q(x)\\ 1100110001 \leftarrow F(x)\times x^r+R(x)\\ 11001\\ \overline{\ \ \ \ \ 11001}\\ \ \ \ \ \ \overline{11001}\\ \ \ \ \ \ \ \ \ \ \ 0 \leftarrow S(x)（余数）\end{array}}$$

CRC 校验方法是由多个数学公式、定理和推论得出的，尤其是 CRC 中的生成多项式对于 CRC 的检错能力会产生很大的影响。生成多项式 $G(x)$ 的结构及检错效果是在经过严格的数学分析和实验后才确定的，有其国际标准。常见的标准生成多项式如下。

CRC-8：　$G(x)=x^8+x^2+x+1$

CRC-12：　$G(x)=x^{12}+x^{11}+x^3+x^2+1$

CRC-16：　$G(x)=x^{16}+x^{15}+x^2+1$

CRC-32：　$G(x)=x^{32}+x^{26}+x^{23}+x^{22}+x^{16}+x^{12}+x^{11}+x^{10}+x^8+x^7+x^5+x^4+x^2+x+1$

可以看出，只要选择足够的冗余位，就可以使得漏检率减少到任意小的程度。由于 CRC 码的检错能力强且容易实现，因此是目前应用最广泛的检错码编码方法之一。CRC 码的生成和校验过程可以用软件或硬件方法来实现，如可以用移位寄存器和半加法器方便地实现。

4．海明码

（1）基本构造

海明码（Hamming Code）是一种可以纠正一位差错的编码。它利用在信息位为 k 位，增加 r 位冗余位，构成一个 $n=k+r$ 位的码字，然后用 r 个监督关系式产生的 r 个校正因子来区分无错和在码字中的 n 个不同位置的一位错。它必需满足以下关系式：

$$2^r \geqslant n+1 \text{ 或 } 2^r \geqslant k+r+1$$

海明码的编码效率为：

$$R=k/(k+r)$$

式中，k 为信息位位数，r 为增加冗余位位数。

下面通过（7，4）海明码的例子来说明如何具体构造这种码。设分组码 $(n，k)$ 中，$k=4$，为能纠正一位误码，要求 $r \geqslant 3$。现取 $r=3$，则 $n=k+r=7$。我们用 $a_0a_1a_2a_3a_4a_5a_6$ 表示这 7 个码元，用 s_1、s_2、s_3 表示由三个监督方程式计算得到的校正子，并假设三位 s_1、s_2、s_3 校正子码组与误码位置的对应关系如表 3-8 所示。

表 3-8　校正子和错码位置关系

$s_1\ s_2\ s_3$	错码位置	$s_1\ s_2\ s_3$	错码位置
0　0　1	a_0	1　0　1	a_4
0　1　0	a_1	1　1　0	a_5
1　0　0	a_2	1　1　1	a_6
0　1　1	a_3	0　0　0	无错码

由表可知，当误码位置在 a_2、a_4、a_5、a_6 时，校正子 $s_1=1$，否则 $s_1=0$。因此有 $s_1=a_6\oplus a_5\oplus a_4\oplus a_2$，同理有 $s_2=a_6\oplus a_5\oplus a_3\oplus a_1$ 和 $s_3=a_6\oplus a_4\oplus a_3\oplus a_0$。在编码时，$a_6$、$a_5$、$a_4$、$a_3$ 为信息码元，a_2、a_1、a_0 为监督码元。则监督码元可由以下监督方程唯一确定。

$$\begin{cases} a_6 \oplus a_5 \oplus a_4 \oplus a_2 = 0 \\ a_6 \oplus a_5 \oplus a_3 \oplus a_1 = 0 \\ a_6 \oplus a_4 \oplus a_3 \oplus a_0 = 0 \end{cases} \tag{3.1}$$

即

$$\begin{cases} a_2 = a_6 \oplus a_5 \oplus a_4 \\ a_1 = a_6 \oplus a_5 \oplus a_3 \\ a_0 = a_6 \oplus a_4 \oplus a_3 \end{cases} \tag{3.2}$$

由上面方程可得到表 3-9 所示的 16 个许用码组。在接收端收到每个码组后，计算出 s_1、s_2、s_3，如果不全为 0，则表示存在错误，可以由表 3-8 确定错误位置并予以纠正。举个例子，假设收到码组为 0000011，可算出 $s_1 s_2 s_3 = 011$，由表 3-8 可知在 a_3 上有一误码。通过观察可以看出，上述 (7, 4) 码的最小码距为 $d_{min} = 3$，纠正一个误码或检测两个误码。如果超出纠错能力则反而会因"乱纠"出现新的误码。

表 3-9　(7, 4)海明码的许用码组

信息位		监督位		信息位		监督位	
$a_6\ a_5\ a_4\ a_3$		$a_2\ a_1\ a_0$		$a_6\ a_5\ a_4\ a_3$		$a_2\ a_1\ a_0$	
0 0 0 0		0 0 0		1 0 0 0		1 1 1	
0 0 0 1		0 1 1		1 0 0 1		1 0 0	
0 0 1 0		1 0 1		1 0 1 0		0 1 0	
0 0 1 1		1 1 0		1 0 1 1		0 0 1	
0 1 0 0		1 1 0		1 1 0 0		0 0 1	
0 1 0 1		1 0 1		1 1 0 1		0 1 0	
0 1 1 0		0 1 1		1 1 1 0		1 0 0	
0 1 1 1		0 0 0		1 1 1 1		1 1 1	

(2) 监督矩阵

上面提到过，线性码是指信息位和监督位满足一组线性代数方程的码，式 (3.1) 就是这样的例子，现在将它改写成

$$\begin{cases} 1\times a_6 \oplus 1\times a_5 \oplus 1\times a_4 \oplus 0\times a_3 \oplus 1\times a_2 \oplus 0\times a_1 \oplus 0\times a_0 = 0 \\ 1\times a_6 \oplus 1\times a_5 \oplus 0\times a_4 \oplus 1\times a_3 \oplus 0\times a_2 \oplus 1\times a_1 \oplus 0\times a_0 = 0 \\ 1\times a_6 \oplus 0\times a_5 \oplus 1\times a_4 \oplus 1\times a_3 \oplus 0\times a_2 \oplus 0\times a_1 \oplus 1\times a_0 = 0 \end{cases} \tag{3.3}$$

可以将式 (3.3) 表示成如下的矩阵形式

$$\begin{pmatrix} 1 & 1 & 1 & 0 & 1 & 0 & 0 \\ 1 & 1 & 0 & 1 & 0 & 1 & 0 \\ 1 & 0 & 1 & 1 & 0 & 0 & 1 \end{pmatrix} \begin{pmatrix} a_6 \\ a_5 \\ a_4 \\ a_3 \\ a_2 \\ a_1 \\ a_0 \end{pmatrix} = \begin{pmatrix} 0 \\ 0 \\ 0 \end{pmatrix} \tag{3.4}$$

式 (3.4) 还可以简记为 　　　　$\boldsymbol{HA}^{\mathrm{T}} = \boldsymbol{0}^{\mathrm{T}}$　或　$\boldsymbol{AH}^{\mathrm{T}} = \boldsymbol{0}$ 　　(3.5)

其中，

$$H = \begin{pmatrix} 1 & 1 & 1 & 0 & 1 & 0 & 0 \\ 1 & 1 & 0 & 1 & 0 & 1 & 0 \\ 1 & 0 & 1 & 1 & 0 & 0 & 1 \end{pmatrix} \qquad A = (a_6 a_5 a_4 a_3 a_2 a_1 a_0) \qquad \mathbf{0} = (000)$$

上角标 **T** 表示将矩阵转置。如 $\mathbf{H}^\mathrm{T}$ 是 $\mathbf{H}$ 的转置，即 $\mathbf{H}^\mathrm{T}$ 的第一行为 $\mathbf{H}$ 的第一列，第二行为第二列。

将 $\mathbf{H}$ 称为监督矩阵（Parity Check Matrix）。只要监督矩阵 $\mathbf{H}$ 给定，编码时监督位和信息位的关系就完全确定了。由 (3.4) 和 (3.5) 都可以看出，$\mathbf{H}$ 的行数就是监督关系式的数目 r，$\mathbf{H}$ 的每一行中的"1"的位置表示相应码元之间存在的监督关系。式 (3.4) 中的 $\mathbf{H}$ 矩阵可以分为两部分。

$$H = \begin{pmatrix} 1 & 1 & 1 & 0 & 1 & 0 & 0 \\ 1 & 1 & 0 & 1 & 0 & 1 & 0 \\ 1 & 0 & 1 & 1 & 0 & 0 & 1 \end{pmatrix} = (\mathbf{PI}_\mathrm{r}) \tag{3.6}$$

式中，$\mathbf{P}$ 为 $r \times k$ 阶矩阵；$\mathbf{I}_\mathrm{r}$ 为 $r \times r$ 阶单位矩阵。

（3）生成矩阵

由代数理论可知，$\mathbf{H}$ 矩阵的各行应该是线性无关的，否则将得不到 r 个线性无关的监督关系式，从而也得不到 r 个独立的监督位。若一矩阵可以写成 $\mathbf{PI}_\mathrm{r}$ 的矩阵形式，则其各行一定是线性无关的。因为容易验证 $\mathbf{I}_\mathrm{r}$ 的各行是线性无关的，故 $\mathbf{PI}_\mathrm{r}$ 的各行也是线性无关的。

类似于 (3.1) 改成 (3.4) 那样，(3.2) 可以改写成

$$\begin{pmatrix} a_2 \\ a_1 \\ a_0 \end{pmatrix} = \begin{pmatrix} 1 & 1 & 1 & 0 \\ 1 & 1 & 0 & 1 \\ 1 & 0 & 1 & 1 \end{pmatrix} \begin{pmatrix} a_6 \\ a_5 \\ a_4 \\ a_3 \end{pmatrix} \tag{3.7}$$

或者

$$(a_2 a_1 a_0) = (a_6 a_5 a_4 a_3) \begin{pmatrix} 1 & 1 & 1 \\ 1 & 1 & 0 \\ 1 & 0 & 1 \\ 0 & 1 & 1 \end{pmatrix} = (a_6 a_5 a_4 a_3) \mathbf{Q} \tag{3.8}$$

式中，$\mathbf{Q}$ 为一个 $k \times r$ 阶矩阵，它为 $\mathbf{P}$ 的转置，即

$$\mathbf{Q} = \mathbf{P}^\mathrm{T}$$

式 (3.8) 表示，在信息位给定后，用信息位的行矩阵乘矩阵 $\mathbf{Q}$ 就产生出监督位。

我们将 $\mathbf{Q}$ 的左边加上一个 $k \times k$ 阶单位方阵，就构成一个矩阵 $\mathbf{G}$：

$$G = (\mathbf{I}_K \mathbf{Q}) = \begin{pmatrix} 1 & 0 & 0 & 0 & 1 & 1 & 1 \\ 0 & 1 & 0 & 0 & 1 & 1 & 0 \\ 0 & 0 & 1 & 0 & 1 & 0 & 1 \\ 0 & 0 & 0 & 1 & 0 & 1 & 1 \end{pmatrix} \tag{3.9}$$

$\mathbf{G}$ 称为生成矩阵（Generator Matrix），因为由它可产生整个码组，即有

$$(a_6 a_5 a_4 a_3 a_2 a_1 a_0) = (a_6 a_5 a_4 a_3) \mathbf{G} = A \tag{3.10}$$

3.4.6　因特网的主机与网络接口协议

数据链路层是 TCP/IP 赖以存在的各种通信网和 TCP/IP 之间的接口，这些通信网包括多种广域网如 ARPANFT、MILNET 和 X.25 公用数据网，以及各种局域网，如 Ethernet、IEEE 的各种标准局域网等。IP 层提供了专门的功能，解决与各种网络物理地址的转换。

一般情况下，各物理网络可以使用自己的数据链路层协议和物理层协议，不需要在数据链路层上设置专门的 TCP/IP 协议。但是，当使用串行线路连接主机与网络，或连接网络与网络时，例如用户使用电话线和 MODEM 接入或两个相距较远的网络通过数据专线互连时，则需要在数据链路层运行专门的 SLIP(Serial Line IP)协议和 PPP(Point to Point Protocal)协议。

1．SLIP 协议(串行线路网际协议)

SLIP 协议是最早的、也是仅有的两个串行 IP 协议之一，属于异型 IP 协议。它实现了在串行通信线路上运行 TCP/IP 协议及其应用服务的功能，为千家万户上网提供了拨号 IP 模式，并为行业用户通过串行媒介传输 IP datagram 提供了专线 IP 模式。

SLIP 是一种在串行线路上对 IP 数据报进行封装的简单形式。SLIP 适用于家庭中，每台计算机几乎都有的 RS-232 串行端口和高速调制解调器接入 Internet。

下面的规则描述了 SLIP 协议定义的帧格式：

(1)IP 数据报以一个称做 END(0xc0)的特殊字符结束。同时，为了防止数据报到来之前的线路噪声被当做数据报内容，大多数实现在数据报的开始处也传一个 END 字符(如果有线路噪声，那么 END 字符将结束这份错误的报文。这样当前的报文得以正确地传输，而前一个错误报文交给上层后，会发现其内容毫无意义而被丢弃)。

(2)如果 IP 报文中某个字符为 END，那么就要连续传输两字节 0xdb 和 0xdc 来取代它。0xdb 这个特殊字符被称做 SLIP 的 ESC 字符，但是它的值与 ASCII 码的 ESC 字符(0x1b)不同。

(3)如果 IP 报文中某个字符为 SLIP 的 ESC 字符，那么就要连续传输两字节 0xdb 和 0xd 来取代它。

SLIP 是一种简单的组帧方式，使用时还存在一些问题。首先，SLIP 不支持在连接过程中的动态 IP 地址分配，通信双方必须事先告诉对方 IP 地址，这给没有固定 IP 地址的个人用户上 Internet 带来了很大的不便；其次，SLIP 帧中无协议类型字段，因此它只能支持 IP 协议；再有，SLIP 帧中无校验字段，因此链路层上无法检测出传输差错，必须由上层实体或具有纠错能力的 MODEM 来解决差错问题。

2．PPP(点—点协议)

由于 SLIP 具有仅支持 IP 等缺点，主要用于低速(不超过 19.2 Kb/s)的交互性业务，它并未成为 Internet 的标准协议。为了改进 SLIP，人们制订了点对点 PPP 协议。

PPP 三大成就：

① 明确地划分出一帧的尾部和下一帧的头部的成帧方式。这种帧格式也处理错误检测工作。

② 当线路不再需要时，挑出这些线路，测试它们，商议选择，并仔细地再次释放链路控制协议。这个协议称为链路控制协议 LCP(Link Control Protocol)。

③ 用独立于所使用的网络层协议的方法来商议使用网络层的哪些选项。对于每个所支持的网络层来说，所选择的方法有不同的网络控制协议 NCP（Network Control Protocol）。

PPP 帧不仅能通过拨号电话线发送出去，还能通过 SONET 或真正面向位的 HDLC 线路（即路由器与路由器相连）发送出去。

（1）PPP 协议组成

PPP 协议有三个组成部分：

① 一个将 IP 数据报封到串行链路的方法。PPP 既支持异步链路（无奇偶校验的 8 位数据），也支持面向位的同步链路。

② 一个用来建立、配置和测试数据链路的链路控制协议 LCP。通信的双方可协商一些选项。在[RFC 1661]中定义了 11 种类型的 LCP 分组。

③ 一套网络控制协议 NCP，支持不同的网络层协议，如 IP、OSI 的网络层、DECnet、AppleTalk 等。

（2）PPP 帧格式

PPP 帧格式和 HDLC 帧格式相似，如图3.24所示。两者主要区别：PPP 是面向字符的，而 HDLC 是面向位的。

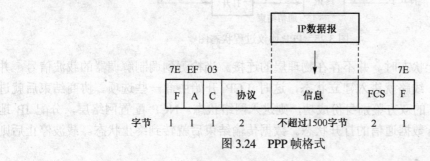

图 3.24 PPP 帧格式

可以看出，PPP 帧的前 3 个字段和最后两个字段与 HDLC 格式是一样的。标志字段 F 为 0x7E，但地址字段 A 和控制字段 C 都是固定不变的，分别为 0xFF、0x03。PPP 协议不是面向位的，因而所有的 PPP 帧长度都是整数个字节。

与 HDLC 不同的是，多了 2 字节的协议字段。协议字段不同，后面的信息字段类型就不同。例如：

0x0021：信息字段是 IP 数据报；

0xC021：信息字段是链路控制数据 LCP；

0x8021：信息字段是网络控制数据 NCP；

0xC023：信息字段是安全性认证 PAP；

0xC025：信息字段是 LQR；

0xC223：信息字段是安全性认证 CHAP。

当信息字段中出现和标志字段一样的位 0x7E 时，就必须采取一些措施。因 PPP 协议是面向字符型的，所以它不能采用 HDLC 所使用的零位插入法，而使用一种特殊的字符填充。具体的做法是，将信息字段中出现的每个 0x7E 字节转变成 2 字节序列（0x7D，0x5E）。若信息字段中出现一个 0x7D 的字节，则将其转变成 2 字节序列（0x7D，0x5D）。若信息字段中出现 ASCII 码的控制字符，则在该字符前面要加入一个 0x7D 字节。这样做的目的是防止这些表面上的 ASCII 码控制字符被错误地解释为控制字符。

(3) PPP 链路工作过程

当用户拨号接入 ISP 时，路由器的调制解调器对拨号做出应答，并建立一条物理连接。这时 PC 向路由器发送一系列的 LCP 分组(封装成多个 PPP 帧)。这些分组及响应选择了将使用的一些 PPP 参数，接着进行网络层配置，NCP 给新接入的 PC 分配一个临时的 IP 地址，这样 PC 就成为 Internet 上一个主机了。

当用户通信完毕时，NCP 释放网络层连接，收回原来分配出去的 IP 地址。接着 LCP 释放数据链路层连接，最后释放的是物理层的连接。

上述过程可用图 3.25 来描述。

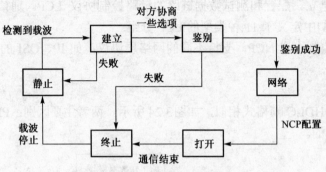

图 3.25　PPP 协议过程状态图

当线路处于静止状态时，并不存在物理层的连接。当检测到调制解调器的载波信号，并建立物理层连接后，线路就进入建立状态，这时 LCP 开始协商一些选项。协商结束后就进入鉴别状态。若通信的双方鉴别身份成功，则进入网络状态。NCP 配置网络层，分配 IP 地址，然后进入可进行数据通信的打开状态。数据传输结束后就转到终止状态。载波停止后则回到静止状态。

3.5　网络层

网络层是 OSI 参考模型中的第三层，介于传输层和数据链路层之间。其主要功能是将网络地址翻译成对应的物理地址，并决定如何将数据从发送方路由到接收方。

例如，一个计算机有一个网络地址 10.34.99.12(若它使用的是 TCP/IP 协议)和一个物理地址 0060973E97F3。以教室为例，这种编址方案就好像说"Jones 女士"和"具有社会保险号 123-45-6789 的美国公民"是一个人一样。即使在美国还有其他许多人也叫"Jones 女士"，但只有一人其社会保险号是"123-45-6789"。在你的教室范围内，只有一个 Jones 女士，因此当叫"Jones 女士"时，回答的人一定不会搞错。

网络层通过综合考虑发送优先权、网络拥塞程度、服务质量及可选路由的花费来决定从一个网络节点 A 到另一个网络节点 B 的最佳路径。由于网络层处理路由，而路由器因为既连接网络各段，并智能指导数据传送，属于网络层。在网络中，路由是基于编址方案、使用模式及可达性来指引数据的发送。网络层协议还能补偿数据发送、传输及接收设备能力的不平衡性。为完成这一任务，网络层对数据包进行分段和重组。分段是指当数据从一个能处理较大数据单元的网络段传送到仅能处理较小数据单元的网络段时，网络层减小数据单元大小的过程。这个过程就如同将单词分割成若干可识别的音节，给正学习阅读的儿童使用一样。

重组过程是重构被分段的数据单元。类似地，当一个孩子理解了分开的音节时，他会将所有音节组成一个单词，也就是将部分重组成整体。

网络层在数据链路层提供的两个相邻端点之间的数据帧的传送功能上，进一步管理网络中的数据通信，将数据设法从源端经过若干中间节点传送到目的端，从而向传输层提供最基本的端到端的数据传送服务。网络层关系到通信子网的运行控制，体现了网络应用环境中资源子网访问通信子网的方式，是 OSI 模型中面向数据通信的低三层（即通信子网）中最为复杂、关键的一层。

3.5.1　网络层功能

1. 网络层基本功能

网络层主要完成以下几方面的功能：

（1）路由控制

在网络层中如何将数据包从源节点传送到目的节点，首先会查看路由表，选择一条合适的传输路径是至关重要的，尤其是从源节点到目的节点的通路存在多条路径时，就存在选择最佳路由的问题。路由选择就是根据一定的原则和算法在传输通路中选出一条通向目的节点的最佳路由。

路由的方式分为两种：

① 静态路由：从源到目的地的路径是由管理员手工指定好的。这样路由如果收到一条发往静态路由指定的目的地时，路由器会直接转发而不用通过路由算法来计算，这样可以提高性能。

② 动态路由：转发数据包到达另一个网段是通过动态路由选择协议来进行计算而得出的一条通往目的地的最佳路径。动态路由选择协议有 RIP（路由选择协议）、IGRP（内部网关路由协议）、EIGRP（增强型内部网关路由协议）、OSPF（开放最短路径优先协议）、BGP（边界网关协议）等。

利用网络拓扑结构等网络状态，选择分组传送路径。这是网络层的主要功能。在大多数子网中，分组的整个旅途需要经过多次转发，唯一例外的是无线广播网络。

（2）拥塞控制

在通信子网内，由于出现过量的数据包而引起网络性能下降的现象称为拥塞。为避免拥塞现象出现，要采用能防止拥塞的一系列方法对子网进行拥塞控制。拥塞控制主要解决的问题是如何获取网络中发生的拥塞的信息，从而利用这些信息进行控制，以避免由于拥塞而出现数据包的丢失及严重拥塞而产生网络死锁的现象。

（3）透明传输

透明传输就是不管所传数据是什么样的位组合，都应当能够在链路上传送。当所传数据中的位组合恰巧出现了与某个控制信息完全一样时，必须采取适当的措施，使接收方不会将这样的数据误认为是某种控制信息。

（4）异种网络的互连

解决不同网络在寻址、分组大小、协议等方面的差异。不同类型的网络对分组大小、分组结构等的要求都不相同，因此要求在不同种类网络交界处的路由器能够对分组进行处理，使得分组能够在不同网络上传输。

（5）分组生成和装配

传输层报文与网络层分组间的相互转换。传输层报文通常很长，不适合直接在分组交换网络中传输。在发送端,网络层负责将传输层报文拆成一个个分组,再进行传输。在接收端,网络层负责将分组组装成报文交给传输层处理。

2. 网络层所提供的服务

网络层提供给传输层的服务有面向连接和面向无连接之分。

面向连接是指在数据传输之前双方需要为此建立一种连接,然后在该连接上实现有次序的分组传输,直到数据传输完毕才释放连接。

面向无连接则不需要为数据传输事先建立连接,其只提供简单的源和目的之间的数据发送与接收功能。

网络层服务方式的不同主要取决于通信子网的内部结构。面向无连接的服务在通信子网内通常以数据报(Datagram)方式实现。在数据报服务中,每个分组都必须提供关于源和目的的完整地址信息,通信子网根据地址信息为每个分组独立进行路径选择。数据报方式的分组传输可能出现丢失、重复或乱序的现象,如图3.26(a)所示。

面向连接的服务则通常采用虚电路(Virtual Circuit,VC)方式实现。虚电路是指通信子网为实现面向连接服务而在源与目的之间所建立的逻辑通信链路。虚电路服务的实现涉及三个阶段,即虚电路建立、数据传输和虚电路拆除。在建立连接时,将从源端网络到目的网络的路由作为连接建立的一部分加以保存;在数据传输过程中,在虚电路上传输的分组总是取相同的路径通过通信子网;数据传输完毕需要拆除连接,如图3.25(b)所示。

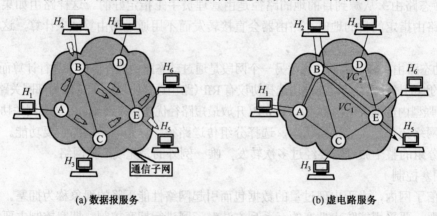

（a）数据报服务　　　　　　　　　　　　　　　（b）虚电路服务

图3.26　网络层服务方式

3.5.2　路由器的工作原理及路由算法

路由器是一种连接多个网络或网段的网络设备,它能将不同网络或网段之间的数据信息进行"翻译",以使它们能够相互"读"懂对方的数据,从而构成一个更大的网络。

路由器工作在OSI模型的网络层,如图3.27所示。路由器是一种具有多个输入端口和多个输出端口的专用计算机,其任务是转发分组。也就是说,将路由器某个输入端口收到的分组,按照分组要去的目的地(即目的网络),将该分组从某个合适的输出端口转发给下一跳路

图3.27　路由器和OSI模型

由器。下一跳路由器也按照这种方法处理分组，直到该分组到达目的地为止。路由器的转发工作是网络层的主要工作。

1. 互连方式

随着计算机网络规模的不断扩大，大型互连网络(如Internet)的迅猛发展，路由技术在网络技术中已逐渐成为关键部分，路由器也随之成为最重要的网络设备。用户的需求推动着路由技术的发展和路由器的普及，人们已经不满足于仅在本地网络上共享信息，而希望最大限度地利用全球各个地区、各种类型的网络资源。而在目前的情况下，任何一个有一定规模的计算机网络(如企业网、校园网、智能大厦等)，无论采用的是快速以太网技术、FDDI 技术，还是 ATM 技术，都离不开路由器，否则就无法正常运作和管理。

(1)网络互连

把自己的网络同其他的网络互连起来，从网络中获取更多的信息和向网络发布自己的消息，是网络互连最主要的动力。网络的互连有多种方式，其中使用最多的是网桥互连和路由器互连。

(2)网桥互连的网络

网桥工作在 OSI 模型中的第二层，即数据链路层。完成数据帧(frame)的转发，主要目的是在连接的网络间提供透明的通信。网桥的转发是依据数据帧中的源地址和目的地址来判断一个帧是否应转发和转发到哪个端口。帧中的地址称为"MAC"地址或"硬件"地址，一般就是网卡所带的地址。

网桥的作用是把两个或多个网络互连起来，提供透明的通信。网络上的设备看不到网桥的存在，设备之间的通信就如同在一个网上一样方便。由于网桥是在数据帧上进行转发的，因此只能连接相同或相似的网络(相同或相似结构的数据帧)，如以太网之间、以太网与令牌环(Token Ring)之间的互连；对于不同类型的网络(数据帧结构不同)，如以太网与 X.25 之间，网桥就无能为力了。

网桥扩大了网络的规模，提高了网络的性能，给网络应用带来了方便，在以前的网络中，网桥的应用较为广泛。但网桥互连也带来了不少问题：一个是广播风暴，网桥不阻挡网络中广播消息，当网络的规模较大时(几个网桥,多个以太网段)，有可能引起广播风暴(Broadcasting Storm)，导致整个网络全被广播信息充满，直至完全瘫痪。第二个问题是，当与外部网络互连时，网桥会把内部和外部网络合二为一，成为一个网，双方都自动向对方完全开放自己的网络资源。这种互连方式在与外部网络互连时显然是难以接受的。问题的主要根源是网桥只是最大限度地把网络沟通，而不管传送的信息是什么。

(3)路由器互连网络

路由器互连与网络的协议有关，因此讨论限于 TCP/IP 网络的情况。

路由器工作在 OSI 模型中的第三层，即网络层。路由器利用网络层定义的"逻辑"上的网络地址(即 IP 地址)来区别不同的网络，实现网络的互连和隔离，保持各个网络的独立性。路由器不转发广播消息，而把广播消息限制在各自的网络内部。发送到其他网络的数据应先被送到路由器，再由路由器转发出去。

IP 路由器只转发 IP 分组，把其他的部分挡在网内(包括广播)，从而保持各个网络具有相对的独立性，这样可以组成具有许多网络(子网)互连的大型的网络。由于是在网络层的互连，路由器可方便地连接不同类型的网络，只要网络层运行的是 IP 协议，通过路由器就可互连起来。

　　网络中的设备用它们的网络地址(TCP/IP 网络中为 IP 地址)互相通信。IP 地址是与硬件地址无关的"逻辑"地址。路由器只根据 IP 地址来转发数据。IP 地址的结构有两部分,一部分定义网络号,另一部分定义网络内的主机号。目前,在 Internet 网络中采用子网掩码来确定 IP 地址中网络地址和主机地址。子网掩码与 IP 地址一样也是 32 位,并且两者是一一对应的,并规定子网掩码中数字为"1"所对应的 IP 地址中的部分为网络号,"0"所对应的则为主机号。网络号和主机号合起来,才构成一个完整的 IP 地址。同一个网络中的主机 IP 地址,其网络号必须是相同的,这个网络称为 IP 子网。

　　通信只能在具有相同网络号的 IP 地址之间进行,要与其他 IP 子网的主机进行通信,则必须经过同一网络上的某个路由器或网关(Gateway)出去。不同网络号的 IP 地址不能直接通信,即使它们接在一起,也不能通信。

　　路由器有多个端口,用于连接多个 IP 子网。每个端口的 IP 地址的网络号要求与所连接的 IP 子网的网络号相同。不同的端口为不同的网络号,对应不同的 IP 子网,这样才能使各子网中的主机通过自己子网的 IP 地址把要求发出去的 IP 分组送到路由器上。

2. 路由器的工作原理

　　当 IP 子网中的一台主机发送 IP 分组给同一 IP 子网的另一台主机时,它将直接把 IP 分组送到网络上,对方就能收到。而要送给不同 IP 子网上的主机时,它要选择一个能到达目的子网上的路由器,把 IP 分组送给该路由器,由路由器负责把 IP 分组送到目的地。如果没有找到这样的路由器,主机就把 IP 分组送给一个称为缺省网关(Default Gateway)的路由器上。缺省网关是每台主机上的一个配置参数,它是接在同一个网络上的某个路由器端口的 IP 地址。

　　路由器转发 IP 分组时,只根据 IP 分组目的 IP 地址的网络号部分,选择合适的端口,把 IP 分组送出去。同主机一样,路由器也要判定端口所接的是否是目的子网,如果是,就直接把分组通过端口送到网络上;否则,也要选择下一个路由器来传送分组。路由器也有它的缺省网关,用来传送不知道往哪儿送的 IP 分组。这样,通过路由器把知道如何传送的 IP 分组正确转发出去,不知道的 IP 分组送给缺省网关路由器,这样一级级地传送,IP 分组最终将送到目的地,送不到目的地的 IP 分组则被网络丢弃。

　　目前 TCP/IP 网络,全部是通过路由器互连起来的,Internet 就是成千上万个 IP 子网通过路由器互连起来的国际性网络。这种网络称为以路由器为基础的网络(Router Based Network),形成了以路由器为节点的"网间网"。在"网间网"中,路由器不仅负责对 IP 分组的转发,还要负责与别的路由器进行联络,共同确定"网间网"的路由选择和维护路由表。

　　路由动作包括两项基本内容:寻径和转发。寻径即判定到达目的地的最佳路径,由路由选择算法来实现。由于涉及不同的路由选择协议和路由选择算法,要相对复杂一些。为了判定最佳路径,路由选择算法必须启动并维护包含路由信息的路由表,其中路由信息依赖于所用的路由选择算法而不尽相同。路由选择算法将收集到的不同信息填入路由表中,根据路由表可将目的网络与下一站(Next Hop)的关系告诉路由器。路由器间互通信息进行路由更新,更新维护路由表使之正确反映网络的拓扑变化,并由路由器根据量度来决定最佳路径。这就是路由选择协议(Routing Protocol),如路由信息协议(RIP)、开放式最短路径优先协议(OSPF)和边界网关协议(BGP)等。

　　转发即沿寻径好的最佳路径传送信息分组。路由器首先在路由表中查找,判明是否知道如何将分组发送到下一个站点(路由器或主机)，如果路由器不知道如何发送分组，通常将该分组丢弃；否则就根据路由表的相应表项将分组发送到下一个站点，如果目的网络直接与路由器相连，路由器就把分组直接送到相应的端口上。这就是路由转发协议(Routed Protocol)。

如图 3.28 所示，A、B、C、D 四个网络通过路由器连接在一起，现在来看一下在如图所示网络环境下路由器又是如何发挥其路由、数据转发作用的。现假设网络 A 中一个用户 A1 要向 C 网络中的 C3 用户发送一个请求信号时，信号传递的步骤如下：

第 1 步：用户 A1 将目的用户 C3 的地址 C3，连同数据信息以数据帧的形式通过集线器或交换机以广播的形式发送给同一网络中的所有节点，当路由器 A5 端口侦听到这个地址后，分析得知所发目的节点不是本网段的，需要路由转发，就把数据帧接收下来。

第 2 步：路由器 A5 端口接收到用户 A1 的数据帧后，先从报头中取出目的用户 C3 的 IP 地址，并根据路由表计算出发往用户 C3 的最佳路径。因为从分析得知到 C3 的网络 ID 号与路由器的 C5 网络 ID 号相同，所以由路由器的 A5 端口直接发向路由器的 C5 端口应是信号传递的最佳途径。

第 3 步：路由器的 C5 端口再次取出目的用户 C3 的 IP 地址，找出 C3 的 IP 地址中的主机 ID 号，如果在网络中有交换机则可先发给交换机，由交换机根据 MAC 地址表找出具体的网络节点位置；如果没有交换机设备则根据其 IP 地址中的主机 ID 直接把数据帧发送给用户 C3，这样一个完整的数据通信转发过程也完成了。

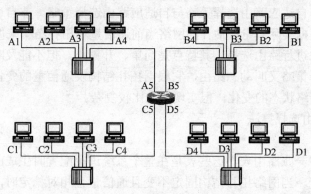

图 3.28　路由器工作原理

从上面可以看出，不管网络有多么复杂，路由器其实所做的工作就是这么几步，所以整个路由器的工作原理基本都差不多。当然在实际的网络中还远比图 3.28 所示的要复杂许多，实际的步骤也不会像上述那么简单，但总的过程是这样的。

3. 路由算法

路由选择算法是网络层软件的一部分，负责确定所收到分组应传送的外出路线。如果子网内部采用数据报，对收到的每个分组都要重新做路由选择，因为对每个分组来说，路由可能发生改变。然而，如果子网内部采用虚电路，则当建立一条新虚电路时，仅需要做一次路由选择决策，以后数据就在这条事先建立的路由上传送。

(1)路由选择的机制

路径选择的方法在出现计算机网络之前早已存在。

例如，交通管理中，在公路交叉路口树立路牌指示器，指明各条叉路的去向的目的地就是一种简单的路径选择方法。司机根据自己所去的目的地，查一下路牌就知道应该走哪一条路。又例如，邮政自动分拣机也可看做是一种路选装置，分拣机中存放一张分拣表，列出邮政编码与分拣邮筒的对应关系。信封上要求用户写上目的地的邮政编码，分拣机鉴别了这一编码，再查一下分拣表，即可决定这封信投到哪个分拣邮筒中去。

计算机网络的路径选择也有同样的过程，被传送的报文分组就像信件一样要求写上报文号、分组号及目的地地址。而网络节点就像分拣机，必须设立一张路径选择表。表中开列了目的地址与输出链路的对应关系。节点根据报文分组所载目的地址查一下路选表即可决定该报文分组应该从哪条链路上发送出去，这就是路径选择。然而，计算机网络的路径选择要比邮政分拣复杂得多，这是因为计算机网络节点上的路径选择表在一般情况下不是固定不变的，而是需要根据网络不断变化的运行情况，随时修改、更新。每个网络都有反映自己特定要求决定修改路选表的原则，这些原则可体现为程序的一种算法，网络节点根据算法，经过运算才能确定路径的选择。

(2)路由选择算法分类

分组交换机转发分组的前提是有路由表存在，所谓"路由算法"就是用于产生路由表的算法。在专门研究广域网的路由选择问题时，可用图论中的"图"来表示整个广域网，用节点表示广域网中的分组交换机(路由器)，用节点之间的边表示广域网中的链路。连接在分组交换机上的计算机与路径选择无关，一般不在图中画出。

倘若从路由算法能随网络的通信量或拓扑自适应地进行调整变化来划分，则路由选择算法只有两大类，即非自适应路由选择策略与自适应路由选择策略。非自适应路由选择策略又叫静态策略，它不根据实际测量或估计的网络当前通信量和拓扑结构来做路由选择，而是按照某种固定的规则来进行路由选择。其特点是简单、开销小，但不能及时适应网络状态的变化。自适应路由选择策略又叫动态路由，它根据拓扑结构及通信量的变化来改变路由，其特点是能较好地适应网络状态的变化，但实现起来比较复杂。

(3)非自适应路由选择算法

1)固定路由法

在每个节点保持一张路由表，这些表是在整个系统进行配置时生成的，并在此后的一段时间内保持固定不变。当网络拓扑结构固定不变且通信量也相对稳定时，采用固定路由法是最好的。

将网络内任何两个节点之间的最短通路事先计算好，然后根据这些最短通路制成路由表，存放在各个节点中。每个分组都可以在所到达的节点中查找到下一站应转发到哪个节点。可见这种路由选择策略的关键就是要算出给定网络中任意两个节点之间的最短通路。该算法就是 Dijkstra 算法。

2)分散通信量法

这种方法是事先在每个节点的内存中设置一个路由表，但此路由表中给出几个可供采用的输出链路，并对每条链路赋予一个概率。当一个分组到达该节点时，此节点即产生一个0.00~0.99 的随机数，然后按此随机数的大小，查表找出相应的输出链路。与固定路由相比，这种方法可使网内的通信量更加平衡，因而可得到较小的平均分组时延。

3)随机走动法

这种方法又称为随机徘徊，其特点是当分组到达某个节点时就随机地选择一条链路作为转发的路由。在非自适应的路由选择算法中，若可能发生节点或链路的故障，那么随机走动法已被证明是非常有效的，它使得路由算法具有较好的稳健性。

　　显然，这种扩散会产生大量的、实际上是无穷多的重复分组，必须采取某种手段来限制它的数量。一种方法是在每个分组头上附加跳计数器，当分组每经过一跳时，计数器值就减1。当计数器减为零时，放弃该分组。理想状态是置计数器初值为从源节点到目标节点间的跳数。如果发送方不知道跳数是多少，可将计数器初始化为最坏情况下的数值，即最长路径值(等于子网的整个直径)。

　　另一种抑制扩散的办法是记录哪些分组已经扩散过，避免第二次扩散它们。为达到这一目的，源端路由器在每个从其主机接收的分组中设置一序号，网络中的每个路由器为每个源端路由器保存一张表，表中指明曾接收的分组来自该源端的分组序号。当收到某源端发来的分组后，若从对应表中发现它的序号，表明它曾被扩散过，则丢弃此分组。为防止表无限制地增长，可为表加一个计数器。如果计数器值为 k，表示直到 k 的序号都已经记录下来，这样低于 k 的表项就不再需要了。

　　一个较有实用价值的扩散法是选择扩散法。在这种算法中，路由器不是将分组发送到除发来线路外的所有线路上，而是送到很接近正确方向的线路上。之所以能做到这点，是因为向东方传送的分组，就不需要向西方发送。

　　扩散法并不很实际，但对某些特殊情况有用。如在军事应用中，网络上可能有大量的路由器被不断损坏，需要靠扩散法来增强路由选择的健壮性。在分布式数据库应用中，当并发修改多个数据时，扩散法也很有用。扩散法还可以作为衡量其他路由算法的尺度，由于扩散法并行选择每一条可能的路径，所以它总能选择到最短路径。没有什么算法能产生一个更短的路径。

　　(4) 自适应路由选择算法

　　自适应可以从时间上考虑，即在某个时候根据当时的情况调整路由。自适应也可从空间上考虑，即在网络的某个局部范围做出应调整路由的决定，或在调整路由时所根据的某些网络状态信息是来自网络的某个局部范围。现在流行的分布式路由选择策略都是从时间上和空间上进行考虑的。

　　1) 分布式路由选择策略

　　① 距离向量。距离向量路由算法(Distance Vector Routing)的思想很简单。每个节点都保存有一张路由表，每项对应着一个目的地。路由表中每项包括到对应目的地的下一跳地址，另外还包括一个测量出的到目的地的距离的度量值(Metric)。当节点初始化时，对于它能直接相连的目的地，路由表都包括了一项，距离值为 0。

　　每个节点把它的路由表定期向它的相邻节点传递。当节点收到一条更新消息后，它将对每个目的地的路由和度量值进行检查。如果发现一条更好的路由，或发现一条新的路由，则更新本节点的路由表。

　　路由器很容易测知它到每个邻居的距离。如果使用跳数度量距离，则是 1；若是队列长度，路由器可以简单计算每个队列；如果是延迟，路由器可以直接发出一个 ECHO 分组，它只要求接收者打上时间戳立即返回就可测得结果。

　　举个例子，设用延迟来度量距离，路由器知道到达每个邻居的延迟。每隔 T ms 各个路由器向它的每个邻居发一张表，表中有到达各个目的地的估计延迟。它也接收每个邻居发来的相似的表。假想某路由器收到邻居 x 发来的表，其中有一项标明由路由器 x 到路由器 i 的估计延迟为 x_i。若该路由器知道自己到邻居 x 的延迟为 m ms，它就能知道由自己通过 x 到达 i 将花去 $m+x_i$ 的时间。通过与每个邻居交换信息并计算，每个路由器可以找出到达各目标节点花费的最短时间及所用的线路。这样老的路由表就不再使用了，被新的路由表取代。

距离向量路由算法在理论上行得通，但在实际应用中却有缺陷：尽管能得出正确答案，但可能速度非常慢，特别是对好消息能迅速做出反应，而对坏消息的反馈则非常缓慢，存在所谓计数到无穷的问题。设想由一个路由器到目标 x 的最短距离很大，假定该路由器在下一次与邻居交换向量表时获知，由邻居 A 到达 x 有一更短的延迟，则该路由器将选择通过 A 发送信息到 x 的路径。可见在一次向量交换中，好消息就被处理了。

距离向量算法的主要缺陷是它的可扩展性不好。这是因为路由更新消息对每个目的地都有相应的项，该路由更新消息的大小与网络规模成正比，同时距离向量算法要求所有的节点都参加，交换的信息量非常巨大。因此提出了链路状态路由算法。

② 链路状态。链路状态路由算法要求每个路由器都有整个网络的拓扑信息。首先，每个路由器在启动后必须了解它所相邻的节点，并要测量所有节点的状态；其次，它定期把链路状态信息传播给所有其他路由器。链路状态信息中并没有规定有关的路由，只是简单地报告它连接的链路及链路的花费。当路由器收到一个链路状态信息时，它便更新其所了解的拓扑图。每当拓扑有变化时，就利用 Dijkstra 算法计算出到所有目的节点的最短路径。

如何进行链路状态信息的分发是一个非常关键的问题。其基本思想是利用扩散法。为了进行控制，每个分组包含一个序号。路由器每次发送链路状态信息分组时加 1。每个路由器记录下它所见过的所有信息对(源路由器，序号)。当一个新的链路状态分组到达时，路由器先查看该分组是否已经收到过。如果重复，则丢弃它；如果是新的，就把它向除了到来链路的其他链路转发。如果一个分组的序号比目前已到达的最大序号小，则被认为已过时而拒绝。

链路状态路由算法的一个主要优点是：每个路由器根据同样的状态信息独立地做出路由计算。因为链路状态原封不动地在网中传播，故很容易调试以找出问题的所在。因为路由器在本地计算路由，故能够保证其收敛性。传播的链路状态信息只包含了与路由器直接相连的链路信息，它和网络的规模无关。因此，链路状态路由算法的可扩展性比距离向量路由算法要好。

典型的链路状态路由算法有 OSPF(Open Shortest Path First)。

2)集中式路由选择策略

集中式路由选择策略的核心是网控中心 NCC(Net Control Center)。NCC 负责全网状态信息的收集、路由计算及路由选择的实现。集中式路由选择策略也有多种，这取决于存储在 NCC 中的网络信息的类型、路由的计算方法及路由选择实现的技术。例如，路由选择实现的技术可以是从 NCC 周期性地把路由表发到所有的节点，也可以是以一次虚呼叫为基础实现路由选择(当然这只适用于虚电路网络)。

集中式路由选择策略的最大好处是：各个节点不需要进行路由选择计算，较容易得到更精确的路由最优化。同时还消除了路由不断变来变去的"振荡"现象，而这些问题在网络状态不太明确时最容易发生。集中式路由选择策略还可起到对进入网络的通信量的某种流量控制作用。这一特点使得集中式路由选择策略很有吸引力。例如，美国 Tymshare 公司的 TYMNET，其 NCC 不断地监视着全网的负荷。一旦负荷超过门限，网络便拒绝一切呼叫。然而在分布式控制的网络，流量控制是很难实现的。

但集中式的路由选择策略存在着两个较严重的缺点：一个缺点是在离 NCC 较近的地方通信量的开销较大，这是因为要周期性地从所有节点收集网络的状态信息的报告，同时还要将路由选择的命令从 NCC 送到网内的每个节点；另一个更严重的缺点是可靠性问题。一旦 NCC 出故障，整个网络即失去控制。为了解决这一问题，可按不同等级设置若干 NCC（TYMNET 中有 4 个），它们彼此不间断地互相监视着。当高级别的 NCC 出故障时，比它低一级的 NCC 马上接替工作。用这种方法花费较大，且仍会产生一些问题。在军事环境下，NCC 显然是个非常容易受到攻击的目标。

为了克服集中式路由选择的缺点，可以同时综合使用几种路由选择策略。

3）混合式路由选择策略

只要在每个节点明确定义出：对于何种类型的通信量、负载及网络的连通条件，应当采用何种的路由选择策略。

出于对线路和处理机开销的考虑，限制了可行的混合式路由选择策略只能是将集中式的和孤立的路由选择策略结合起来。集中式的路由选择策略用来寻找在稳定状态下的最佳路由，然后由 NCC 将路由表送到每个节点去。而孤立的路由选择策略则用来提供对局部的拥塞和故障的迅速响应。这种响应只是暂时的，因而并不要求很精确。不需要很长时间，NCC 就会发现通信量及网络拓扑的变化情况，于是就对路由表进行更新。

3.5.3　拥塞控制

计算机通信子网的基本任务是要保证网内分组自由无阻地畅通传送。实际上如果不加任何控制的话，分组并不是任何时候都能够畅通的，有时候网内流量会严重不均，有些节点和链路上的分组堆积，造成拥塞。严重的拥塞会无法解脱，最后会使分组完全停止流通，既送不出也输不进，称为死锁。所以控制流量、避免拥塞、解除死锁是计算机通信子网的又一重要任务。

当到达通信子网中某一部分的分组数高于一定的阈值，使得该部分网络来不及处理这些分组时，就会使这部分以至整个网络的性能下降，这种情况称为拥塞。

计算机网络会产生拥塞首先是因为网络的资源容量总是有限的，但并不是说增加网络资源就可以使拥塞问题迎刃而解。因此，研究如何解决拥塞是非常必要的。

与拥塞控制容易混淆的一个概念是流量控制。流量控制的作用是保证发送方不会以高于接收方能承受的速率传输数据，一般涉及接收方向发送方发送反馈。而拥塞控制则是确保通信子网能够有效为主机传递分组，是一个全局性的问题，涉及所有主机、路由器。

到目前为止，已经提出了许多种拥塞控制算法。主要分为两大类：开环（Open-loop）和闭环（Closed-loop）。

设计人员试图在各种层次上使用恰当的策略来阻止拥塞出现。表 3-10 给出数据链路层、网络层和传输层所使用策略对拥塞的影响。

表 3-10　各层及相应策略

层	策　　略
传输层	重传策略、失序缓存策略、确认策略、流量控制策略、超时探测
网络层	子网内虚电路/数据报、分组排队及服务、分组丢弃策略、路由选择算法、分组生命周期管理
数据链路层	重传策略、确认策略、流量控制策略、分组丢失策略

开环的关键在于它致力于通过良好的设计来避免拥塞出现，确保问题在一开始就不会发生，如决定何时接受新的通信，何时丢弃分组，以及丢弃哪些分组等，它们在做出决定时不考虑当前网络的状态。

首先从数据链路层开始分析，重传策略决定超时时限及重发内容。时限太短会很快超时，造成发送方稠密重传，大大加重了系统负荷。时限太长，发送者的重发操作过于松懈，使接收者放弃出错后所有失序的包，这些包在稍后仍要重发，也会引起系统额外负荷。确认策略同样影响着拥塞，如果每个分组立即确认，确认分组产生许多额外的信息量。可是，如果确认被加到传送信息上捎带送回，则可能会引起超时重传。紧密的流控模式(如小窗口)会减小数据率，但有助于改善拥塞情况。

在网络层，虚电路及数据报方式的选择也会影响拥塞。因为许多拥塞控制算法仅对虚电路子网起作用。分组排队和服务策略与处理分组的顺序有关。分组丢弃策略也就是在没有空间时，按什么规则选择丢弃的分组。一个较好的策略可以缓解拥塞，而一个坏的策略则可以使拥塞更严重。路由选择算法的好坏是影响拥塞的重要因素，好的算法可以帮助控制拥塞，而一个不太好的算法会向已经拥塞的线路上发送更多信息，加重拥塞。最后分组的生命周期也会影响拥塞。周期太长，丢失分组会消耗系统很多时间，妨碍正常工作。周期太短，分组可能在到达目的地前夭折，增加了重发概率。

传输层与数据链路层存在同样的问题，但确定超时时限更困难。因为在网络中的传输时间要比在两个路由器间的线路上传输时间更难以预测。如果时限太短，会引起不必要重发。

3.6　OSI 高层协议

3.6.1　传输层

前面介绍了 OSI7 层模型中的物理层、数据链路层和网络层，它们是面向网络通信的低三层协议。

传输层负责端到端的通信，既是六层模型中负责数据通信的最高层，又是面向网络通信的低三层和面向信息处理的最高三层之间的中间层。传输层位于网络层之上、会话层之下，它利用网络层子系统提供给它的服务去开发本层的功能，并实现本层对会话层的服务。

传输层是 OSI 七层模型中最重要、最关键的一层，是唯一负责总体数据传输和控制的一层。传输层要达到两个主要目的：第一，提供可靠的端到端的通信；第二，向会话层提供独立于网络的传输服务。在讨论为实现这两个目标所应具有的功能之前，先考察一下传输层所处的地位。首先，传输层之上的会话层、表示层及应用层均不包含任何数据传输的功能，而网络层又不一定需要保证发送站的数据可靠地送至目的站；其次，会话层不必考虑实际网络的结构、属性、连接方式等实现的细节。

根据传输层在 7 层模型中的目的和地位，它的主要功能是对一个进行的对话或连接提供可靠的传输服务；在通向网络的单一物理连接上实现该连接的复用；在单一连接上进行端到端的序号及流量控制；进行端到端的差错控制及恢复；提供传输层的其他服务等。传输层反映并扩展了网络层子系统的服务功能，并通过传输层地址提供给高层用户传输数据的通信端口，使系统间高层资源的共享不必考虑数据通信方面的问题。

传输层的最终目标是为用户提供有效、可靠和价格合理的服务。

1.　传输服务

传输层的服务包括：服务的类型、服务的等级、数据传输、用户接口、连接管理、快速数据传输、状态报告、安全保密等。

(1) 服务类型

传输服务有两大类，即面向连接的服务和无连接的服务。面向连接的服务提供传输服务与用户之间逻辑连接的建立、维持和拆除，是可靠的服务，可提供流量控制、差错控制和序列控制。无连接服务即数据报服务，只能提供不可靠的服务。

需要说明的是，面向连接的传输层服务与面向连接的网络层服务十分相似，两者都向用户提供连接的建立、维持和拆除，而且，无连接的传输层服务与无连接的网络层服务也十分相似。那么，既然传输层服务与网络层服务如此相似，又为什么要将它们划分成两个层次呢？前面已经介绍过，网络层是通信子网的一个组成部分，网络服务质量并不可靠，如会频繁地丢失分组、网络层系统可能崩溃或不断地进行网络复位。对于这些情况，用户将束手无策，因为用户不能对通信子网加以控制，无法采用更优的通信处理机来解决网络服务质量低劣的问题，更不能通过改进数据链路层纠错能力来改善它。解决这一问题的唯一可能办法就是在网络层之上增加一层传输层。传输层的存在，使传输服务比网络服务更可靠，分组的丢失、残缺甚至网络的复位均可被传输层检测出来，并采取相应的补救措施。而且，因为传输服务独立于网络服务，可以采用一种标准的原语集作为传输服务，而网络服务则随不同的网络可能有很大的不同。因为传输服务是标准的，用传输服务原语编写的应用程序能广泛适用于各种网络，因而不必担心不同的通信子网所提供的不同的服务及服务质量。

(2) 服务等级

传输协议实体应该允许传输层用户能选择传输层所提供的服务等级，以利于更有效地利用所提供的链路、网络及互连网络的资源。可供选择的服务包括差错和丢失数据的程度、允许的平均延迟和最大延迟、允许的平均吞吐率和最小吞吐率，以及优先级水平等，根据这些要求，可将传输层协议服务等级细分为以下四类：

① 可靠的面向连接的协议。

② 不可靠的无连接协议。

③ 需要定序和定时传输的话音传输协议。

④ 需要快速和高可靠的实时协议。

(3) 数据传输

数据传输的任务是在两个传输实体之间传输用户数据和控制数据。一般采用全双工服务，个别场合也可采用半双工服务。数据可分为正常的服务数据分组和快速服务数据分组两种，对快速服务数据分组的传输可暂时中止当前的数据传输，在接收端用中断方式优先接收。

(4) 用户接口

用户接口机制可以有多种方式，包括采用过程调用、通过邮箱传输数据和参数、用 DMA 方式在主机与具有传输层实体的前端处理机之间传输等。

(5) 连接管理

面向连接的协议需要提供建立和终止连接的功能。一般总是提供对称的功能，即两个对话的实体都有连接管理的功能，对简单的应用也有仅对一方提供连接管理功能的情况。连接的终止可以采用立即终止传输，或等待全部数据传输完再终止连接。

(6) 状态报告

向传输层用户提供传输层实体或传输连接的状态信息。

(7) 安全保密

包括对发送者和接收者的确认、数据的加密和解密，以及通过保密的链路和节点的路由选择等安全保密的服务。

2. 服务质量

服务质量 QoS(Quality of Service)是指在传输连接点之间看到的某些传输连接的特征，是传输层性能的度量，反映了传输质量及服务的可用性。

服务质量可用一些参数来描述，如连接建立延迟、连接建立失败、吞吐量、输送延迟、残留差错率、连接拆除延迟、连接拆除失败概率、连接回弹率、传输失败率等。用户可以在连接建立时指明所期望的、可接受的或不可接受的 QoS 参数值。通常，用户使用连接建立原语在用户与传输服务提供者之间协商 QoS，协商过的 QoS 适用于整个传输连接的生存期。但主呼用户请求的 QoS 可能被传输服务提供者降低，也可能被被呼用户降低。

传输连接建立延迟是指在连接请求和相应的连接确认之间容许的最大延迟。传输连接失败概率是在一次测量样本中传输连接的失败总数与传输连接建立的全部尝试次数之比，连接失败定义为由于服务提供者方面的原因造成在规定的最大容许建立延迟时间内所请求的传输连接没有成功，而由于用户方面的原因造成的连接失败不能算在传输连接失败概率内。

吞吐量是在某段时间间隙内单位时间传输的用户数据的字节数，对每个方向都有吞吐量；它们由最大吞吐量和平均吞吐量值组成。输送延迟是在数据请求和相应的数据指示之间所经历的时间，每个方向都有输送延迟，包括最大输送延迟和平均输送延迟。残留差错率是在测量期间，所有错误的(丢失的和重复的)用户数据与所请求的用户数据之比。传输失败概率是在进行样本测量期间观察到的传输失败总数与传输样本总数之比。

传输连接拆除延迟是在用户发起拆除请求到成功地拆除传输连接之间可允许的最大延迟。传输连接拆除失败概率是引起拆除失败的拆除请求次数与在测量样本中拆除请求总次数之比。

传输连接保护是服务提供者为防止用户信息在未经许可的情况下被监视或操作的措施，保护选项有无保护特性、针对被动监视的保护，以及针对增、删、改的保护等。

传输连接优先权为用户提供了指示不同的连接所具有的不同的重要性的方法。

传输连接的回弹率是指在规定时间间隔内，服务提供者发起的连接拆除(即无连接拆除请求的连接拆除指示)的概率。

3. 传输服务原语

ISO 规范包括四种类型 10 个传输服务原语，见表 3-11。其中服务质量参数指示用户的要求，诸如吞吐量、延迟、可靠度和优先度等。传输服务(TS)用户数据参数最多可达 32 个八进制用户数据。

表 3-11　传输服务原语

阶段	服务	原语	参数
传输连接 建立	传输连接 建立	T—CONNECT 请求 T—CONNECT 指示 T—CONNECT 响应 T—CONNECT 确认	被呼地址，主呼地址，加速数据选项，服务质量，TS 用户数据 被呼地址，主呼地址，加速数据选项，服务质量，TS 用户数据 服务质量，响应地址，加速数据选项，TS 用户数据 服务质量，响应地址，加速数据选项，TS 用户数据
数据传送	常规数据	T—DATA 请求 T—DATA 指示	TS 用户数据 TS 用户数据
	加速数据	T—EXPEDITED 请求 T—EXPEDITED 指示	TS 用户数据 TS 用户数据
连接拆除	连接拆除	T—DISCONNECT 请求 T—DISCONNECT 指示	TS 用户数据 拆除原因，TS 用户数据

4．传输层协议等级

传输层的功能是弥补从网络层获得的服务和拟向传输服务用户提供的服务之间的差距。它所关心的是提高服务质量，包括优化成本。

传输层的功能按级别和任选项划分，级别定义了一套功能集，任选项定义在一个级别内可以使用也可以不使用的功能。如表 3-12 所示，OSI 定义了五种协议级别，即级别 0（简单级）、级别 1（基本差错恢复级）、级别 2（多路复用级）、级别 3（差错恢复和多路复用级）和级别 4（差错检测和恢复级）。

表 3-12　OSI 五种协议级别

协议类		网络类型	功　　能
级别 0	简单级	A	协议不进行排序和流控，提供建立、释放连接机制
级别 1	基本差错恢复级	B	与级别 0 相比，增加了基本差错恢复功能
级别 2	多路复用级	A	无差错恢复，增加了多路复用及相应的流控功能
级别 3	差错恢复和多路复用级	B	有差错恢复和多路复用功能
级别 4	差错检测和恢复级	C	能检测由于网络的不可靠服务引起的差错和恢复

根据用户要求和差错性质，网络服务按质量可划分为下列三种类型：

（1）A 型网络服务：具有可接受的残留差错率和故障通知率（网络连接断开和复位发生的比率），也就是无 N-RESET 的完美的网络服务。

（2）B 型网络服务：具有可接受的残留差错率和不可接受的故障通知率，即完美的分组递交但有 N-RESET 或 N-DISCONNECT 存在的网络服务；

（3）C 型网络服务：具有不可接受的残留差错率，即网络连接不可靠，可能会丢失分组或出现重复分组，且存在 N-RESET 的网络服务。

可见，网络服务质量的划分是以用户要求为依据的。若用户要求比较高，则网络可能归于 C 型，反之，则网络可能归于 B 型甚至 A 型。例如，对某个电子邮件系统来说，每周丢失一个分组的网络也许可算做 A 型；而同一个网络对银行系统来说则只能算做 C 型了。

5．传输协议数据单元的定义和结构

传输协议数据单元（TPDU）的结构是由数个八位组（即字节）构成的，字节编号从 1 开始，并按它们进入一个网络服务数据单元（NSDU）的顺序递增。每字节中从 1 到 8 对位进行编号，高位在右侧，低位在左侧。当用连续的字节表示二进制数或 BCD 码（二—十进制数）时，编号最小的字节为最高有效值。

3.6.2　会话层

会话层是 ISO 特意提出的，它在传输层提供的服务之上给表示层提供服务，加强了会话管理、同步和活动管理等功能。

1．会话层主要特点

会话层可归纳以下一些主要特点。

（1）实现会话连接到传输连接的映射

会话层的主要功能是提供建立连接并有序传输数据的一种方法。这种连接叫做会话（Session）。会话可以使一个远程终端登录到远地的计算机，进行文件传输或其他的应用。

会话连接建立的基础是建立传输连接。只有当传输连接建立好之后，会话连接才能依赖于它而建立。会话与传输层的连接有三种对应关系：

① 一对一的关系，在会话层建立会话时，必须建立一个传输连接。当会话结束时，这个传输连接也释放了。

② 多会话连接对单个传输连接。例如，在航空订票系统中，为一个顾客订票则代理点终端与主计算机的订票数据库建立一个会话，订票结束则结束这一次会话，然后又有另一顾客要求订票，于是又建立另一个会话。但是，运载这些会话的传输连接没有必要不停地建立和释放。但多个会话不可同时使用一个传输连接。在同一时刻，一个传输连接只能对应一个会话连接。

③ 单会话连接对多个传输连接。这种情况是指传输连接在连接建立后中途失效了，这时会话层可以重新建立一个传输连接而不用废弃原有的会话。当新的传输连接建立后，原来的会话可以继续下去。

(2)会话连接的释放

会话连接的释放不同于传输连接的释放，它采用有序释放方式，使用完全的握手，包括请求、指示、响应和确认原语，只有双方同意，会话才终止。这种释放方式不会丢失数据：由于异常原因，会话层可以不经协商立即释放。但这样可能会丢失数据。

(3)会话层管理

与其他各层一样，两个会话实体之间的交互活动都需协调、管理和控制的。会话服务的获得是执行会话层协议的结果，会话层协议支持并管理同等对接会话实体之间的数据交换。

由于会话往往是由一系列交互对话组成，所以对话的次序、对话的进展情况必须加以控制和管理。在会话层管理中考虑了令牌与对话管理、活动与对话单元，以及同步与重新同步的措施。

1)令牌(Token)和对话管理

在原理上，所有 OSI 的连接都是全双工的，然而在许多情况下，高层软件为方便往往设计成半双工那样交互式通信。例如，远程终端访问一个数据库管理系统，往往是发出一个查询，然后等待回答，要么轮到用户发送，要么轮到数据库发送，保持这些轮换的轨迹并强制实行轮换，就叫做对话管理。实现对话管理的方法是使用数据令牌(Data-Token)。令牌是会话连接的一个属性，它表示了会话服务用户对某种服务的独占使用权，只有持有令牌的用户可以发送数据，另一方必须保持沉默。令牌可在某一时刻动态地分配给一个会话服务用户，该用户用完后又可重新分配。所以，令牌是一种非共享的 OSI 资源。会话层中还定义了次同步令牌和主同步令牌，这两种用于同步机制的令牌将与下面的同步服务一起介绍。

2)活动与对话单元

会话服务用户之间的合作可以划分为不同的逻辑单位，每个逻辑单位称为一个活动(Activity)。每个活动的内容具有相对的完整性和独立性。因此，可以将活动看做为了保持应用进程之间的同步而对它们之间的数据传输进行结构化而引入的一个抽象概念。在任一时刻，一个会话连接只能为一个活动所使用，但允许某个活动跨越多个会话连接。另外，可以允许有多个活动顺序地使用一个会话连接，但在使用上不允许重叠。

例如，一对拨通的电话相当于一个会话连接，使用这对电话通话的用户进行的对话相当于活动。显然，一个电话只能一个人使用，即支持一个活动，然而，当一对用户通完话后可不挂断电话，让后续需要同一电话线路连接的人接着使用，这相当于一个会话连接供多个活动使用。若在通话过程中线路出现故障引起中断，则需要重新接通电话继续对话，相当于一个活动跨越多个连接。

对话单元是一个活动中数据的基本交换单元，通常代表逻辑上重要的工作部分。在活动中，存在一系列的交互通话，每个单向的连接通信动作所传输的数据构成一个对话单元。

3）同步与重新同步

会话层的另一个服务是同步。所谓同步就是使会话服务用户对会话的进展情况有一致的了解。在会话被中断后可以从中断处继续下去，而不必从头恢复会话。这种对会话进程的了解是通过设置同步点来获得的。会话层允许会话用户在传输的数据中自由设置同步点，并对每个同步点赋予同步序号，以识别和管理同步点。这些同步点是插在用户数据流中一起传输给对方的。当接收方通知发送方它收到一个同步点，发送方就可确信接收方已将此同步点之前发送的数据全部收妥。会话层中定义了两类同步点：

① 主同步点：用于在连续的数据流中划分出对话单元。一个主同步点是一个对话单元的结束和下一个对话单元的开始。只有持有主同步令牌的会话用户才有权申请设置主同步点。

② 次同步点：次同步点用于在一个对话单元内部实现数据结构化。只有持有次同步点令牌的会话用户才有权申请设置次同步点。

主同步点与次同步点有些不同。在重新同步时，只可能回到最近的主同步点。每个插入数据流中的主同步点都被明确地确认。次同步点不被确认。

活动与同步点密切相关。当一个活动开始的时候，同步顺序号复位到 1，并设置一个主同步点。在一个活动内有可能设置另外的主同步点或次同步点。

（4）异常报告

会话层的另一个特点是报告非期待差错的通用机构。在会话期间报告来自下面网络的异常情况。

2．OSI 会话服务

会话层可以向用户提供许多服务，为使两个会话服务用户在会话建立阶段能协商所需的确切的服务，将服务分成若干功能单元。

通用的功能单元包括：

（1）核心功能单元。提供连接管理和全双工数据传输的基本功能。

（2）协商释放功能单元。提供有次序的释放服务。

（3）半双工功能单元。提供单向数据传输。

（4）同步功能单元。在会话连接期间提供同步或重新同步。

（5）活动管理功能单元。提供对话活动的识别、开始、结束、暂停和重新开始等管理功能。

（6）异常报告功能单元。在会话连接期间提供异常情况报告。

上述所有功能的执行均有相应的用户服务原语。每种原语类型都可能具有 request（请求）、indication（指示）、response（响应）和 confirm（确认）四种形式。

面向连接的 OSI 会话服务原语有 58 条，划分成 7 组：

（1）连接建立。

（2）连接释放。

（3）数据传输。

（4）令牌管理。

（5）同步。

(6) 活动管理。

(7) 例外报告。

3.6.3　表示层

1．表示层的特点及功能

OSI 环境的低五层提供透明的数据传输，应用层负责处理语义，而表示层则负责处理语法，由于各种计算机都可能有各自的数据描述方法，所以不同类型计算机之间交换的数据，一般需经过格式转换才能保证其意义不变。表示层要解决的问题是如何描述数据结构并使之与具体的机器无关，其作用是对源站内部的数据结构进行编码，使之形成适合于传输的比特流，到了目的站再进行解码，转换成用户所要求的格式。

为使各个系统间交换的信息具有相同的语义，应用层采用了相互承认的抽象语法。抽象是对数据一般结构的描述。表示实体实现抽象语法与传输语法间的转换。传输语法是同等表示实体之间通信时对用户信息的描述，是对抽象语法比特流进行编码得到的。抽象语法与传输语法之间的对应关系称为上下关系。

表示层的主要功能为：

(1) 语法转换。将抽象语法转换成传输语法，并在对方实现相反的转换。涉及的内容有代码转换、字符转换、数据格式的修改，以及对数据结构操作的适应、数据压缩、加密等。

(2) 语法协商。根据应用层的要求协商选用合适的上下文，即确定传输语法并传送。

(3) 连接管理。包括利用会话层服务建立表示连接，管理在这个连接之上的数据传输和同步控制，以及正常或异常地终止这个连接。

2．语法转换

(1) 数据表示。不同厂家生产的计算机具有不同的内部数据表示。如 IBM 公司的主机广泛使用 EBCDIC 码，而大多数其他厂商的计算机则使用 ASCII 码；Intel 公司的 80X86 芯片从右到左计数字节，而 Motorola 公司的 68020 和 68030 芯片则从左到右计数；大多数微型机用 16 位或 32 位整数的补码运算，而 CDC 的 Cyber 机用 60 位的反码。由于表示方法的不同，即使所有的位模式都正确接收，也不能保证数据含义的不变。人们要的是保留含义，而不是位模式。为了解决此类问题，必须进行数据表示方式的转换。可以在发送方转换，也可以在接收方转换，或者双方都向一种标准格式转换。

(2) 数据压缩。强调数据压缩的必要性基于以下几个原因。首先，随着多媒体技术的发展，数字化音/视频数据的吞吐、传输和存储问题日益凸现。具有中等分辨率(640×480)的彩色(24 b/像素)数字视频图像的数据量约 7.37 Mb/帧，若按 25 帧/秒的动画要求，则视频数据的传输速率大约为 184 Mb/s。由此可见，高效实时地数据压缩对于缓解网络带宽和取得适宜的传输速率是非常必要的。其次，网络的费用依赖于传输的数据量，在传输之前对数据进行压缩可减少传输费用。

实现数据压缩的可能性基于以下原因。首先，原始信源数据(视/音频)存在着很大的冗余度，如电视图像帧内邻近像素之间空域相关性及前后之间的时域相关性都很大，信息有冗余。其次，有可能利用人的视觉对于边缘急剧变化不敏感(视觉掩盖效应)，眼睛对图像的亮度信息敏感、对颜色分辨力弱的特点，以及听觉的生理特性实现高压缩比，而使由压缩数据恢复的图像及声音数据仍有满意的主观质量。第三，利用数据本身的特征也可实现压缩。

(3) 网络安全和保密。随着计算机网络应用的普及，计算机网络的安全和保密问题就变得越来越重要了。为保护网络的安全，最常见的方法是采用加密措施。从理论上讲，加密可以在任何一层上实现，但实际应用中常常在物理层、传输层和表示层三层实现加密。在物理层加密的方案叫做链路加密，它的特点是可以对整个报文进行加密；在传输层实现加密可以提高有效性，因为表示层可以对数据事先进行压缩处理；而在表示层可以有选择地对数据实现加密。

3. OSI 表示服务原语

表示层大部分服务原语与会话层的类似。在实施中，几乎所有的表示服务原语只是穿过表示层到会话层。有些表示服务原语可不加改变直接映射成相应的会话服务原语，即无需产生一个表示协议数据单元。通常与这些原语有关的参数在会话服务原语的用户数据字段中传输。

4. 抽象语法标记 ASN.1

表示编码、传输和解码数据结构的关键，是要有一种足够灵活的、适应各种类型应用的标准数据描写方法。为此，OSI 中提出了一种标记法，叫做抽象语法标记 1，简称为 ASN.1。发送时将 ASN.1 数据结构编码成位流，这种位流的格式叫做抽象语法。

在 ASN.1 中为每个应用所需的所有数据结构类型下了定义，并将它们组成库。当一个应用想发送一个数据结构时，可以将数据结构与其对应的 ASN.1 标识一起传给表示层。以 ASN.1 定义作为索引，表示层便知道数据结构的域的类型及大小，从而对它们编码传输；在另一端，接收表示层查看此数据结构的 ASN.1 标识，从而了解数据结构的域的类型及大小。这样，表示层便就可以实现从通信线路上所用的外部数据格式到接收计算机所用的内部数据格式的转换。

数据类型的 ASN.1 描述称为抽象语法，同等表示实体之间通信时对用户信息的描述称为传输语法。为抽象语法指定一种编码规则，便构成一种传输语法。在表示层中，可用这种方法定义多种传输语法。传输语法与抽象语法之间是多—多对应关系，即一种传输语法可用于多种抽象语法的数据传输，而一种抽象语法的数据值可用多传输语法来传输。

每个应用层协议中的抽象语法与一个能对其进行编码的传输语法的组合，就构成一个表示上下文(Presentation Context)。表示上下文可以在表示连接建立时协商确定，也可以在通信过程中重新定义。表示层提供定义表示上下文的设施。

3.6.4　应用层

应用层也称应用实体 AE(Application Entity)，它由若干特定应用服务元素(SASE)和一个或多个公用服务元素(CASE)组成。每个 SASE 提供特定的应用服务，如文件传输访问和管理(FTAM)、电子文电处理系统(MHS)、虚拟终端协议(VIP)等。CASE 提供一组公用的应用服务，如联系控制服务元素(ACSE)、可靠传输服务元素(RTSE)和远程操作服务元素(ROSE)等。

1. 文件传输访问和管理 FTAM 功能

FTAM(File Transfer Access and Management)是一个用于传输、访问和管理开放系统工程中文件的一个信息标准化。FTAM 服务用户即使不了解所使用的实际文件系统的实现细节，也能对该文件系统进行操作，或对数据的描述进行维护。

一个具有通用目的的文件传输协议必须考虑异种机的环境，因为不同的系统可能有不同的文件夹格式和结构。对于 m 种本地文件结构和 n 种输入文件夹结构来说，为了避免 $m×n$ 种可能的不同文件夹结构之间的映射转换问题，可以采用一种虚拟文件夹的方案。该方案制定了一个通用的虚拟文件结构，使文件传输系统中交换的只是虚拟文件，而在端系统则对虚拟文件格式和本地文件格式实施一种局部的转换。

虚拟文件可以组成一个虚拟文件库，虚拟文件库模型是 FTAM 的基础。FTAM 定义了一系列用户服务原语，用以实现文件的有关操作。

2. 电子邮件功能

电子邮件是允许终端用户编辑文电的一种设施。这种服务是邮政发展的主要方向，是一种新的分布式综合文电处理系统，它可分为单系统电子邮件和网络电子邮件两类。单系统电子邮件中，允许一个共享计算机系统上的所有用户交换文电。每个用户在系统上登记，并有唯一的标识符，与每个用户相联系的是一个邮箱。用户可以调用电子邮箱设施，准备文电，并把它给此系统上的任何其他用户。邮箱实际上只是由文件管理系统维护的一个文件目录，每个邮箱有一个用户与之相联。任何输入信件只是简单地作为文件存放于用户邮箱目录下，用户可以取出并阅读这个文电。

在单系统电子邮件设施中，文电只能在特定系统的用户之间交换。若希望通过网络系统在更广泛的范畴内交换文电，就需要包括 OSI 模型的 1～6 层的服务，并在应用层制订一个标准化的文电传输协议，这就是网络电子邮件。

CCITT 发表了一个关于文电处理系统 MHS(Message Handling System)的 X.400 建议。MHS 包含了网络电子邮件的需要，规定了通过网络发送文电所用的服务，为构筑用户接口提供了基础。1988 年 CCITT 又发表了经过修订的 MHS 建议，该版本对早期版本进行了功能扩充，并使用新的抽象模型来描述服务和协议，从而使 MHS 与 OSI 参考模型统一在一起。MHS(88)是 CCITT 与 ISOR 联合版本，ISO 称其为面向文电的正文交换系统 MOTIS(Message Oriented Text Interchange Systems)。

文电处理系统具有以下特点：

(1)文电以存储—转发的方式进行传输；

(2)文电的递交和交付可以不同时进行，即发送者可以在适当的时候将文电递交给系统，而接收者也可以在以后的某个时间里接收交付的文电，在此期间文电保存在邮箱中；

(3)同一份文电可以交付给多个接收者(多地址交付)；

(4)文电的内容形式、编码类型可以由系统自动进行转换，以适应接收终端的要求；

(5)交付时间的控制可由发送方规定，经过若干时间后系统才可将文电交付给接收方；

(6)系统可以将文电交付与否的结果通知给发送方。

在 X.400 中定义了 MHS 模型，这个模型为所有其他的建议提供了一个框架。它定义了三种类型的实体：用户代理 UA(User Agent)、文电传输代理 MTA(Message Transfer Agent)和文电存储器 MS(Message Store)。此处还有访问单元 AU 及物理投递访问单元 PDAU，分别与其他的通信及投递服务接口。

用户代理 UA 代表用户进行操作，为用户与文电处理系统交换文电起桥梁作用。它直接与用户有关，执行文电准备、整理、回复、检索和转发等功能。

文电传输代理 MTA 为文电传输提供存储—转发服务，接收从 UA 来的文电并把它投递给其他 UA。MTA 的集合构成文电传输系统 MTS。MTA 必须为文电进行路径选择和转发，使文电通过一系列 MTA 经存储—转发到达目的地。使用存储—转发的方法，消除了对所有的 UA 和 MTA 必须连续工作的需要。

文电存储器 MS 作为 UA 和 MTA 之间的中介体，它是 MHS 的一个可选功能，其主要功能是存储和检索被投递的文电。MS 可以与 UA 或 MTA 共存于一个系统中，也可以独立设置。

3. 虚拟终端协议 VTP

鉴于终端标准化工作进展迟缓，ISO 提出了虚拟终端的概念。虚拟终端方法就是对终端访问中的公共功能引进一个抽象模型，然后用该模型来定义一组通信服务以支持分布式的终端服务。这就需要在虚拟终端服务与本地终端访问方式之间建立映射，使实终端可在 OSI 环境中以虚拟终端方式进行通信。ISO 将虚拟终端标准列入应用层，归属于特定应用服务元素。

虚拟终端是对各种实终端具有的功能进行一般化、标准化之后得到的通用模型。但由于目前现有的实终端种类太多，具有的功能也不利于终端功能的扩充。

VTP 的根本目的是将实终端的特性变换成标准化的形式，即虚拟终端。VTP 有两种模型：非对称模型和对称模型。在非对称模型中，虚拟终端可以看做实际终端和本地映像功能的结合；在对称模型中，两边都使用了一种代表虚拟终端状态的共享表示单元，这个表示单元可以看做一种数据结构，两边都可对称地进行读、写。对称模型即允许终端—主机对话，也允许终端—终端及主机—主机间的对话。

4. 其他应用功能

许多其他应用已经或正在标准化，例如：

(1) 目录服务。类似于电子电话本，提供了在网络上找人或查询的可用服务地址的方法；

(2) 远程作业录入。允许用户将作业提交到另一台计算机去执行；

(3) 图形。具有发送工程图至远地显示、标绘的功能；

(4) 信息通信。用于办公室和家庭的公用信息服务。

习　题　3

1. 面向连接服务与无连接服务各自的特点是什么？
2. 计算机网络由哪几个部分组成？
3. 开放系统互连基本参考模型 OSI/RM 中"开放"的含义是什么？
4. 在停止等待协议中，应答帧为什么不需要序号？
5. 解释零位填充法。
6. 数据链路（逻辑链路）与链路（物理链路）有何区别？
7. 滑动窗口协议中，发送窗口和接收窗口的含义是什么？
8. 网络层的功能是什么？
9. 在网络层中如何进行拥塞控制？
10. 什么是端口？它在传输层的作用是什么？
11. 请说明对 OSI 传输层重要性的理解。

第 4 章　传输控制协议及 Internet 协议

本章导读：传输控制协议/网际协议（TCP/IP）是一个包括许多协议的标准，它定义在一个互连网络上的机器之间如何相互通信，是连网协议的事实标准。因特网就是利用 TCP/IP 在网络之间传送数据。本章将在第 3 章已有概念的基础上，重点介绍 TCP/IP 协议栈中的两个著名的协议 TCP 和 IP。

教学内容：TCP/IP 体系结构、网络互连、IP 协议、传输层协议、域名系统 DNS 和网络管理协议等。

教学要求：掌握 IP 协议、传输层协议；了解域名系统 DNS 和网络管理协议。

4.1　TCP/IP 体系结构

4.1.1　TCP/IP 参考模型

TCP/IP 是 20 世纪 70 年代中期美国国防部为其研究性网络 ARPANET 开发的网络体系结构。ARPANET 是最早出现的计算机网络之一，现代计算机网络的很多概念都是在它的基础上发展起来的。最初 ARPANET 是通过租用的电话线将美国的几百所大学和研究所连接起来。随着卫星通信技术和无线电技术的发展，这些技术也被应用到 ARPANET 网络中，而已有的

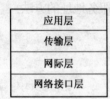

图 4.1　TCP/IP 参考模型

协议已不能解决这些通信网络的互连问题，这就导致了新的网络协议 TCP/IP 的出现，虽然 TCP/IP 协议不是 OSI 标准，但它们是目前最流行的商业化协议，被称为"事实上的工业标准"。在 TCP/IP 协议出现后，出现了 TCP/IP 参考模型，如图 4.1 所示。

TCP/IP 参考模型是四层结构，从下至上依次为网络接口层、网际层、传输层和应用层。

4.1.2　TCP/IP 主要功能

TCP/IP 参考模型的四个层次画在一起很像一个栈的结构，所以一般称其为 TCP/IP 协议栈。图4.2给出了参考模型中各层次使用的协议，下面简单说明一下各个层次的功能。

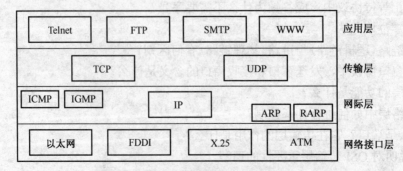

图 4.2　TCP/IP 参考模型各层使用的协议

1. 网络接口层

网络接口层是 TCP/IP 参考模型的最低层，负责通过网络发送和接收 IP 数据报。TCP/IP 的层次结构中并没有对网络接口层做具体的描述，TCP/IP 协议可以运行在不同的物理网络上，如以太网、点对点线路等，这体现了 TCP/IP 协议的兼容性与适应性。

2. 网际层

网际层是 TCP/IP 参考模型的第二层，主要功能是负责将源主机的数据传送到目的主机。源主机和目的主机可以在一个网络上，也可以在不同的网络上。它的主要功能包括：

（1）处理分组发送请求：将来自上层的分组装入 IP 数据报，填充报头，选择发送路径，然后将数据报发往相应的网络输出线路。

（2）处理输入数据报：接收到其他主机发送的数据后，首先检查数据报的合法性，然后进行路由选择，假如该数据报的目的节点为本机，则去掉报头，将 IP 报文的数据部分交给相应的传输层协议；假如该数据报尚未到达目的节点，则转发该数据报。

（3）处理网络的路由选择、流量控制和拥塞控制等问题。

网际协议（Internet Protocol, IP）是网际层的主要协议，它是一个不可靠的、无连接的数据报协议，与 IP 协议配套使用的还有 ARP、RARP、ICMP、IGMP 四个协议。图 4.2 画出了这几个协议之间的关系。在网际层中，ARP、RARP 画在最下面，因为 IP 要使用这两个协议。ICMP、IGMP 画在这一层的上部，因为它们要使用 IP 协议。

3. 传输层

TCP/IP 参考模型中传输层主要负责在应用进程之间的端到端通信，它定义了两个协议：传输控制协议（Transport Control Protocol, TCP）和用户数据报协议（User Datagram Protocol, UDP）。

TCP 协议是一个可靠的面向连接的传输层协议，它将数据以字节流形式无差错投递到互联网的任何一台机器上。发送方的 TCP 将用户交来的字节流划分成独立的报文并交给网际层进行发送，而接收方的 TCP 将接收的报文重新装配交给接收用户。TCP 协议还能进行流量控制和拥塞控制。

UDP 协议是一个不可靠的、无连接的传输层协议，发送时无需建立连接，没有差错控制和流量控制，因此 UDP 数据包可能丢失、重复或乱序。但 UDP 协议没有因为建立连接和撤销连接的额外开销，对于那些对可靠性要求不高，但要求网络的延迟较小的场合比较适合，如话音和视频数据的传送。

4. 应用层

传输层的上一层是应用层，应用层包括所有的高层协议。这些协议都是为了解决某一类应用问题而定义的，而问题的解决又往往是通过位于不同主机中的多个应用进程之间的通信和协同工作来完成的。应用层的具体内容就是规定应用进程在通信时所遵循的协议。

早期的应用层有远程登录协议（Telnet）、文件传输协议（File Transfer Protocol，FTP）和简单邮件传输协议（Simple Mail Transfer Protocol，SMTP）等协议。远程登录协议允许用户登录到远程系统并访问远程系统的资源，像远程机器的本地用户一样访问远程系统。文件传输协议提供在两台机器之间进行有效的数据传送的手段。简单邮件传输协议最初只是文件传输的一种类型，后来慢慢发展成为一种特定的应用协议。最近几年出现了一些新的应用层协议，如用于将网络中的主机的名字地址映射成网络地址的域名服务（Domain Name Service，

DNS),用于传输网络新闻的协议(Network News Transfer Protocol,NNTP)和用于从 WWW 网上读取页面信息的超文本传输协议(Hyper Text Transfer Protocol,HTTP)协议等。应用层协议可以使用不同的传输层协议,有的应用层协议依赖于 TCP 协议,有的依赖于 UDP 协议,有的既可以依赖于 TCP 协议,也可以依赖于 UDP 协议。

4.1.3　TCP/IP 与 OSI 的比较

通过前面的讨论,大家已经看到 TCP/IP 模型和 OSI 模型有许多相似之处。例如,两种模型中都包含能提供可靠的进程之间端到端传输服务的传输层,而在传输层之上是面向用户应用的传输服务。图4.3画出了 TCP/IP 和 OSI 这两种体系结构的对比。

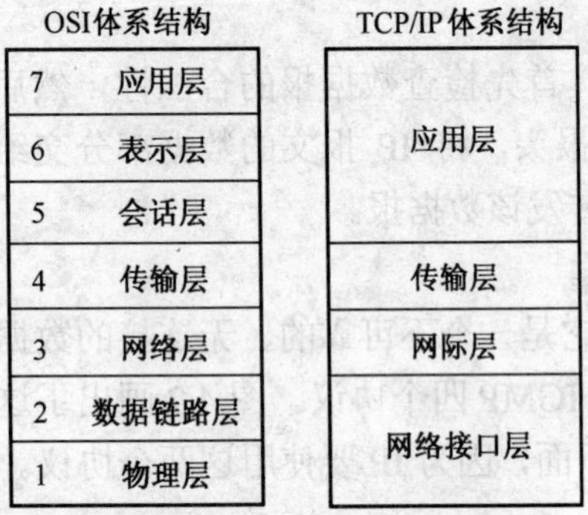

尽管 OSI 模型和 TCP/IP 模型基本类似,但它们还是有许多不同之处。OSI 模型有 7 层,而 TCP/IP 模型只有 4 层。两者都有网络层、传输层和应用层,但其他层是不同的。

OSI 参考模型是在其协议被开发之前设计出来的。这意味着 OSI 模型并不是基于某个特定的协议集而设计的,因而它更具有通用性;但另一方面,也意味着 OSI 模型在协议实现方面存在某些不足。而 TCP/IP 模型正好相反,先有协议,模型只是现有协议的描述,因而协议与模型非常吻合。问题在于 TCP/IP 模型不适合其他协议栈。

OSI体系结构	TCP/IP体系结构
7　应用层	应用层
6　表示层	应用层
5　会话层	应用层
4　传输层	传输层
3　网络层	网际层
2　数据链路层	网络接口层
1　物理层	网络接口层

图 4.3　TCP/IP 和 OSI 体系结构对比

在服务类型方面,OSI 模型的网络层提供面向连接和无连接两种服务,而传输层只提供面向连接服务。TCP/IP 模型在网络层只提供无连接服务,但在传输层却提供面向连接和无连接两种服务。

OSI 参考模型一开始是由国家标准化组织 ISO 制定的,目的是通过 OSI 参考模型与协议的研究来促进网络的标准化,但由于要照顾各方面的因素,使 OSI 参考模型变得大而全,效率很低。尽管它的很多研究成果、方法及提出的概念对今后网络的发展具有很高的指导意义,但是它没有流行起来。目前得到最广泛应用的是非国际标准 TCP/IP,TCP/IP 利用正确的策略,抓住了有利的时机,伴随因特网的发展而称为目前公认的工业标准,常被称为"事实上的国际标准"。

4.2　网络互连及网际协议

4.2.1　网络互连

网络互连是指采用各种网络互连设备将同一类型的网络或不同类型网络及产品相互连接起来,组成地理覆盖范围更大、功能更强的网络。网络互连的目的是使网络上的用户能访问其他网络上的资源,使不同网络上的用户互相通信和交换信息。这不仅有利于资源共享,也可以从整体上提高网络的可靠性。在进行网络互连时,目前已经提出很多不同的方法来提供网络互连服务,但这些服务一般都要满足以下要求:

(1)在网络之间提供一条链路,至少需要提供物理层和链路层的连接;

(2)提供不同网络节点的路由选择和数据传送;

（3）提供网络记账服务，记录网络资源使用情况，提供各用户使用网络的记录及有关状态信息；

（4）在提供网络互连时，应尽量避免由于互连而降低网络的通信性能；

（5）能够适应网络间的许多差异，不需要修改互连在一起的各网络的体系结构。

将网络互相连接起来要使用一些中间设备，称其为网络互连设备。根据网络互连设备工作的不同层次，主要有中继器或集线器、网桥、路由器、网关等设备。这些网络互连设备提供的功能与 OSI 参考模型规定的相应层功能一致，它们都可以使用所有低层提供的功能。中继器、集线器在物理层实现网络互连，网桥在数据链路层，路由器在网络层，网关在传输层及以上。

1. 中继器

中继器（Repeater）也称转发器，工作于 OSI 的物理层，如图 4.4 所示，它的作用是放大信号，补偿信号衰减，支持远距离的通信。中继器是最简单的网络互连设备，主要完成物理层的功能，负责在两个节点的物理层上按位传递信息，完成信号的复制、调整和放大功能，以此延长网络的长度。

图 4.4　中继器

由于存在损耗，在线路上传输的信号功率会逐渐衰减，衰减到一定程度时将造成信号失真，因此会导致接收错误。中继器就是为解决这一问题而设计的。它完成物理线路的连接，对衰减的信号进行放大，保持与原数据相同。通过中继器连接的网络实际上是逻辑上的同一个网络。但需要注意的是，中继器不具备检查错误和纠正错误的功能，错误的数据经中继器后仍被复制到另一电缆段，而且数据经过中继器的转发还会引入时延。

从理论上讲，中继器的使用是无限的，网络也因此可以无限延长。但实际上网络标准中对信号的延迟范围做了具体的规定。例如，一个以太网上最多有 4 个中继器，连接 5 个电缆段。中继器只能在此规定范围内进行有效的工作，否则会引起网络故障。

集线器（HUB）在 OSI 参考模型中处于物理层，其实质是一个中继器，主要功能是对接收到的信号进行再生放大，以扩大网络的传输距离。正因为集线器只是一个信号放大和中转的设备，所以它不具备交换功能。按照不同的分类方式，集线器的分类如下：

（1）按供电方式不同，集线器可分为无源 HUB 和有源 HUB。

（2）按网关功能不同，集线器可分为无管理 HUB 和管理式 HUB。

（3）按端口数不同，集线器分为 8 口、12 口、16 口、24 口、48 口等 HUB。

（4）按适用的网络类型不同，集线器可分为以太网 HUB、令牌环网 HUB、FDDI HUB、ATM HUB。

（5）按提供带宽不同，集线器可分为 10 Mb/s、10/100 Mb/s、100 Mb/s、10/100/1000 Mb/s HUB。

按照扩展方式分类，集线器有可堆叠集线器和不可堆叠集线器两种。

2. 网桥

网桥（Bridge）是数据链路层的网络连接设备，如图 4.5 所示，用于连接两个或两个以上具有相同通信协议、传输介质及寻址结构的局域网间的互连设备，能在 LAN 之间存储转发帧，

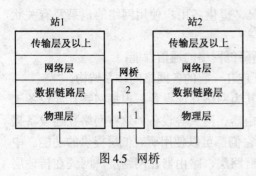

图 4.5　网桥

实现网段间或 LAN 与 LAN 之间互连，互连后成为一个逻辑网络。它也支持 LAN 与 WAN 之间的互连。网桥不但能扩展网络的距离或范围，而且可提高网络的性能、可靠性和安全性。

网桥和中继器有区别，中继器是直接将衰减的信号进行放大，保持与原数据相同。而网桥是接受完全的链路层帧，并对帧做校验，然后查看帧的源地址和目的地址以决定该帧的去向。

网桥与中继器相比的优点是：网桥可以隔离信息，将网络划分成多个网段，隔离出安全网段，防止其他网段内的用户非法访问；由于网络的分段，各网段相对独立，一个网段的故障不会影响到另一个网段的运行；网桥在转发一帧之前可以对其做一些修改，如在帧头加入或删除一些字段，以进行数据链路层上的协议转换，但它不会修改帧所携带的用户数据，这样网桥可适应于连接使用不同 MAC 协议的两个 LAN，因而构成一个不同 LAN 混连在一起的混合网络环境；使用网桥进行互连克服了物理限制，这意味着构成 LAN 的数据站总数和网段数很容易扩充；网桥的中继功能仅仅依赖于 MAC 帧的地址，因而对高层协议完全透明。

网桥的主要缺点是：网桥在执行转发前先接收帧并进行缓冲，与中继器相比会引入更多时延。由于网桥不提供流控功能，因此在流量较大时有可能使其过载，从而造成帧的丢失。

网桥通常有透明网桥(Transparent Bridge)和源路由网桥(Source Routing Bride)两种类型。

(1)透明网桥的主要优点是安装和管理方便，对网上主机完全透明，不需要改动硬件和软件，无需设置地址开关，无需装入路由表或参数，是一种即插即用设备。当一个网桥刚刚连接到局域网上时，其转发表是空的，网桥会按照以下算法处理收到的数据帧，建立起自己的转发表。

如果网桥从某端口 s 收到数据帧，首先检查该帧是否有差错，如果有差错就丢弃，否则在转发表中查找该帧的目的站 MAC 地址。如果没有找到此 MAC 地址应当走的端口，就把该帧向除 s 外的所有端口转发。如果找到此 MAC 地址应当走的端口 d，还要比较一下 d 和 s，当两个端口号相等时，说明该帧不需要经过网桥转发，丢弃此帧；否则从端口 d 转发此帧。如果源站 MAC 地址不在转发表中，要将源站 MAC 地址和该帧进入网桥的端口号 s 加入转发表中。这样操作依据的原理是：如果网桥能够从端口 s 收到源地址为 A 的数据帧，那么以后就可以从端口 s 把一个帧转发到目的地址 A。

透明网桥要解决的一个问题是网桥循环。如果在互连网络的任何两个局域网中存在多条网桥路径，网络通信就会失败，因为互连网络中并未提供网桥对网桥协议，所以一个网桥不能正确处理从另一个网桥发来的数据帧，会产生转发的帧在网络中不断地兜圈子。解决网桥循环问题的方法是生成树(Spanning Tree)算法，将部分冗余的循环路径设置成阻塞状态。

透明网桥的最大优点是容易安装，但是它不能选择最佳路径，无法充分利用冗余的网桥来分担负载。

(2)源路由网桥要求主机参与路径选择，也就是说发生数据帧的主机事先要把帧的路由信息放在要发送的数据帧中，源路由网桥按照出现在相应数据帧字段中的路由来存储和转发数据帧。

为了发现合适的路由，源站以广播方式向欲通信的目的站发送一个发现帧(Discovery Frame)作为探测使用。发现帧将在整个扩展的局域网中沿着所有可能的路由传送。在传送过程中，每个发现帧都记录所经过的路由。当这些发现帧到达目的站时，就沿着各自的路由返回源站。源站在得知这些路由后，从所有可能的路由中选择出一个最佳路由。以后从这个源站向该目的站发送的帧的首部，都必须携带源站所确定的这一路由信息。

　　理论上讲，源路由网桥可以选择最佳路径，但实际上实现起来并不容易。所以目前市场上大多数网桥为透明网桥。

3. 路由器

　　路由器（Router）工作于网络层，如图 4.6 所示，在不同的网络间存储和转发分组，提供网络层上的协议转换。路由器用于连接多个逻辑上分开的网络。对用户提供最佳的通信路径，路由器利用路由表为数据传输选择路径。路由表包含网络地址及各地址之间距离的清单。路由器利用路由表查找数据报从当前位置到目的地址的正确路径。路由器使用最少时间算法或最优路径算法来调整信息传递的路径，如果某一网络路径发生故障或堵塞，路由器可选择另一条路径，以保证信息的正常传输。路由器可进行数据格式的转换，成为不同协议之间网络互连的必要设备。

　　路由器和网桥类似，都是接收协议数据单元，检查首部字段，并依据首部信息和内部的一张表来进行转发。但网桥只检查数据链路帧的帧头，并不查看和改变帧携带的网络层分组。路由器则检查网络层分组首部，并根据首部的地址信息做出决定，当路由器把分组下传到数据链路层时，它并不知道该帧是通过何种类型网传送，因为这是数据链路层的功能。在网络上，路由器本身有自己的网络地址，而网桥没有。由网桥连接的网络仍然是一个逻辑网络，而路由器则将网络分成若干逻辑子网。

4. 网关

　　网关（Gateway）用于实现网络层以上的网络互连，如图 4.7 所示。网关又叫协议转换器，可以支持不同协议之间的转换，实现不同协议网络之间的互连，主要用于不同体系结构的网络之间的连接。

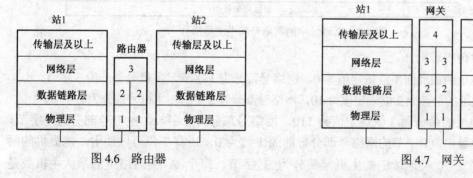

图 4.6　路由器　　　　　　　　　　图 4.7　网关

　　网络互连的层次越高，互连的代价越大，但是能够互连差别更大的异构网。在上述几种互连设备中，网关最为复杂，一般只能进行一对一的转换，或是少数几种特定应用协议的转换。网关一般是一种软件产品，网关软件运行在服务器或一台计算机上，以实现不同体系结构网络之间或 LAN 与主机之间的连接。目前，网关已成为网络上每个用户都能访问大型主机的通用工具。

　　总之，网络互连可以在不同的层次上，分别采用中继器、网桥、路由器及网关来实现，要根据具体的应用要求和网络性能选择合适的网络互连设备。

　　中继器主要用于扩展 LAN 的连接距离，但不能用中继器将电缆段无限连起来。网桥主要用于连接两个寻址方案兼容的 LAN，它把两个物理网络连接成一个逻辑网络，如两个使用 802.X 协议的局域网。路由器是网络互连中使用最广泛的设备，用路由器连接起来的多个网络，仍保持各自的实体地位不变，它们各自都有自己独立的网络地址。网关用于实现不同系统结构网络之间的互连，可以支持不同协议之间的转换，实现不同协议网络之间的互连。

4.2.2　IP 地址

1. IPv4 地址

因特网上的每台主机或路由器都有唯一的 IP 地址，IP 地址是在全世界范围内唯一的 32 位标识符，没有两台机器具有一样的 IP 地址，这样一个 IP 地址就在整个因特网上唯一标识了一台网络设备的接口。IP 地址包括网络号和主机号两部分，这称为两级 IP 地址。网络号部分用来标识主机所在的网络；主机号部分用来标识主机本身。连接到同一网络的主机必须拥有相同的网络编号。

32 位的 IP 地址通常用点分十进制标记法书写。在这种格式下，每字节都以十进制记录，从 0～255。例如，32 位的二进制代码 10000000 00001011 00001001 00000011 用点分十进制表示为 128.11.9.3，这样读起来方便得多。

图4.8给出了各种 IP 地址的网络号部分和主机号部分，其中 A 类、B 类、C 类地址是最常用的。

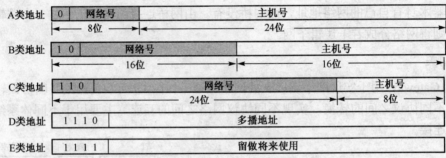

图 4.8　IP 地址中的网络号和主机号部分

从图4.8中可以看出：

(1) A 类地址的最前面 1 位规定值为 0，网络号部分为 1 字节，主机号部分为 3 字节。

(2) B 类地址的最前面 2 位规定值为 10，网络号部分为 2 字节，主机号部分为 2 字节。

(3) C 类地址的最前面 3 位规定值为 110，网络号部分为 3 字节，主机号部分为 1 字节。

在 A 类地址中，1 字节的网络号部分最前面 1 位为 0，还有 7 位可以使用，能提供的网络号是 2^7-2 个。A 类地址中的主机号部分为 3 字节，每个 A 类网络中的最大主机数是 $2^{24}-2$。其中，网络数减 2 的原因是：网络号为全 0 的 IP 地址是个保留地址，意思是"本网络"；网络号字段值为 127 的 IP 地址保留作为本地软件环回测试本主机之用。

每个网络中的最大主机数减 2 的原因是：主机号为全 0 的 IP 地址表示"本主机"所连接到的单个网络地址；主机号为全 1 的 IP 地址表示该网络上的所有主机。

在 B 类地址中，2 字节的网络号部分最前面 2 位为 10，还有 14 位可以使用，能提供的网络号是 2^{14} 个。B 类地址中的主机号部分为 2 字节，每个 B 类网络中的最大主机数是 $2^{24}-2$。

在 C 类地址中，3 字节的网络号部分最前面 3 位为 110，还有 21 位可以使用，能提供的网络号是 2^{21} 个。C 类地址中的主机号部分为 1 字节，每个 C 类网络中的最大主机数是 2^8-2。

2. 子网掩码

随着互联网的发展，越来越多的网络产生，有的网络多则几百台，有的只有区区几台，这样就浪费了很多 IP 地址。如果给每个物理网络分配一个网络号，互联网中的网络数增多，路由器的路由表项目数也就增多，这样一方面路由器需要更多的存储空间，另一方面查找路由时也要耗费更多的时间。因此，为了减少 IP 的浪费，降低路由表的项目数，要划分子网。

在划分子网时，需要注意几点：

(1) 划分子网的方法是从网络的主机号字段借用几位作为子网号，主机号相应减少若干位。于是两级 IP 地址在本单位内部变为三级 IP 地址，即 IP 地址包括：网络号、子网号、主机号。

(2) 一个拥有很多物理网络的单位，可将所属的物理网络划分为若干子网，但本单位对外仍然表现为一个没有划分子网的网络，只有当外面的分组进入到本单位范围后，本单位的路由器再根据子网号进行选路，最后找到目的主机。

划分子网时要用到子网掩码，下面介绍一下子网掩码的意义。子网掩码(Subnet Mask)又叫网络掩码、地址掩码，它是一种用来指明一个 IP 地址的哪些位标识的是主机所在的子网，以及哪些位标识的是主机的位掩码。子网掩码不能单独存在，它必须结合 IP 地址一起使用。子网掩码只有一个作用，就是将 IP 地址划分成网络地址和主机地址两部分。

TCP/IP 体系规定子网掩码用 32 位表示。子网掩码由一连串的“1”和一连串的“0”组成。“1”对应于网络号和子网号字段，而“0”对应于主机号字段。子网掩码可以用点分十进制表示，也可以用十六进制记法。例如，二进制形式的子网掩码：11111111、00000000、00000000、00000000，采用点分十进制记法为 255.0.0.0，用十六进制记法为 0xFF000000。

如果一个网络不划分子网，那么该网络的子网掩码就使用默认子网掩码。默认子网掩码中“1”的位置和 IP 地址中的网络号字段正好相对应。例如：

A 类地址的默认子网掩码是 255.0.0.0，或 0xFF000000。

B 类地址的默认子网掩码是 255.255.0.0，或 0xFFFF0000。

C 类地址的默认子网掩码是 255.255.255.0，或 0xFFFFFF00。

子网掩码与 IP 地址结合使用，可以区分出一个网络地址的网络号和主机号。只要将子网掩码和 IP 地址进行逐位的“与”运算，就立即得出网络地址。

例如，有一个 C 类地址为 192.200.5.12，按其 IP 地址类型，它的默认子网掩码为 255.255.255.0。

第 1 步，将 IP 地址 192.200.5.12 转换为二进制数码 11000000 11001000 00000101 00001100。

第 2 步，将子网掩码 255.255.255.0 转换为二进制数码 11111111 11111111 11111111 00000000。

第 3 步，将以上两个二进制数进行逻辑与运算，得出的结果即为网络部分。11000000 11001000 00000101 00001100 与 11111111 11111111 11111111 00000000 进行与运算后得到 11000000 11001000 00000101 00000000，即 192.200.5.0，这就是这个 IP 地址的网络号，或者称“网络地址”。

第 4 步，将子网掩码的二进制数码取反后，再与 IP 地址进行与运算，得到的结果为主机部分。如将 00000000 00000000 00000000 11111111(子网掩码取反)与 11000000 11001000 00000101 00001100 进行与运算后得到 00000000 00000000 00000000 00001100，即 0.0.0.12，这就是这个 IP 地址主机号(可简化为“12”)。

　　如果要将一个网络划分为多个子网，如何确定这些子网的子网掩码和 IP 地址中的网络号和主机号呢？在划分子网时需要增加一个子网号字段，子网号字段究竟选为多长，由本单位的具体情况确定。在子网划分时，首先根据要划分的子网数目 n 确定子网号字段的长度位数 m，m 和 n 要满足 $2^m-2 \geqslant n$，减 2 是因为有的路由器所采用的路由选择软件不支持全 0 或全 1 的子网号。然后根据确定的 m 值按高序占用主机号的 m 位作为子网号，转换为十进制数。如 m 为 3 表示主机号中有 3 位被划为子网号，因子网号应全为"1"，所以主机号对应的字节为 11100000。转换为十进制后为 224，这就是最终确定的子网掩码。如果是 C 类网，则子网掩码为 255.255.255.224；如果是 B 类网，则子网掩码为 255.255.224.0；如果是 A 类网，则子网掩码为 255.224.0.0。

　　下面举个具体的例子说明子网的划分。如果使用的网络号为 192.200.5，现将网络划分为 6 个子网，方案如下：

　　因为 $2^3-2 \geqslant 6$，表示要从高位占用主机号的 3 位作为子网号，即 11100000，转换为十进制数为 224。这样可确定该子网掩码为：255.255.255.224。6 个子网的 IP 地址范围分别如表 4-1 所示。

表 4-1　具有 6 个子网的 IP 地址的划分

子　网	二进制表示	十进制表示
第 1 个子网	11000000 11001000 00000101 00100001～ 11000000 11001000 00000101 00111110	192.200.5.33～192.200.5.62
第 2 个子网	11000000 11001000 00000101 01000001～ 11000000 11001000 00000101 01011110	192.200.5.65～192.200.5.94
第 3 个子网	11000000 11001000 00000101 01100001～ 11000000 11001000 00000101 01111110	192.200.5.97～192.200.5.126
第 4 个子网	11000000 11001000 00000101 10000001～ 11000000 11001000 00000101 10011110	192.200.5.129～192.200.5.158
第 5 个子网	11000000 11001000 00000101 10100001～ 11000000 11001000 00000101 10111110	192.200.5.161～192.200.5.190
第 6 个子网	11000000 11001000 00000101 11000001～ 11000000 11001000 00000101 11011110	192.200.5.193～192.200.5.222

　　根据表 4-1，计算一下子网划分前后所容纳主机数量的变化。在上面这个例子中，本来一个 C 类网络可以容纳 254 个主机号。但是划分出 3 位长的子网号字段后，最多可有 6 个 (2^3-2) 子网，每个子网有 5 位的主机号，即每个子网最多可有 30 个 (2^5-2) 主机号，因此主机号的总数是 $6 \times 30 = 180$ 个，比不划分子网时减少了。所以，多划分出一个子网号字段是以减少主机数量为代价的。

4.2.3　地址解析协议

　　当一个应用程序产生了一些数据需要在网络上进行传输时，要使用 IP 地址来转发数据，选择下一站之后，就要通过一个物理网络将此数据传送给选定的主机或路由器。但是，通过物理网络的硬件传送帧时，不能使用 IP 地址，必须使用该硬件的帧格式，帧中所有地址都用硬件地址。因此，在传送帧之前，必须将下一站的 IP 地址翻译成等价的硬件地址。将一台计算机的 IP 地址翻译成等价的硬件地址的过程叫地址解析。地址解析限于一个网络内，即一台计算机能够解析另一台计算机地址的条件是这两台计算机都连在同一物理网络中——一台计算机无法解析远程网络上的计算机的地址。

地址解析协议（Address Resolution Protocol，ARP），基本功能就是通过目标设备的 IP 地址，查询目标设备的 MAC 地址，以保证通信的顺利进行。ARP 标准定义了两类基本的消息：一类是请求，另一类是应答。请求消息包含一个 IP 地址和相应硬件地址；应答消息既包含发来的 IP 地址，也包含相应的硬件地址。

每个主机都设有一个 ARP 高速缓存，里面存放了目前主机所知道的本局域网上一些主机、路由器的 IP 地址到硬件地址的映射表。当主机 X 要向本局域网上的主机 Y 发送 IP 数据报时，会先在其 ARP 高速缓存中查看有无主机 Y 的 IP 地址。如有，就可查出 Y 的硬件地址；如果没有，主机 X 就要自动运行 ARP，找到主机 Y 的硬件地址。然后将 Y 的硬件地址写入要发送的 MAC 帧，通过局域网将该 MAC 帧发往此硬件地址。

下面介绍一下主机 X 运行 ARP 获得主机 Y 的硬件地址的过程，图 4.9 给出了详细说明。

（1）主机 X 的 ARP 进程发送一个 ARP 请求分组，广播给本局域网上的所有计算机，该分组中包含了主机 Y 的 IP 地址。

（2）本局域网上所有主机都会收到这个请求，然后各主机检测该请求分组中的 IP 地址。

（3）主机 Y 检查到 ARP 请求分组中的 IP 地址与自己的 IP 地址相匹配，就向主机 X 发送一个 ARP 应答分组，里面写入自己的硬件地址。而其他的主机则会丢弃收到的请求，不发任何应答。

主机 X 在经历了上述过程之后，就获得了主机 Y 的硬件地址。它会更新自己的 ARP

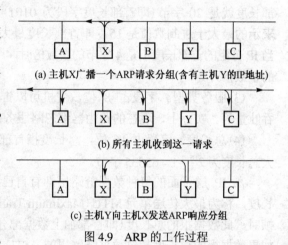

(a) 主机X广播一个ARP请求分组(含有主机Y的IP地址)

(b) 所有主机收到这一请求

(c) 主机Y向主机X发送ARP响应分组

图 4.9　ARP 的工作过程

缓存表，下次再向主机 Y 发送信息时，直接从 ARP 缓存表里查找就可以了，不需要再在网络上用广播方式发送 ARP 请求分组，避免网络上的通信量大大增加。ARP 缓存表采用了老化机制，在一段时间内如果表中的某一行没有使用，就会被删除，这样可以大大减少 ARP 缓存表的长度，加快查询速度。

ARP 是设备通过自己知道的 IP 地址来获得自己不知道的物理地址的协议。逆地址解析协议 RARP 可以使只知道自己物理地址的主机能够知道其 IP 地址。网络上的无盘工作站就是这种情况，设备知道的只是网络接口卡上的物理地址，利用 RARP 可以获得自己的 IP 地址。

4.2.4　IP 数据报

TCP/IP 协议定义一个在因特网上传输的包为 IP 数据报（IP Datagram）。分析 IP 数据报每个字段的含义就能够明白 IP 协议具有哪些功能。在 TCP/IP 的标准中，各种数据报格式常以 32 位为单位来描述。一个 IP 数据报由首部和数据两部分组成，其格式如图 4.10 所示。首部包括两部分，前一部分是固定长度，共 20 字节，是所有 IP 数据报必须具有的。在首部的固定部分的后面是一些可选字段，其长度是可变的。下面介绍首部各字段的含义。

（1）版本。字段占 4 位，指 IP 协议的版本。通信双方使用的 IP 协议版本必须一致。目前广泛使用的 IP 协议版本号为 4（即 IPv4）。

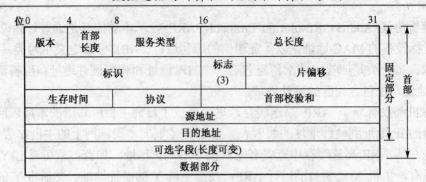

图 4.10　IP 数据报的格式

(2)首部长度。字段占 4 位，用来表示首部的长度，以 4 字节为一个单位。最常用的首部长度就是 20 字节(即首部长度字段为 0101)，这时首部不使用可选字段。该字段的数值可表示的最大十进制数值是 15，即首部长度最大值为 60 字节，可选字段最多只能为 40 字节。当 IP 分组的首部长度不是 4 字节的整数倍时，用 0 加以填充，从而保证数据部分永远在 4 字节的整数倍开始。

(3)服务类型。字段占 8 位，主机可以告诉子网所需的各种服务，包括可靠性、延迟、吞吐量等。实际上，现在的路由器都忽略服务质量字段。

(4)总长度。字段占 16 位，总长度指首部和数据之和的长度，单位为字节。数据报的最大总长度为 $2^{16}-1=65535$ 字节。

在 IP 层下面的每种数据链路层都有自己的帧格式，其中包括帧格式中数据字段的最大长度，称为最大传送单元 MTU(Maximum Transfer Unit)。当一个数据报封装成数据链路层的帧时，此数据报的总长度(即首部加上数据部分)一定不能超过下面的数据链路层的 MTU 值。如果数据报的总长度超过数据链路层的 MTU 值，就需要将过长的数据报进行分片后才能在网络上传送。接下来的标识、标志、片偏移字段与 IP 数据报的分片有关。

(5)标识。字段占 16 位。相同的标识字段的值使分片后的各数据报片最后能准确地重装成为原来的数据报。这个"标识"并不是序号，因为 IP 是无连接服务，数据报不存在按序接收的问题，而是让目的主机判断新来的分片属于哪个分组。当数据报由于长度超过网络的 MTU 而必须分片时，这个标识字段的值就被复制到所有分片后的数据报的标识字段中。

(6)标志。字段占 3 位，但目前只有 2 位有意义。

① 标志字段中的最低位记为 MF(More Fragment)。MF=1 表示后面"还有分片"的数据报。MF=0 表示这已是若干数据报片中的最后一个。

② 标志字段中间的一位记为 DF(Don't Fragment)，意思是"不能分片"。只有当 DF=0 时才允许分片。

(7)片偏移。字段占 13 位。片偏移指出较长的分组在分片后，某片在原分组中的相对位置，该字段的值以 8 字节为一个偏移单位。也就是说，每个分片的长度一定是 8 字节的整数倍。

(8)生存时间。字段占 8 位，生存时间字段常用的英文缩写是 TTL(Time To Live)，表明数据报在网络中的寿命。发出数据报的源点设置这个字段，其目的是防止无法交付的数据报无限制地在因特网中兜圈子而白白消耗网络资源。最初的设计是以秒作为 TTL 的单位，每经过一个路由器时，就把 TTL 减去数据报在路由器消耗掉的一段时间。但现在已将

TTL 改为"数据报在网络中可通过的路由器数的最大值",当 TTL 值减为 0 时,就丢弃这个数据报。

(9)协议。字段占 8 位,协议字段指出此数据报携带的数据是使用何种协议,以便使目的主机的 IP 层知道应将数据部分上交给哪个处理过程。

(10)首部检验和。字段占 16 位。这个字段只检验数据报的首部,但不包括数据部分。这是因为数据报每经过一个路由器,路由器都要重新计算一下首部检验和(一些字段,如生存时间、标志、片偏移等都可能发生变化)。不检验数据部分可减少计算的工作量。

(11)源地址和目的地址。两个字段各占 32 位。

(12)可选。此字段长度可变,长度范围为 1~40 字节不等,支持安全性、时间标记等选项,如果可选字段的长度不是 4 字节的整数倍,后面要用全 0 的填充字段补齐。

4.2.5 下一代的网际协议 IPv6

从因特网规模和网络传输速率来看,IPv4 已经不适用,最主要的问题是 32 位的 IP 地址不够用。为了解决 IP 地址即将耗尽的问题,需要采用具有更大地址空间的新版本 IP 协议,即 IPv6。

1. IPv6 编址

IPv6 地址长度为 128 位,地址按照传输类型可分为以下三种基本类型:

(1)单播(Unicast)地址对应于一台单独的计算机,单播就是传统的点对点通信。

(2)组播(Multicast)地址对应于一组计算机,这些计算机可能在不同的地点,组中的成员关系在任何时刻都能改变,当一个数据报发往这种地址,IPv6 向组中的每一成员传递数据报的一个副本。

(3)任播(Anycast)地址对应于一组计算机,一个送往这种地址的数据报,只送往其中的一台计算机,通常为离发送方最近的计算机。

尽管 128 位的地址满足了因特网的发展,但写这样长的数字却是非常麻烦的。例如,用点分十进制表示法写一个 128 位的数字:

118.128.172.213.36.90.255.255.255.255.0.0.40.101.255.255

为了减少写一个地址所用的字符个数,IPv6 的设计者建议使用一种更紧凑的语法形式,叫冒分十六进制表示法(Colon Hexadecimal Notation)。其中,每 16 位为一组,写成十六进制数,并用冒号分隔每一组。在每个 4 位一组的十六进制数中,如其高位为 0,则可省略。例如,上面的地址写成冒分十六进制表示法时,变为:

1280:69DC:8864:FFFF:FFFF:0:8C0A:FFFF

从上例可见,表示同一个地址,冒分十六进制表示法需要的字符数少得多。另外冒分十六进制表示法还包含两种非常有用的技术。

一种是零压缩(Zero Compression),这种技术进一步减少了字符个数。零压缩用两个冒号代替连续的零。例如,地址 FF0C:0:0:0:0:0:0:B1 能被写成 FF0C::B1。为了保证零压缩不会产生混淆,规定在任一地址中只能使用一次零压缩。IPv6 的大地址空间和建议的地址分配方案使得零压缩特别有用,因为很多 IPv6 地址包含零的字串。特别地,为了与 IPv4 兼容,可以将 IPv4 现存的地址映射到 IPv6 的地址空间中,任何 IPv6 地址,如果开头是 96 个零位,则其低 32 位就含有一个 IPv4 地址。

另一种技术是冒号十六进制表示法可以用 IPv6 地址/前缀长度来表示地址前缀，前缀长度是一个十进制值，指定该地址中最左边的用于组成前缀的位数。例如，对 32 位的前缀21400000(十六进制)，可以表示为：2140::8:800:200C:123A/32。

2．IPv6 数据报格式

如图4.11 所示，一个 IPv6 数据报开始于一个基本首部(Base Header)，后面是零个或多个扩展首部(Extension Header)，接着是数据区。

图 4.11　IPv6 数据报格式

IPv6 基本首部长度固定为 40 字节，格式如图4.12所示，包括 8 个字段。

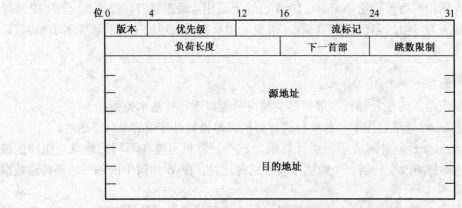

图 4.12　IPv6 基本首部

(1)版本。字段占 4 位，指明协议是第 6 版本。

(2)优先级。字段占 8 位，区分不同的 IPv6 数据报的类别或优先级。

(3)流标记。字段占 20 位，所有属于同一流的数据报都具有同样的流标记，在这个流经过的路径上的路由器都保证指明的服务质量。IPv6 支持资源的预分配，允许路由器将每个数据报与一个给定的资源分配相联系。

(4)负荷长度。字段占 16 位，指明数据报除基本首部之外的字节数。

(5)下一首部。字段占 8 位，指明基本首部后面的信息类型。如果数据报没有扩展首部，该字段指出基本首部后面的数据应交付给 IP 上面的哪个高层协议；如果数据报有扩展首部，该字段指明下一个扩展首部的类型。

(6)跳数限制。字段占 8 位，用来防止数据报在网络中无限期地存在。源站在发送每个数据报时设定该字段值，每个路由器在转发数据报时，要将该字段值减 1，当跳数限制的值为零时，丢弃该数据报。

(7)源地址、目的地址。各占 128 位，分别为数据报的发送站、接收站的 IP 地址。

IPv6 的扩展首部有六种：逐跳选项，路由选择，分片，鉴别，封装安全有效载荷，目的站选项。每个扩展首部由若干字段构成，具有不同的长度。所有扩展首部的第一个字段都是8 位的"下一首部"，此字段的值指明在该扩展首部后面的字段是什么。

4.3　因特网传输层协议

传输层是整个网络体系结构的关键层次之一。传输层的作用是在通信子网提供的服务基础上，为源主机和目的主机之间提供可靠、透明和价格合理的数据传输，使高层用户在相互通信时不必关心通信子网的实现细节和具体的服务质量。

TCP/IP 的传输层有两个不同的协议，一个是面向连接的传输控制协议 TCP（Transmission Control Protocol），一个是无连接的用户数据报协议 UDP（User Datagram Protocol）。TCP 在传送数据之前必须先建立连接，数据传送结束后要释放连接。因为 TCP 提供可靠、面向连接的传输服务，具有确认、流量控制、连接管理等功能，所以协议数据单元的首部较大，占用很多处理机资源。UDP 在传送数据之前不需要建立连接，远地主机的传输层在收到 UDP 报文后，不需要给出任何确认。虽然 UDP 用户数据报只能提供不可靠的交付，但在某些情况下工作比较有效。

在 TCP/IP 协议中，IP 提供在主机之间传送数据报的能力，每个数据报根据其目的主机的 IP 地址进行路由选择。传输层协议为应用层提供应用进程之间的通信服务。为了在给定的主机上能识别多个目的地址，同时允许多个应用程序在同一台主机上工作并能独立进行数据报的发送和接收，TCP/UDP 提供了应用程序之间传送数据报的基本机制，它们提供的协议端口能够区分一台机器上运行的多个程序。也就是 TCP/UDP 使用主机 IP 地址和为应用进程分配的端口号来标识应用进程。

端口号是一个 16 位的无符号整数，允许有 64 K 个端口号。端口号是为了标志本计算机应用层中的各进程，具有本地意义。因特网中不同计算机的相同端口号是没有联系的。端口号分为两类，一类是分配给一些常用应用层程序固定使用的熟知端口，数值范围一般为 0～1023，如 FTP 的熟知端口为 21，HTTP 的熟知端口为 80 等。另一类是一般端口，用来随时分配给请求通信的客户进程。

4.3.1　传输控制协议 TCP

TCP 是专门设计用于在不可靠的 Internet 提供可靠、端到端的字节流通信的协议。Internet 不同于一个单独的网络，不同部分可能有不同的拓扑结构、带宽、分组大小等特性，TCP 可以保证数据可靠、按序、无丢失、不重复的传输。

1. TCP 报文的首部

TCP 报文段格式有首部和数据两个部分。其首部很复杂，又分为 20 字节固定长的部分和可变长的选项部分。TCP 的全部功能都集中体现在其首部各字段的作用上。图4.13 是 TCP 报文段的首部。

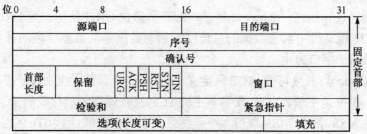

图 4.13　TCP 报文段的首部

(1) 源端口(Source Port)：2 字节，源端口号。

(2) 目的端口(Destination Port)：2 字节，目的端口号。

(3) 序号(Sequence Number，SEQ)：4 字节。在一个 TCP 连接中传输的数据流中每字节(无论此字节是此 TCP 连接中的哪个 TCP 报文段所携带的)都给予一个序号，用于唯一标识每字节在此 TCP 连接字节流中的位置，并用于实现预期确认和滑动窗口。发送序号指出本 TCP 报文段中数据字段的第一个字节在此 TCP 连接的发送数据流中的位置，单位是字节。因此，TCP 字节流的序号范围是 $2^{32} = 4$ GB。例如，本 TCP 报文段 SEQ=17000，数据字段长 100 字节，则此 TCP 连接上的下一个 TCP 报文段 SEQ=17100。

(4) 确认号(Acknowledgment Number，ACK)：4 字节。指出预期收到对方的下一个报文段的第一个字节的序号，单位是字节。例如，本 TCP 报文段 ACK=701，表示对此 TCP 连接，对方发来字节流中的前面第 1、2、3……700 字节都已经正确收到，希望对方下一个 TCP 报文段的数据字段从对方字节流中的第 701 字节开始发送。

(5) 首部长度(header length，HLEN)：4 位，与 IP 分组中的头长度相类似。表示 TCP 报文头的长度，以 4 字节为单位。

(6) 保留(Reserved)：6 位，保留不用，全置为 0。

(7) 紧急位 URG(URGent)：为 1 时表示本 TCP 报文段中有紧急数据，此时本 TCP 报文段首部的紧急指针表示的值有效。本 TCP 报文段中的紧急数据部分必须比本 TCP 报文中其他普通数据优先处理。

(8) 确认位 ACK：为 1 表示首部中的确认序号有效。

(9) 推送位 PSH(Push)：为 1 时表示本 TCP 报文要求被立即执行推操作，即接收方不用等待接收缓存充满，而是在收完本 TCP 报文段之后就必须立即交付给应用层进程处理。

(10) 复位位 RST(Reset)：为 1 时表示本 TCP 连接有严重问题，必须立即复位。即先释放此 TCP 连接，然后再马上重新建立 TCP 连接。复位位还可以用来拒绝一个非法的报文段或拒绝打开一个连接。

(11) 同步 SYN(Synchronous)：用于 TCP 三次握手建立连接。当 SYN=1 且 ACK=0 时，表示连接请求(第一次握手)。而 SYN=1 且 ACK=1 时，表示接受连接且要求对方同步(第二次握手)。而 SYN=0 且 ACK=1 时，表示接受连接(第三次握手)。

(12) 终止位 FIN(Final)：用于 TCP 连接释放。为 1 时表示要求释放 TCP 连接。

(13) 窗口(Window)：2 字节。实现滑动窗口，单位是字节。窗口字段表示了本主机的接收窗口大小，同时也表示了允许对方的发送窗口大小。从对方被确认的字节开始，对方最多可以连续发送的字节数。

(14) 检验和(Checksum)：2 字节。检验 TCP 的数据字段和包括 TCP 报文段首部在内的伪首部。

(15) 紧急指针(Urgent Pointer)：2 字节。配合紧急位 URG 使用。当 URG=1 时此字段有效。表示本 TCP 报文段中紧急数据的总长度。紧急数据是从数据字段的开始第一字节到紧急指针指明的最后一字节为止。

(16) 选项(Option)：长度可变。TCP 只定义了一个选项，即最大报文段长度 MSS(Maximum Segment Size)，单位是字节。MSS 表明本主机 TCP 接收缓存所能接收的 TCP 报文段的数据字段最大长度是 MSS 字节。MSS 取值太小则网络利用率会降低(因为 TCP 的首部开销过大)，而 MSS 取值太大则 IP 封装时又必须过多地进行分片，处理开销又会加大。因此 MSS 应尽可能大些，只要 IP 封装时可以不分片就行。

2. TCP 连接管理

TCP 提供面向连接服务，要经历三个状态：建立连接、数据传输、释放连接，这也是保障其可靠性的措施之一。TCP 通过三次握手(Three－Way)建立连接，而通过四次握手释放连接。TCP 的连接管理包括建立连接和释放连接。

在 TCP 三次握手建立连接时，规定由客户端主动打开连接，而服务器端被动打开连接，图 4.14 给出了 TCP 连接的三次握手过程，假设 A 是客户端，B 是服务器端，B 被动地等待请求的到来。

(1)第一次握手：客户端 A 请求服务器端同步，发送 SYN=1，ACK=0，并选一个初始序号 X。

(2)第二次握手：服务器端 B 对此同步请求做确认，并请求客户端也进行同步，在确认数据中，发送 SYN=1，ACK=1，选一个初始序号 Y，确认序号为 X+1。

(3)第三次握手：客户端 A 对来自服务器端 B 的同步请求做确认，发送 ACK=1，数据序号为 X+1，确认序号为 Y+1。TCP 连接建立。可以开始转入数据传输阶段。

在数据传输结束后，通信的双方都可以发出释放连接的请求。图 4.15 为 TCP 连接释放的过程。

(1)主机 A 的 TCP 软件通知对方要释放从 A 到 B 这个方向的连接，发往主机 B 的 TCP 报文段首部中，FIN=1，序号为 X，X 为前面已传送过的数据的最后一字节的序号加 1。

(2)主机 B 的 TCP 收到释放连接通知后立即发出确认，ACK=1，序号为 Y，确认序号为 X+1，同时通知高层应用进程。这样，主机 A 到主机 B 方向的连接就释放了，主机 B 不再接收主机 A 发来的数据。但主机 B 发往主机 A 的数据可以继续传送。

(3)若主机 B 没有数据发送，则主机 B 发出的释放连接报文段首部中，FIN=1，ACK=1，序号为 Y(前面发送的确认报文段不消耗序号)，确认序号为 X+1。

(4)主机 A 对上述释放连接通知进行确认，发送 ACK=1，序号为 X+1，确认序号为 Y+1。这样主机 B 到主机 A 的连接也释放掉，此时整个连接才全部释放。

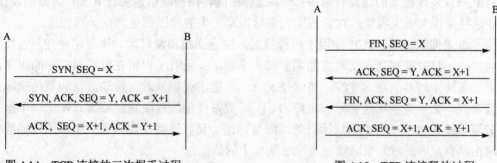

图 4.14　TCP 连接的三次握手过程　　　　　图 4.15　TCP 连接释放过程

3. TCP 流量控制

TCP 采用尺寸可变的滑动窗口进行流量控制。在 TCP 报文段首部的窗口字段写入的数值就是给对方设置的发送窗口数值的最大值，单位是字节。

通信双方一般在建立连接时商定发送窗口的数值。但在通信过程中，接收端可以根据自己的资源情况动态调整对方发送窗口的数值。接收端在所发送的 TCP 报文中，一方面要对收到对方的数据进行确认，一方面还要根据本地的资源情况，利用报文中的窗口字段说明还

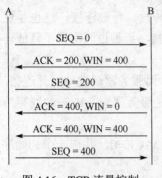

图 4.16　TCP 流量控制

准备接收的字节数。发送方根据收到的窗口字段数值，调整自己的发送窗口。这种由接收端控制发送方的流量就是端对端的流量控制。

图4.16所示为 TCP 流量控制原理。假设主机 A 向主机 B 发送数据，在建立连接时协商的窗口尺寸为 400 字节，每个报文段为 200 字节，序号的初始值为 0。

主机 A 向主机 B 发送 200 字节数据，得到主机 B 的确认之后，又发送了 200 字节数据。当主机 A 收到主机 B 的确认中窗口字段数值为 0 时，主机 A 必须停止发送数据，这种暂停状态持续到主机 B 重新发出一个新的窗口值为止。

发送方根据对方报文中窗口字段的数值调整自己的发送窗口，从而调节向网络注入分组的速率，使得接收端来得及接收，达到流量控制的目的。

4．TCP 拥塞控制

拥塞是由于路由器超载而引起的严重延迟现象，是通信子网能力不足的表现。一旦发生拥塞，路由器便丢弃数据包，并导致发送方重传被丢弃的报文，而大量的重传报文又会进一步加剧拥塞，这种恶性循环有可能导致整个因特网无法工作。所以，TCP 必须提供适当机制以进行拥塞控制。

产生拥塞的原因一般有两个：一个是接收方能力问题，一个是网络内部容量问题。通过滑动窗口实现的端到端流量控制只能解决接收方的能力问题，而由网络内部容量引起的拥塞问题是由拥塞窗口来解决的。具体地说，TCP 通过控制发送窗口的大小来对拥塞进行响应。而决定发送窗口大小的因素有两个：第一个因素是接收方所通告的窗口大小；第二个因素是发送方的拥塞窗口限制，又叫拥塞窗口。发送窗口的大小是取二者之中的较小者。在不发生拥塞时，拥塞窗口设为与接收方通知的窗口一致。

TCP 协议发现拥塞的途径有两条：一条途径是因特网控制信息协议 ICMP 的源抑制报文，另一条途径是报文丢失现象。TCP 假定大多数报文丢失的原因都是通信子网拥塞。

为了迅速抑制拥塞，TCP 使用了两种技术：快速递减和慢启动。快速递减拥塞窗口的策略指的是：一旦发现拥塞，立即将拥塞窗口大小减半；而对于保留在发送窗口中的报文，按指数增加重传定时器的定时宽度。也就是说，当可能出现拥塞时，传输流量和重传速率都按指数级递减，如果继续出现拥塞，最终 TCP 将数据传输流量限制到每次只发送一个报文，即变成简单停等协议。快速递减策略的意图是迅速、显著地减少注入通信子网的传输流量，以便路由器有足够的时间来清除在其发送队列中的数据包。

拥塞结束之后，TCP 协议采取一种慢启动技术来恢复数据传输，这种技术可以避免系统在流量为零和拥塞之间剧烈振荡。慢启动指的是在新建连接或拥塞之后的流量增加，都仅以 1 个报文作为拥塞窗口的初始值，之后每收到一个确认，将拥塞窗口大小加大 1 倍，即线性增加拥塞窗口值，直到产生新的拥塞。这时就取其一半作为拥塞窗口值。慢启动技术使得因特网不会在拥塞之后或新的连接建立时被突然增加的数据流量淹没。

总之，发送窗口以接收方通知的窗口值为最大值，在此范围内根据拥塞情况不断调整拥塞窗口值。

4.3.2　用户数据报协议 UDP

UDP 是一种无连接的传输层协议，提供面向事务的简单不可靠信息传送服务。它具有如下特点：

(1)UDP 协议传输数据之前源端和终端不建立连接，因此也就不需要维护连接状态，包括收发状态等，减少了开销和发送数据之前的延时。

(2)UDP 数据报的首部很短，只有 8 字节，相对于 TCP 的 20 字节信息包的额外开销很小。

(3)吞吐量不受拥塞控制算法的调节，只受应用软件生成数据的速率、传输带宽、源端和终端主机性能的限制。

(4)UDP 使用尽最大努力交付，即不保证可靠交付，因此主机不需要维持复杂的链接状态表。

(5)UDP 是面向报文的。发送方的 UDP 对应用程序交下来的报文，在添加首部后就向下交付给 IP 层。既不拆分，也不合并，而是保留这些报文的边界，因此应用程序需要选择合适的报文大小。

虽然 UDP 是一种不可靠的网络协议，但 UDP 具有 TCP 所望尘莫及的速度优势。UDP 由于排除了信息可靠传递机制，将安全和排序等功能移交给上层应用来完成，极大降低了执行时间，使速度得到了保证。包括视频电话会议系统在内的许多应用都证明了 UDP 协议的存在价值。因为相对于可靠性来说，这些应用更加注重实时性能。所以为了获得更好的使用效果(如更高的画面帧刷新速率)，往往可以牺牲一定的可靠性(如画面质量)。

UDP 数据报首部具有 4 个字段，每个字段占用 2 字节，如图4.17 所示。

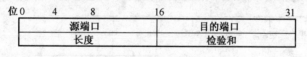

图 4.17　UDP 首部

源端口和目的端口都包含 16 位的端口号，端口号标识某个应用进程。长度为 UDP 用户数据报的长度，包括首部和数据，单位为字节。检验和用于防止 UDP 用户数据报在传输中出错。

4.4　域名系统 DNS

4.4.1　域名结构

1. 域名作用

为了识别 Internet 的每台计算机，需要建立一种普遍接受的标识方法。这就如同通过邮局寄信，信封上必须有收件人的地址，包括国家、城市、街道、门牌号，有时可能还包括邮政编码。Internet 使用了两种方法来标识网上的计算机，分别是 Internet 地址和域名。Internet 地址又称为 IP 地址，共 32 位。网络本身只能够识别二进制的 IP 地址，但用户不愿意使用很难记忆的 32 位的二进制主机地址,用户更愿意使用易于记忆的主机名字,即域名。所以,在 Internet 上需要采用某种方法完成两种标识的映射过程。

在 ARPANET 网,只有几百台计算机,利用一个 host 文件列出所有主机名字及其对应的 IP 地址,用户只要输入一个主机名字,很快就能得到该主机所对应的 IP 地址。但随着网络规模的扩大,这种方法就不适用了。一方面记录主机名字和 IP 地址的文件会变得过大,负责解析工作的计算机负荷过重;另一方面,主机的命名工作难于管理,会经常发生冲突。为了解决这些问题,因特网采用层次结构的命名树作为主机的名字,使用分布式的域名系统(Domain Name System, DNS)。

2. 域名结构

因特网的域名由若干分量组成,分量之间用点隔开,例如:

www.cust.edu.cn

各分量分别代表不同级别的域名,级别最低的域名写在最左边,级别最高的顶级域名写在最右边。每级的域名都由英文字母和数字组成,不超过 63 个字符,字母不区分大小写,整个域名不超过 255 个字符。各级域名由上一级的域名管理机构管理,最高的顶级域名由因特网的有关机构管理,这种方法使每个名字都是唯一的。

因特网常用的顶级域可以分为地理性域名和机构性域名,掌握它们的命名规律,可以方便地判断一个域名的含义及该用户所属网络的层次。

地理性域名,如.cn 表示中国, .uk 表示英国, .us 表示美国等。

机构性域名,如.com 表示公司企业, .edu 表示教育机构, .gov 表示政府部门, .net 表示网络服务机构, .mil 表示军事组织, .org 表示上述以外的组织等。

图4.18是因特网名字空间的结构,它是一个倒过来的树状结构,最上面的是顶级域节点,每个顶级域节点下面是若干二级域节点,最下面的叶子是单台计算机。

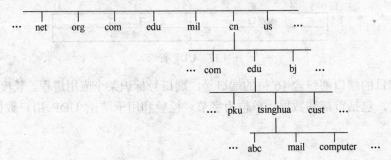

图 4.18　因特网名字空间的结构

图4.18 中,清华大学有一台计算机名为 abc,它的域名为 abc.tsinghua.edu.cn。这样的树状、分层的名字空间中,每个域名都是唯一的。

4.4.2　域名解析过程

人们习惯记忆域名,但机器间互相只认 IP 地址,域名解析就是将域名转换为 IP 地址的过程。域名解析需要由专门的域名解析服务器(DNS)来完成,整个过程是自动进行的。

实际上,整个域名系统是一个大的分布式的数据库。每个域名服务器不但能够进行一些域名到 IP 地址的解析,而且还必须具有连向其他域名服务器的信息,如果自己不能完成某域名到 IP 地址的转换，就要知道到何处去找别的域名服务器。当应用程序需要将域名转换为 IP 地址时，它就成为域名系统的一个客户，将待转换的域名放在一个 DNS 请求报文中，把这个请求发给 DNS 服务器，服务器从请求中取出域名，将它转换为相应的 IP 地址，然后将其放在应答报文中返回给应用程序。

因特网上的域名服务器系统按照域名的层次安排它的层次，每个服务器只对域名体系中的一部分进行管辖。根域名服务器管理顶层域名，它不包含所有顶级域下面可能的域名，但它包含如何到达其他服务器的信息。也就是说，当根域名服务器没有被查询主机的信息时，它知道如何找到可以查询相应信息的另外的域名服务器。本地域名服务器也称默认域名服务器，当一个主机发出 DNS 查询请求时，这个查询报文首先被送往该主机的本地域名服务器。

DNS 域名解析的过程一般为：客户机提出域名解析请求，并将该请求发送给本地的域名服务器；本地的域名服务器收到请求后，看请求中的域名是否属于自己的管辖范围，如果属于，则本地的域名服务器就在本地数据库中查找该域名，把查询的结果返回，如果该域名不属于自己的管辖范围，则本地域名服务器就直接把请求发给根域名服务器，然后根域名服务器再返回给本地域名服务器一个所查询域(根的子域)的主域名服务器的地址；本地服务器再向上一步返回的域名服务器发送请求，接受请求的服务器再查询待转换域名是否属于自己的管辖范围，该域名属于自己管辖范围，则返回查询结果，否则返回相关的下级的域名服务器的地址；依此类推，直到找到正确的结果。本地域名服务器把返回的结果保存到缓存，以备下一次使用，同时还将结果返回给客户机。

在 DNS 解析中使用高速缓存可以优化查询的开销。域名服务器中维护一个高速缓存，存放最近用过的域名，以及从何处获得域名映射信息的记录。主机中维护存放自己最近使用的域名的高速缓存。由于域名到 IP 地址的映射关系并不经常改变，所以高速缓存在域名系统中的使用可以大大优化查询工作。为了保持高速缓存中内容的正确性，可以为高速缓存中的内容设置生命期，超过该时间即被删掉，从而在下一次域名解析请求中获取新的映射信息。

4.5　网络管理协议

随着网络技术与应用的不断发展，计算机网络已经变得越来越普遍。特别是 20 世纪 90 年代以来，随着 Internet 在世界范围的普及，计算机网络逐渐成为人们获取信息、发布信息的重要途径。与此同时，基于计算机网络的应用也越来越多，大到国家经济命脉，小到个人日常生活中的重要环节都可以利用网络方便、快捷地实现。因此网络运行的稳定性、可靠性就显得至关重要，于是网络管理就应运而生。目前，计算机网络从小型、互不相连的网络演变为大型、相互连接、复杂的计算机网络，规模越来越大，使用的设备越来越复杂，所以对计算机网络进行管理也成为非常重要的工作。

在实际网络管理过程中，网络管理应具有的功能非常广泛，包括了很多方面。国际标准化组织 ISO 在网络管理的标准化上做了很多工作，提出了网络管理的五个功能域：

(1) 故障管理(Fault Management)。对网络中的故障进行检测、定位和排除。

(2) 配置管理(Configuration Management)。管理所有的网络设备，包括各设备参数的配置与设备账目的管理。

(3) 计费管理(Accounting Management)。记录用户使用网络资源的数量，调整用户使用网络资源的配额和记账收费。

(4)性能管理(Performance Management)。以网络性能为准则，保证在使用最少网络资源和具有最小时延的前提下，网络能提供可靠、连续的通信能力。

(5)安全管理(Security Management)。限制非法用户窃取或修改网络中的重要数据等。

在网络管理中，一般都采用管理者—代理者的管理模型。管理者可以是工作站或管理程序等。大型网络往往实行多级管理，有多个管理者，一个管理者一般只管理本地网络的设备。在网络中有很多被管理设备，如主机、路由器、打印机等。代理者位于被管理设备内部，将管理者的管理命令转换为本设备的专用指令，执行管理操作，返回设备信息。

网络管理协议简称网管协议，并不是网管协议本身来管理网络。网管协议是管理者和代理者之间进行通信的规则，网络管理者利用网管协议对网络中的被管理设备进行管理。

4.5.1　因特网控制报文协议 ICMP

在 TCP/IP 发展的前期，由于规模和范围有限，网络管理的问题并未得到重视。直到 20世纪 70 年代，仍然没有正式的网络管理协议，当时常用的一个管理工具就是现在仍在广泛使用的因特网控制报文协议 ICMP(Internet Control Message Protocol)。

ICMP 是 TCP/IP 协议族的一个子协议，用于在主机、路由器之间传递控制消息，允许主机或路由器报告差错情况和提供有关异常情况的报告。这些控制消息虽然并不传输用户数据，但对于用户数据的传递起着重要的作用。ICMP 是 IP 层的协议，ICMP 报文作为 IP 层数据报的数据，加上数据报的首部，组成数据报发送出去。

ICMP 报文的种类有两种：ICMP 差错报告报文和 ICMP 询问报文。

1. ICMP 差错报告报文

共有 5 种，如下：

(1)源站抑制。当路由器或主机的缓冲区已满，需要丢弃后来的数据报，路由器或主机就向源站发送源站抑制报文，使源站知道应该降低数据报的发送速率。

(2)超时。当路由器收到"生存时间"字段为零的数据报时，就丢弃该数据报，还要向源站发送超时报文。当目的站在预先规定时间内不能收到一个数据报的所有分片时，就将已收到的该数据报的分片丢弃，并向源站发送超时报文。

(3)目的站不可达。当路由器检查到数据报无法到达目的站时，就向源站发送目的站不可达报文。目的站不可达分为网络不可达、主机不可达、协议不可达、端口不可达、需要分片但 DF 位已经置为 1、源路由失败六种情况。

(4)重定向。又称改变路由报文，路由器将重定向报文发送给主机，让主机知道下次应将数据报发送给另外的路由器。

(5)参数问题。当路由器或目的主机收到的数据报的首部中有的字段的值不正确时，就丢弃该数据报，并向源站发送参数问题报文。

2. ICMP 询问报文

共有 4 种，如下：

(1)回送请求和应答。ICMP 回送请求报文时由主机或路由器向特定目的主机发出询问，收到此报文的机器必须给源主机发送 ICMP 回送应答报文。这种询问报文用来测试目的站是否可达，或者了解相关状态信息。在应用层有一个很常用的服务叫 PING(Packet Internet Groper)，用来测试两个主机之间的连通性，就是使用了 ICMP 回送请求和回送应答报文。

(2) 时间戳请求和应答。ICMP 时间戳请求报文是请某个主机或路由器回答当前的日期和时间。在 ICMP 时间戳应答报文中有一个 32 位的字段，写入的整数是从 1900 年 1 月 1 日到当前时刻一共有多少秒。时间戳请求和应答报文用来进行时钟同步和测量时间。

(3) 掩码地址请求和应答。主机启动时，会广播一个地址掩码请求报文。路由器收到地址掩码请求报文后，回送一个包含本网使用的 32 位地址掩码的应答报文。

(4) 路由器询问和通告。主机将路由器询问报文进行广播，收到该报文的路由器就使用路由器通告报文广播其路由选择信息。路由器询问和通告报文用来了解连接在本网络上的路由器是否正常工作。

ICMP 提供了从路由器或主机到其他主机的信息传送控制，来提供关于出现问题的反馈信息。ICMP 可用于所有支持 IP 的设备上。从网络管理的角度来看，ICMP 最有用的特征是回送请求 (Echo) 和应答 (Echo-reply) 消息对，这些消息对提供了在两方进行通信测试的可能，收到回送请求消息的一方按照协议用该消息的内容形成一个回送应答消息返回。ICMP 中另一个很有用的消息是时间戳 (Timestamp) 请求与应答 (Timestamp-reply) 消息对，它提供监测网络延时特性的机制。

通过增加各种 IP 头选项 (如源路由、记录路由等)，这些 ICMP 消息发展成简单、有效的网络管理工具，最常用的是 PING。它已成为最常用的网络管理命令，用于检测一个物理网络是否连通。

用一些类似于 PING 的工具，基本解决了一段时间内的网络管理需求。直到 20 世纪 80 年代后期，Internet 的迅猛增长使人们把注意力集中到发展一些更强有力的网络管理功能上。Internet 的主机数量在 20 世纪 80 年代末的爆增，使网络复杂性的增长程度更突然，由于网络中主机的数量很大，Internet 下划分出的子网很多，使网络管理问题已不可能只依靠少数几个专家来解决。所需要的是一个协议标准，它要比 PING 等简单工具有更强大的功能。

4.5.2　简单网络管理协议 SNMP

简单网络管理协议 SNMP (Simple Network Management Protocol) 是 TCP/IP 协议簇的一个应用层协议。由于它满足了人们长久以来对通用网络管理标准的需求，且本身原理简单、实现容易，所以众多网络产品厂家都很支持，成为实际上的工业标准，基于 SNMP 的网络管理产品在市场上占有统治地位。

1. SNMP 管理模型

图 4.19 为 SNMP 管理模型，网络管理系统的核心是管理站，所有向被管设备发送的命令都是从管理站发出的。管理站中的关键构件是管理程序。在网络中有很多被管设备，被管设备可以是主机、路由器、打印机、网桥、集线器等。在每个被管设备中可能有许多被管对象，被管对象可以是被管设备中的某个硬件，也可以是某些硬件或软件的配置参数的集合。在每个被管设备中都要运行一个程序以便和管理站中的管理程序进行通信，这些运行着的程序叫做网络管理代理 (Agent) 程序。代理程序在管理程序的命令和控制下在被管设备上采取本地的行动。网络管理协议就是管理程序和代理程序之间进行通信的规则。

被管对象必须维持可供管理程序读写的若干控制和状态信息。这些信息总称为管理信息库 MIB (Management Information Base)，管理程序就是使用 MIB 中这些信息的值对网络进行管理。

SNMP 标准由三部分组成，即管理信息库 MIB、管理信息结构 SMI 和 SNMP。

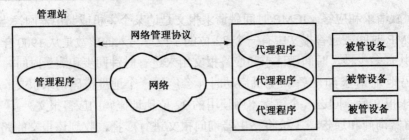

图 4.19　SNMP 管理模型

2. 管理信息库 MIB

管理信息库 MIB 是一个网络中所有可能的被管对象的集合的数据结构。只有在 MIB 中的对象才是 SNMP 所能够管理的。MIB 是一个层次化、结构化的数据信息库，它存放了被管设备上所有被管理对象与被管对象的值。

MIB 是一树型结构，每个数据项就是树型结构的叶子，对象标识符(Object Identifier)唯一地标识树型结构中的一个 MIB 对象。对象标识符结构是采用层次的方法构成的，每层的对象由不同的机构来设定，这种分层结构使得不同网络设备的众多不同被管对象与树中不同的节点一一对应。图4.20为 MIB 中的对象命名树举例。

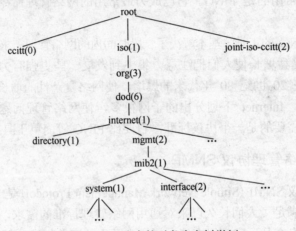

图 4.20　MIB 中的对象命名树举例

图4.20 给出的只是管理信息库的一部分。当描述一个对象标识符时，最简单的格式是列出从根开始到所讨论的对象遍历该树所找到的整数值。

从根一级开始，有三个子节点：ccitt，标号为 0，由国际电报电话协会 CCITT 管理；iso，标号为 1，由国际标准化组织 ISO 管理；joint-iso-ccitt，标号为 2，由 ISO 和 CCITT 共同管理。

低级的对象分别由相关组织分配。在 ISO 下面，有一个子节点 org，是被标志的组织，标号为 3。在其下面有一个美国国防部 dod 的子树，标号为 6，再下面就是 internet，标号为 1，依此类推。

通过对象命名树的帮助，可以用简单的数字格式表示每个管理信息库 MIB 中的被管对象的标识，如 1.3.6.1.2.1…，或者可以用文本格式表示 MIB 标识：iso.org.dod.internet. mgmt.mib…。

3. 管理信息结构 SMI

管理信息结构 SMI 是 SNMP 的另一个重要组成部分，它和管理信息库 MIB 两个协议是关于管理信息的标准，规定了被管理的网络对象的定义格式，MIB 中都包含哪些对象，以及怎样访问这些对象。SMI 标准指明了所有的 MIB 变量必须使用抽象语法记法 1(ASN.1)来定义。

每个 MIB 变量都有一个名称来标识。在 SMI 中，这个名称以对象标识符来表示。对象标识符相互关联，共同构成一个分层结构，一个对象标识符是由从根出发到对象所在节点的途中所经过的一个数字标号序列组成。

4. SNMP 报文

SNMP 主要涉及通信报文的操作处理，协议规定了五种 SNMP 报文用来在管理进程(manager)和代理进程(agent)之间进行交换，定义它们之间交换报文的格式和含义，以及每种报文该怎样处理。

(1) Get-Request。被 manager 用来从 agent 取回某些变量的值。

(2) Get-Next-Request。被 manager 用来从 agent 取回某变量的下一个变量的值。

(3) Set-Request。被 manager 用来设置(或改变)agent 上某变量的取值。

(4) Get-Response。是 agent 向 manager 发送的应答。

(5) Trap。被 agent 用来向 manager 报告某一异常事件的发生。

SNMP 的这些功能通过探询操作来实现，即 SNMP 管理进程定时向被管设备周期性地发送探询消息，通过这种方法实时监视网络资源，同时采用陷阱机制(即允许不经过询问就能发送某些信息)报告特殊事件，使得 SNMP 成为一种有效的网络管理协议。

5. SNMPv2 和 SNMPv3

1990 年，互联网工程任务组 IETF 制定出的网管标准 SNMP 成为因特网的正式标准。SNMP 的优点是它的简单性，因此得到广泛推广；但 SNMP 标准的简单又是其缺陷所在，因为为了使协议简单易行，SNMP 简化了不少功能，例如：

(1) 没有提供成批存取机制，对大块数据进行存取效率很低；

(2) 没有提供足够的安全机制，安全性很差；

(3) 只在 TCP/IP 协议上运行，不支持别的网络协议；

(4) 没有提供 manager 与 manager 之间通信的机制，只适合集中式管理，而不利于进行分布式管理；

(5) 只适于监测网络设备，不适于监测网络本身。

针对这些问题，对它的改进工作一直在进行。在 1993 年年初，SNMPv2 被推出，原来的 SNMP 又称为 SNMPv1。SNMPv2 包容了以前对 SNMP 所做的各项改进工作，并在保持了 SNMP 清晰性和易于实现的特点以外，功能更强，安全性更好，具体表现为：

(1) 提供了验证机制、加密机制、时间同步机制等，安全性大大提高，

(2) 提供了一次取回大量数据的能力，效率大大提高；

(3) 增加了 manager 和 manager 之间的信息交换机制，从而支持分布式管理结构；

(4) 可在多种网络协议上运行，如 OSI、Appletalk 和 IPX 等，适用多协议网络环境(但它的缺省网络协议仍是 UDP)。

SNMPv2 对 SNMPv1 的一个大的改进，就是增强了安全机制。对管理系统安全的威胁主要有下面几种：

(1) 信息篡改(Modification)。SNMPv2 标准中，允许管理站(manager)修改 agent 上的一

些被管理对象的值。破坏者可能会将传输中的报文加以改变，改成非法值，进行破坏。因此，协议应该能够验证收到的报文是否在传输过程中被修改过。

(2) 冒充(Masquerade)。SNMPv2 标准中虽然有访问控制能力，但这主要是从报文的发送者来判断的。那些没有访问权的用户可能会冒充别的合法用户进行破坏活动。因此，协议应该能够验证报文发送者的真实性，判断是否有人冒充。

(3) 报文流的改变(Message Stream Modification)。由于 SNMPv2 标准是基于无连接传输服务的，报文的延迟、重发及报文流顺序的改变都是可能发生的。某些破坏者可能会故意将报文延迟、重发，或改变报文流的顺序，以达到破坏的目的。因此，协议应该能够防止报文的传输时间过长，以免给破坏者留下机会。

(4) 报文内容的窃取(Disclosure)。破坏者可能会截获传输中的报文，窃取它的内容。特别在创建新的 SNMPv2 Party 时，必须保证它的内容不被窃取，因为以后关于这个 Party 的所有操作都依赖于它。因此，协议应该能够对报文的内容进行加密，保证它不被窃听者获取。

针对上述安全性问题，SNMPv2 中增加了验证(Authentication)机制、加密(Privacy)机制，以及时间同步机制来保证通信的安全。

在 1998 年 1 月 IETF 发表了 SNMPv3 的有关文档，SNMPv3 的体系结构体现了模块化的设计思想，主要有三个模块：信息处理和控制模块、本地处理模块和用户安全模块。SNMPv3 可以简单地实现功能的增加和修改。其特点：

(1) 适应性强：适用于多种操作环境，既可以管理最简单的网络，实现基本的管理功能，又能够提供强大的网络管理功能，满足复杂网络的管理需求。

(2) 扩充性好：可以根据需要增加模块。

(3) 安全性好：具有多种安全处理模块。

习 题 4

1. 试举例说明为什么在建立 TCP 传输连接时要使用三次握手法，如果不这样做可能会出现什么情况？

2. 简述 OSI 开放系统互连模型第 1 层～第 4 层进行网络互连采用的中继设备及其作用。

3. 若一个主机的 IP 地址为 211.71.69.24，它属于哪类 IP 地址？默认的子网掩码是多少？

4. 说明以下 IP 地址的类别及其网络号部分与主机号部分。

(1) 43.75.86.120　　　　(2) 128.54.189.21　　　　(3) 192.35.32.87

5. 一个 B 类地址的子网掩码是 255.255.248.0，将其用二进制形式表示，并回答其中每个子网上的主机数量最多是多少？

6. 在因特网的域名结构中，最右边是级别最高的顶级域名，目前常用的顶级域名有几类？并列举出每类中的几个顶级域名。

7. IP、UDP、TCP 协议中，哪些协议的包头长度是变长的(非固定长度)？

8. 比较传输层的两种协议 TCP 和 UDP。

9. 简单说明网络管理的五个功能。

10. 下面哪个是有效的 IP 地址？(　　)

A. 202.280.130.45　　　　B. 130.192.290.45

C. 192.202.130.45　　　　　D. 280.192.33.45

11. 如果 IP 地址为 202.130.191.33，子网掩码为 255.255.255.0，那么网络地址是(　　)。

A. 202.130.0.0　　　　　　B. 202.0.0.0

C. 202.130.191.33　　　　　D. 202.130.191.0

12. IP 数据报中，在没有选项和填充的情况下，"首部长度"字段的值为(　　)。

A. 4　　　　　B. 5　　　　　C. 6　　　　　D. 20

13. 下列哪个协议工作在 TCP/IP 的传输层？(　　)

A. TCP　　　　B. HTTP　　　　C. DNS　　　　D. ARP

第 5 章 局域网与广域网

本章导读：我们已经学习了物理层和数据链路层的功能与实现。所有物理网络技术的区别主要就在于物理层和数据链路层，所以现在可以结合前面所学的知识来学习局域网及广域网技术了。

教学内容：本章将主要学习局域网技术、广域网技术等基本知识，它们能帮助我们更好地学习计算机网络、交换技术、路由技术，为使用和管理计算机网络打下基础。

教学要求：掌握常见局域网的类型、特点及拓扑结构；掌握以太网的工作原理、特点及分类等；了解无线局域网的标准及结构；掌握广域网的基本概念、通信方式及协议；了解广域网的特点、服务类型及实现方式；了解常见的广域网设备；了解若干典型的广域网协议和技术，包括 PSTN、X.25、ISDN、DDN、ATM、帧中继等。

5.1 局域网

5.1.1 局域网概述

局域网(Local Area Network, LAN)是计算机通信网的重要组成部分，是当今计算机网络技术应用与发展非常活跃的一个领域。它是一种在一个局部地区范围内(如一个办公室、一幢楼房、一所学校、一家医院、一家大型公司)把各种计算机、数据库等相互连接起来组成的计算机通信网。

局域网可以通过数据通信网或专用数据电路与其他局域网、数据库或处理中心等相连接，构成一个大范围的信息处理系统。

20 世纪 80 年代以来，微型计算机的迅速普及和社会对信息资源共享的广泛需求，促进了局域网技术的迅速发展。

局域网近 40 年的发展，以太网已经在局域网市场中占据了绝对优势。现在，以太网几乎成为局域网的同义词，因此本章主要讨论以太网技术。

1. 局域网的产生和发展

为了共享软件、硬件资源和相互之间传送数据、文件，产生了近距离高速通信的要求，这就是局域网产生的背景。1969 年，第一个计算机网络 ARPRNET 远程分组交换网诞生。从 ARPRNET 诞生到 20 世纪 70 年代末，计算机网络得到很大的发展，与此同时，计算机硬件技术也得到飞速发展。

1972 年，Bell(贝尔)公司提出了两种环形局域网技术。1973 年，Xerox PARC(美国施乐)公司发明了以太网。1979 年，Bob Metcalfe 开始以太网标准化的研究工作。DEC 公司、Intel 公司、Xerox 公司共同协商制定了 10 Mb/s 以太网标准规范，即 Ethernet V1.0，并提交给世界标准化国际电气和电子工程师协会(Institute of Electrical and Electronics Engineers，IEEE)。为此，IEEE 工程师协会成立了一个 IEEE802 局域网标准化工作委员会，专门制定并颁布了 IEEE802.3 以太网标准，这个标准被称为以太网(10BASE-5)标准，从此局域网开始进入标准化进程。

随着计算机硬件技术飞速发展和网络的不断扩大，对网络传输速率的要求也越来越高，使得原来的网络不再适合发展。1993 年，美国国家标准化工作委员会 ANSI X3T9.5 委员会提出了光纤分布式数据接口（FDDI）标准，使局域网的传输速率提高到了100 Mb/s，这一阶段的网络技术是共享传输通道、共享带宽的共享式局域网技术。

虽然共享式局域网技术能够提供较高的带宽，但由于它们共享媒体和共享带宽的特性，使它在日益庞大的网络规模下无法满足需要。于是从 1993 年开始，在开发快速以太网的同时，开始研究交换式网络技术，并先后推出了交换式以太网、交换式令牌网和交换 FDDI 技术。交换式网络技术使局域网的发展进入一个崭新的阶段，给局域网带来了新的生命。在局域网技术变革的浪潮中，高速局域网技术不断涌现出来，相继推出了异步传输模式（ATM）、千兆位以太网和万兆位以太网技术。目前，局域网的最快速度已经达到10 Gb/s。随着全球信息化进程的迅速发展，局域网技术将以迅猛的速度发展，相信不久的将来，会有 1 Tb/s 的传输技术问世。

2．局域网的特点

区别于一般的广域网，局域网通常有如下特征：

(1) 网络所覆盖的地理范围比较小。通常不超过几十千米，甚至只在一个园区、一幢建筑或一个房间内。

(2) 数据的传输速率比较高，从最初的 1 Mb/s 到后来的 10 Mb/s、100 Mb/s，近年来已达到 1000 Mb/s、10 Gb/s。

(3) 具有较低的延迟和误码率，其误码率一般为 $10^{-8} \sim 10^{-10}$。

(4) 局域网络的经营权和管理权属于某个单位所有，与广域网通常由服务提供商提供形成鲜明对照。

(5) 协议简单、结构灵活、建网成本低、周期短，便于安装、维护和扩充。

(6) 一般仅包含 OSI 参考模型中的最低二层的功能，即仅涉及通信子网的内容。所以连到局域网的数据通信设备必须加上高层协议和网络软件，才能组成计算机网络。

尽管局域网地理覆盖范围小，但这并不意味着它们就是小型的或简单的网络。局域网可以扩展得相当大或非常复杂。局域网具有如下的一些主要优点：

(1) 能方便地共享昂贵的外部设备、主机及软件、数据。

(2) 便于系统的扩展和逐渐地演变，各设备的位置可灵活调整和改变。

(3) 提高了系统的可靠性、可用性。

局域网的应用范围极广，可应用于办公自动化、生产自动化、企事业单位的管理、银行业务处理、军事指挥控制、商业管理等方面。

3．局域网的拓扑结构及传输媒体

局域网按照拓扑结构可以分为四类：星型网、环型网、总线网和树型网。如图 5.1(a) 所示是星型网。由于集线器（HUB）的出现和双绞线大量用于局域网中，星型以太网及多级星型结构的以太网获得了非常广泛的应用。图 5.1(b) 所示的是环型网，最典型的就是令牌环型网（Token Ring），简称令牌环。图5.1(c) 所示的是总线型网，各站直接连接在总线上。总线两端的匹配电阻是为了吸收总线上传播的电磁波信号的能量，避免产生有害的电磁波发射。图5.1(d) 所示是树型网，它是总线型网的变型，都属于共享式局域网，但它主要用于频分复用的宽带局域网。

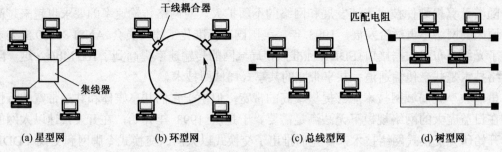

图 5.1　局域网拓扑结构

　　局域网可使用多种传输媒体。双绞线最便宜,原来只用于低速(1~2 Mb/s)基带局域网。现在,10 Mb/s 甚至 100 Mb/s 乃至 1 Gb/s 的局域网也可使用双绞线。双绞线已成为局域网中的主流传输媒体。50 Ω同轴电缆可用到 10 Mb/s,而 75 Ω同轴电缆可用到每秒几百兆位。光纤具有良好的抗电磁干扰的特性和很宽的频带,主要用于环型网中,其数据传输速率可达 100 Mb/s,甚至可达到 10 Gb/s。

4．局域网的访问控制方式

　　局域网,特别是共享式局域网,要着重考虑的一个问题就是如何使众多用户能够合理、方便地共享通信媒体资源,把"无序"的竞争变成"有序"的竞争。共享媒体技术大体上可以分为两大类。

　　(1)静态划分信道。所谓静态划分信道,也是传统的分配方法,它采用频分复用、时分复用、波分复用和码分复用等办法(第 2 章已介绍过)将单个信道划分后静态地分配给多个用户。用户只要得到了信道就不会和别的用户发生冲突。当用户节点数较多,或使用信道的节点数在不断变化,或者通信量的变化具有突发性时,静态分配多路复用方法的性能较差,因此,传统的静态分配方法不适合于局域网和某些广播信道的网络使用。如现在的频分复用、时分复用、波分复用和码分复用等这些方式划分信道不适合广播信道的网络使用。

　　(2)动态媒体接入控制。又称为多点接入(Multiple Access),其特点是信道并非在用户通信时固定分配给用户。动态介质接入控制又分为两类:

　　① 随机接入。随机接入的特点是所有的用户可随机地发送信息。但如果恰巧有两个或更多的用户在同一时刻发送信息,那么在共享介质上就发生了冲突,使得这些用户的发送都失败。因此,必须有解决冲突的网络协议。如以太网采用的带冲突检测的载波侦听多路访问(CSMA/CD)协议和在卫星通信中使用的 ALOHA 协议。

　　② 受控接入。受控接入的特点是用户不能随机地发送信息,而必须服从一定的控制。典型的代表有分散控制的令牌环局域网、光纤分布式数据接口(FDDI)和集中控制的多点线路探询(Polling)或称为轮询。

5.1.2　局域网的传输设备

　　局域网内涉及的传输设备包括:网络适配器(网卡)、集线器、交换机、路由器等网络硬件设备。

　　集线器和交换机将计算机连接在一起,并决定着网络能够提供的网络带宽。网卡决定着计算机与网络的连接速率。路由器决定着网络之间或网络与 Internet 之间的连接速率。局域网内的主要传输介质包括双绞线和光纤,用于网络设备之间,以及计算机与网络设备之间的连接。总之，传输介质就像是高速公路，道路状况决定着汽车的最高时速；而网络设备就好似奔驰的汽车，能跑多快全看其排量和性能了。

网卡（Network Interface Card，NIC），也称网络适配器，像显卡和声卡一样插在计算机主板的扩展槽中，是计算机与局域网相互连接的唯一接口。无论是普通计算机还是高端服务器，只要连接到网络，就都必须拥有至少一块网卡。当然，如果有必要，一台计算机也可以同时安装两块或多块网卡。网络有许多种不同的类型，如以太网、令牌环、FDDI、ATM、无线网络等，不同的网络必须采用与之相适应的网卡。然而，事实上绝大多数局域网都是以太网，因此我们所接触到的网卡也基本上都是以太网网卡。网卡质量在很大程度上影响着计算机的性能、连接速率和通信质量，甚至影响着网络的稳定性。原因很简单，网卡损坏将导致严重的广播风暴，从而造成网络瘫痪。所以，对网卡的选择应当非常慎重。

集线器 HUB，用于把多台计算机连接在一起组成网络，从而实现计算机之间的通信，是小型局域网络中应用最普遍的集线设备。事实上，无论是传输速率还是通信效率，集线器与交换机相比都相去甚远。由集线器构建的网络称为共享式网络。在共享式网络中，同一时刻只能有两个端口进行通信，所有的端口分享固有的带宽。同时，由于网络中存在着大量的广播信息，因此，共享式网络的传输效率非常低下，只应用于规模较少，且对传输速率要求不高的小型网络。

交换机（Switch），也称交换式集线器，是专门设计的、使计算机能够相互高速通信的独享带宽的网络设备。为了适应不同的工作环境和任务，交换机也被设计为拥有不同的性能和端口。由交换机构建的交换式网络不仅拥有高达千兆的传输速率，而且网络传输效率也大大提高，非常适合于大数据量且非常频繁的网络通信，被广泛应用于各种类型的多媒体和数据传输网络。

交换机和集线器在外形上非常相似，而且都遵循 IEEE802.3 及其扩展标准，介质存取方式也均为 CSMA/CD，但它们之间还是有着根本的区别。简单地说，由交换机构建的网络称为交换式网络，每个端口都能独享带宽，所有端口都能够同时进行通信，并能够在全双工模式下提供双倍的传输速率。由集线器构建的网络称为共享式网络，在同一时刻只能有两个端口进行通信，所有的端口分享固有的带宽。在任意两个端口间都有一条专用的通道，而且每条通道都为多车道设计，每个车道之间互不影响，只有每个方向车辆的速度对交通状况有所影响，从而实现两个端口间的无阻塞通信，这种网络环境称为"交换式网络"，交换式网络必须采用交换机来实现。交换式网络可以处于"全双工"（Full Duplex）状态，即可以同时接收和发送数据，数据流是双向的。另外，由于每一对端口通信都"独享"一条专用的通道，端口之间的通信不受其他端口的影响，完全独享传输带宽，不存在"碰撞"的问题，因为网络交通十分通畅，也就不存在"抖动"的问题。理论上讲，一台 10 Mb/s 交换机，不管直接连接多少台电脑，每台电脑都分配有 10 Mb/s 带宽。

局域网交换机是组成网络系统的核心设备。对用户而言，局域网交换机最主要的指标是端口的配置、数据交换能力、包交换速度等因素。由于交换机拥有较高的端口速率（通常为 100 Mb/s 或 1000 Mb/s），独享网络宽带，以全双工传输方式传输。因此，适用于构建网络中心和网络骨干，并可作为用户端接入设备，实现交换到桌面，用于多媒体数据的传输。对于作为中心集线设备和骨干集线设备的交换机而言，应当支持网络管理，支持 VLAN 划分，用于隔离广播域，提高传输效率，还应当支持端口聚集和生成树，用于构建冗余连接，提高网络设备之间的连接速率，并实现负载均衡。对于连接到桌面的交换机而言，是否可网络管理就变得不那么重要了，完全可以采用傻瓜交换机，用于节约设备购置费用。有关局域网中的集线器和交换机的内容还将在共享式局域网和交换式局域网部分做更为详细的介绍。

5.2　局域网组网技术

5.2.1　以太网概述

局域网发展到今天，已经十分普及了，在各种局域网中，以太网的应用最为广泛。以太网最早是美国 Xerox(施乐)公司创建的。1980 年，DEC、Intel 和 Xerox 三家公司联合提出了以太网规范。

几乎所有的以太网都遵从载波侦听多路访问/冲突检测(CSMA/CD)的通信规则。所有的以太网，不论其速度或帧类型是什么，都使用 CSMA/CD。通常将以太网分为共享式以太网和交换式以太网。其中，共享式以太网是建立在网络介质共享的基础上的，使用集线器作为中心控制设备，在同一时刻只能由两个节点互相通信。而交换式以太网则是使用交换机作为中心控制设备，在同一时刻可以有多个节点互相通信。

5.2.2　共享式以太网

1. 共享式以太网组网规则

共享式以太网(使用集线器或共用一条总线的以太网)采用载波检测多路侦听(Carries Sense Multiple Access with Collision Detection，CSMA/CD)机制来进行传输控制。共享式以太网的典型代表是使用 10BASE-2、10BASE-5 的总线型网络和以集线器为核心的 10BASE-T 星型网络。在使用集线器的以太网中，集线器将很多以太网设备(如计算机)集中到一台中心设备上，这些设备都连接到集线器中的同一物理总线结构中。从本质上讲，以集线器为核心的以太网同原先的总线型以太网无根本区别。下面分别介绍 10BASE-2、10BASE-5 和 10BASE-T 组网规则。

（1）10BASE-5

10BASE-5 也称为粗缆以太网，其中，"10"表示信号的传输速率为 10 Mb/s，"BASE"表示信道上传输的是基带信号，"5"表示每段电缆的最大长度为 500 m。10BASE-5 采用曼彻斯特编码方式。采用直径为 1.27 cm、阻抗为 50 Ω粗同轴电缆作为传输介质。10BASE-5的组网主要由网卡、中继器、收发器、收发器电缆、粗缆、端接器等部件组成。在粗缆以太网中，所有的工作站必须先通过屏蔽双绞线电缆与收发器相连，再通过收发器与干线电缆相连，如图 5.2 所示。粗缆两端必须连接 50 Ω的终端匹配电阻，粗缆以太网的一个网段中最多容纳 100 个节点，节点到收发器最大距离 50 m，收发器之间最小间距 2.5 m。10BASE-5 在使用中继器进行扩展时也必须遵循"5-4-3-2-1"规则。因此，10BASE-5 网络的最大长度可达 2500 m，最大主机规模为 300 台。

（2）10BASE-2

10BASE-2 也称为细缆以太网，也称为廉价网。它采用的传输介质是基带细同轴电缆，特征阻抗为 50 Ω，数据传输速率为 10 Mb/s。网卡上提供 BNC 接头，细同轴电缆通过 BNC-T 型连接器与网卡 BNC 接头直接连接。为防止同轴电缆端头信号反射，在同轴电缆的两个端头需要连接两个阻抗为 50 Ω的终端匹配器。10 BASE-2 以太网结构如图 5.3 所示。

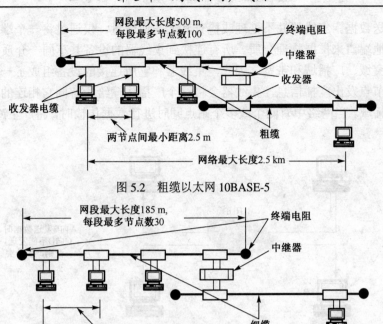

图 5.2 粗缆以太网 10BASE-5

图 5.3 细缆以太网 10BASE-2

每个网段的最远距离为 185 m，每个干线段中最多能安装 30 个节点。节点之间的最小距离为 0.5 m。当用中继器进行网络扩展时，由于也同样要遵循"5-4-3-2-1"规则，所以扩展后的细缆以太网的最大网络长度为 925 m。

（3）10BASE-T

10BASE-T 是以太网中最常用的一种标准，使用双绞线电缆作为传输介质。编码也采用曼彻斯特编码方式。但其在网络拓扑结构上采用了以 10 Mb/s 集线器或 10 Mb/s 交换机为中心的星型拓扑结构。10BASE-T 的组网由网卡、集线器、交换机、双绞线等部件组成。图 5.4 给出了一个以集线器为中央节点的星型拓扑的 10BASE-T 网络示意图，所有的节点都通过传输介质连接到集线器 HUB 上，节点与 HUB 之间的双绞线最大距离为 100 m，网络扩展可以采用多个 HUB 来实现，在使用时也要遵守集线器的"5-4-3-2-1"规则。HUB 之间的连接可以用双绞线、同轴电缆或粗缆线。

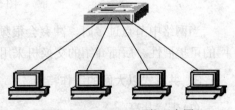

图 5.4 10BASE-T 网络示意图

10BASE-T 以太网与 10BASE-5 和 10BASE-2 相比，10BASE-T 以太网有如下特点：安装简单、扩展方便；网络的建立灵活、方便，可以根据网络的大小，选择不同规格的 HUB 或交换机连接在一起，形成所需要的网络拓扑结构；网络的可扩展性强，因为扩充与减少节点不会影响或中断整个网络的工作；集线器具有很好的故障隔离作用，当某个节点与中央节点之间的连接出现故障时，不会影响其他节点的正常运行；甚至当网络中某个集线器出现故障时，也只会影响到与该集线器直接相连的节点。下面进一步介绍集线器的工作原理及共享式以太网的特点。

2. 集线器的工作原理

集线器 HUB，是一个物理层设备。集线器是一种共享的网络设备，即每个时刻只能有一个端口在发送数据。集线器并不处理或检查其上的通信量，仅通过将一个端口接收的信号重复分发给其他端口来扩展物理介质。所有连接到集线器的设备共享同一介质，其结果是它们共享同一冲突域、广播域和带宽。因此，集线器和它所连接的设备组成了一个单一的冲突域。如果一个节点发出广播信息，集线器会将这个广播传输给所有同它相连的节点，因此它也是单一的广播域。当网络中有两个或多个站点同时进行数据传输时，将产生冲突，如图5.5、图5.6所示。

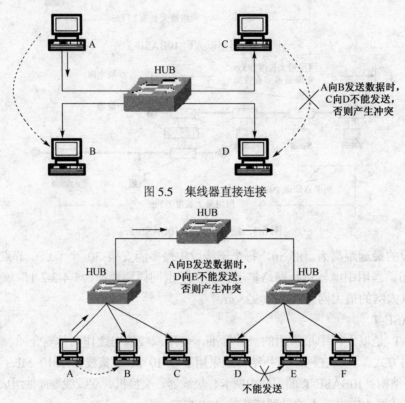

图 5.5　集线器直接连接

图 5.6　多级集线器链接

当网络中节点过多时，冲突会很频繁，此时利用 HUB 连网并不适合，这也限制了以太网的可扩展性。后面介绍的交换机采用将冲突区域分割的方法解决了这个问题。

3. 共享式以太网的工作特点

（1）带宽共享

在局域网中，数据都是以"帧"的形式传输的。共享式以太网基于广播的方式来发送数据，因为集线器不能识别帧，所以它不知道一个端口收到的帧应该转发到哪个端口，它只好把帧发送到除源端口以外的所有端口，这样网络上所有的主机都可以收到这些帧，如图5.5、图5.6所示。这就造成了只要网络上有一台主机在发送帧，网络上其他所有的主机都只能处于接收状态，无法发送数据。也就是说，在任何一时刻，所有的带宽只分配给正在传送数据的那台主机。举例来说，虽然一台 100 Mb/s 的集线器连接了 20 台主机，表面上看起来这 20 台主机平均分配 5 Mb/s 带宽。但实际上，在任何一时刻只能有一台主机在发送数据，所有带宽都分配给它了，其他主机只能处于等待状态。之所以说每台主机平均分配有 5 Mb/s 带宽，是指较长一段时间内的各主机获得的平均带宽，而不是任何一时刻主机都有 5 Mb/s 带宽。

（2）带宽竞争

在共享式以太网中，带宽是如何分配的呢？共享式以太网是一种基于"竞争"的网络技术，也就是说网络中的主机将"尽其所能"地"占用"网络发送数据。因为同时只能有一台主机发送数据，所以相互之间就产生了"竞争"。

（3）冲突检测/避免机制

在基于竞争的以太网中，只要网络空闲，任何一主机均可发送数据。当两个主机发现网络空闲而同时发出数据时，即如果同一时间内网络上有两台主机同时发送数据，那么就会产生"碰撞"（Collision），也称"冲突"，如图 5.7 所示。这时两个传送操作都遭到破坏，此时 CSMA/CD 机制将让其中的一台主机发出一个"通道拥挤"信号，这个信号将使冲突时间延长至该局域网上所有主机均检测到此碰撞。然后，两台发生冲突的主机都将随机等待一段时间后再次尝试发送数据，避免再次发生数据碰撞的情况。

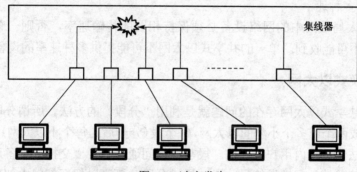

图 5.7　冲突发生

共享式以太网这种"带宽竞争"的机制使得冲突（或碰撞）几乎不可避免。而且网络中的主机越多，碰撞的几率越大。

虽然任何一台主机在任何一时刻都可以访问网络，但是在发送数据前，主机都要侦听网络是否空闲。假如共享式以太网上有一台主机想要传输数据，但是它检测到网上已经有数据了，那么它必须等一段时间，只有检测到网络空闲时，主机才能发送数据。

CSMA/CD 是采用争用技术的一种介质访问控制方法。CSMA/CD 通常用于总线型拓扑结构和星型拓扑结构的局域网中。IEEE 802.3 即以太网，是一种总线型局域网，使用的介质访问控制方法是 CSMA/CD。

它的每个节点都能独立决定发送帧，若两个或多个节点同时发送，即产生冲突。把在一个以太网中所有相互之间可能发生冲突的节点的集合称为一个冲突域。例如，对于用同轴电缆互连的以太网，其中所有节点就属于一个冲突域。当一个冲突域中的节点数目过多时，冲突就会很频繁。因此，在以太网中节点数目过多将严重影响网络性能。为避免数据传输的冲突，以太网采用带有冲突监测的载波侦听多路访问机制规范节点对共享信道使用。每个节点都能判断是否有冲突发生，如冲突发生，则等待随机时间间隔后重发，以避免再次发生冲突。

CSMA/CD 的工作原理可概括为：发前先听，边发边听，冲突停止，随机延时后重发。具体过程如下：

① 当一个节点想要发送数据的时候，它首先检测网络是否有其他节点正在传输数据，即侦听信道是否空闲。

② 如果信道忙，则等待，直到信道空闲。

③ 如果信道闲，节点就传输数据。

④ 在发送数据的同时，节点继续侦听网络确信没有其他节点在同时传输数据。因为有可能两个或多个节点都同时检测到网络空闲，然后几乎在同一时刻开始传输数据。如果两个或多个节点同时发送数据，就会产生冲突。

⑤ 当一个传输节点识别出一个冲突，它就发送一个拥塞信号，这个信号使得冲突的时间足够长，让其他的节点都能发现。

⑥ 其他节点收到拥塞信号后，都停止传输，等待一个随机产生的时间间隙(回退时间Backoff Time)后重发。

总之，CSMA/CD 采用的是一种"有空就发"的竞争型访问策略，因而不可避免会出现信道空闲时多个节点同时争发的现象，无法完全消除冲突，只能采取一些措施减少冲突，并对产生的冲突进行处理。因此采用这种协议的局域网环境不适合对实时性要求较强的网络应用。

(4) 不能支持多种速率

在共享式以太局域网中的网络设备必须保持相同的传输速率，否则一个设备发送的信息，另一个设备不可能收到。单一的共享式以太网不可能提供多种速率的设备支持。

5.2.3　交换式以太网

通常，解决共享式以太网存在的问题就是利用"分段"的方法。所谓分段就是将一个大型的以太网分割成两个或多个小型的以太网，每个段(分割后的每个小以太网)使用 CSMA/CD 介质访问控制方法维持段内用户的通信。段与段之间通过一种"交换"设备可以将一段接收到的信息，经过简单的处理转发给另一段。通过分段，既可以保证部门内部信息不会流至其他部门，又可以保证部门之间的通信。以太网节点的减少使冲突和碰撞的几率更小，网络效率更高。并且分段之后，各段可按需要选择自己的网络速率，组成性价比更高的网络。

交换设备有多种类型，局域网交换机、路由器等都可以作为交换设备。交换机工作在 OSI 模型的数据链路层，用于连接较为相似的网络(如以太网和以太网)；而路由器工作在 OSI 模型的网络层，用于实现异构网络的互连(如以太网和帧中继)。

交换式以太网是从双绞线以太网的基础上发展来的，它只是将个别关键的共享型 HUB 换成性能较高的交换式 HUB。

交换式以太网的核心设备是交换机，它分为 10 Mb/s 交换机、10/100 Mb/s 交换机、100 Mb/s 交换机、100/1000 Mb/s 交换机等类型。

1. 交换式以太网的概念

交换式以太网是指以数据链路层的帧为数据交换单位，以以太网交换机为基础构成的网络。交换式以太网允许多对节点同时通信，每个节点可以独占传输通道和带宽。它从根本上解决了共享式以太网所带来的问题。

2. 交换机的工作原理

以太网交换机(以下简称交换机)是工作在 OSI 参考模型数据链路层的设备，外表和集线器相似。它通过判断数据帧的目的 MAC 地址，从而将帧从合适的端口发送出去。交换机的冲突域仅局限于交换机的一个端口上。例如，一个站点向网络发送数据，集线器将向所有端口转发，而交换机将通过对帧的识别，只将帧单点转发到目的地址对应的端口，而不是向所有端口转发，从而有效地提高了网络的可利用带宽。以太网交换机实现数据帧的单点转发是通过 MAC 地址的学习和维护更新机制来实现的。以太网交换机的主要功能包括 MAC 地址学习、帧的转发及过滤和避免回路。

以太网交换机可以有多个端口，每个端口可以单独与一个节点连接，也可以与一个共享介质式的以太网集线器(HUB)连接。如果一个端口只连接一个节点，那么这个节点就可以独占整个带宽，这类端口通常称做"专用端口"；如果一个端口连接一个与端口带宽相同的以太网，那么这个端口将被以太网中的所有节点所共享，这类端口称为"共享端口"。例如，一个带宽为 100 Mb/s 的交换机有 10 个端口，每个端口的带宽为 100 Mb/s。而 HUB 的所有端口共享带宽，同样一个带宽 100 Mb/s 的 HUB，如果有 10 个端口，则每个端口的平均带宽为 10 Mb/s，如图5.8所示。

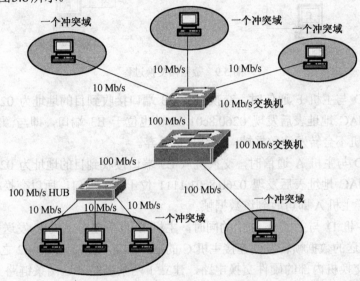

图 5.8　交换机端口独享带宽

(1)交换机数据帧的转发

交换机根据数据帧的 MAC(Media Access Control)地址(即物理地址)进行数据帧的转发操作。交换机转发数据帧时，遵循以下规则：

① 如果数据帧的目的 MAC 地址是广播地址或组播地址，则向交换机所有端口转发(除数据帧来的端口)。

② 如果数据帧的目的地址是单播地址，但这个地址并不在交换机的 MAC 地址表中，那么也会向所有的端口转发(除数据帧来的端口)。

③ 如果数据帧的目的地址在交换机的 MAC 地址表中，那么就根据 MAC 地址表转发到相应的端口。

④ 如果数据帧的目的地址与数据帧的源地址在一个网段上，它就会丢弃这个数据帧，交换也就不会发生。

下面，以图5.9为例来看看具体的数据帧交换过程。

① 当主机 D 发送广播帧时，交换机从 E3 端口接收到目的地址为 ffff.ffff.ffff 的数据帧，则向 E0、E1、E2 和 E4 端口转发该数据帧。

② 当主机 D 与 E 主机通信时，交换机从 E3 端口接收到目的地址为 0260.8c01.5555 的数据帧，查找 MAC 地址表后发现 0260.8c01.5555 并不在表中，因此交换机仍然会向 E0、E1、E2 和 E4 端口转发该数据帧。

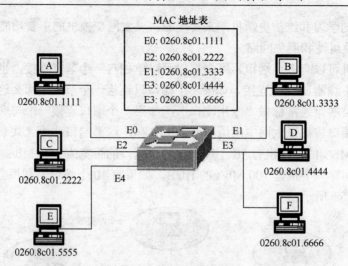

图 5.9　数据帧交换过程

③ 当主机 D 与主机 F 通信时，交换机从 E3 端口接收到目的地址为 0260.8c01.6666 的数据帧，查找 MAC 地址表后发现 0260.8c01.6666 也位于 E3 端口，即与源地址处于同一个网段，所以交换机不会转发该数据帧，而是直接丢弃。

④ 当主机 D 与主机 A 通信时，交换机从 E3 端口接收到目的地址为 0260.8c01.1111 的数据帧，查找 MAC 地址表后发现 0260.8c01.1111 位于 E0 端口，所以交换机将数据帧转发至 E0 端口，这样主机 A 即可收到该数据帧。

⑤ 如果在主机 D 与主机 A 通信的同时，主机 B 也正在向主机 C 发送数据，交换机同样会把主机 B 发送的数据帧转发到连接主机 C 的 E2 端口。这时 E1 和 E2 之间，以及 E3 和 E0 之间，通过交换机内部的硬件交换电路，建立了两条链路，这两条链路上的数据通信互不影响，网络也不会产生冲突。所以，主机 D 和主机 A 之间的通信独享一条链路，主机 C 和主机 B 之间也独享一条链路。而这样的链路仅在通信双方有需求时才会建立，一旦数据传输完毕，相应的链路也随之拆除。这就是交换机主要的特点。

从以上的交换操作过程中，可以看到数据帧的转发都是基于交换机内的 MAC 地址表，但是这个 MAC 地址表是如何建立和维护的呢？下面就来介绍这个问题。

(2)交换机地址管理机制

交换机的 MAC 地址表中，一条表项主要由一个主机 MAC 地址和该地址所位于的交换机端口号组成。整张地址表的生成采用动态自学习的方法，即当交换机收到一个数据帧以后，将数据帧的源地址和输入端口记录在 MAC 地址表中。思科的交换机中，MAC 地址表放置在内容可寻址存储器(Content-Addressable Memory，CAM)中，因此也称为 CAM 表。

当然，在存放 MAC 地址表项之前，交换机首先应该查找 MAC 地址表中是否已经存在该源地址的匹配表项，仅当匹配表项不存在时才存储该表项。每条地址表项都有一个时间标记，用来指示该表项存储的时间周期。地址表项每次被使用或被查找时，表项的时间标记就会被更新。如果在一定的时间范围内地址表项仍然没有被引用，它就会从地址表中被移走。因此，MAC 地址表中所维护的一直是最有效、最精确的 MAC 地址/端口信息。

下面以图5.10所示为例来说明交换机的地址学习过程。

① 最初交换机 MAC 地址表为空。

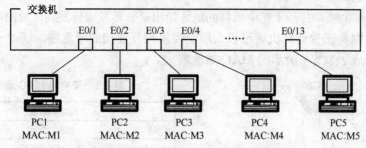

图 5.10 交换机 MAC 的地址学习过程

② 如果有数据需要转发，如主机 PC1 发送数据帧给主机 PC3，此时，在 MAC 地址表中没有记录，交换机将向除向 E0/1 以外的其他所有端口转发。在转发数据帧之前，它首先检查这个帧的源 MAC 地址（M1），并记录与之对应的端口（E0/1），于是交换机生成（M1，E0/1）这样一条记录，并加入到 MAC 地址表内。

交换机是通过识别数据帧的源 MAC 地址学习到 MAC 地址和端口的对应关系的。当得到 MAC 地址与端口的对应关系后，交换机将检查 MAC 地址表中是否已经存在该对应关系。如果不存在，交换机就将该对应关系添加到 MAC 地址表；如果已经存在，交换机将更新该表项。

③ 循环上一步，MAC 地址表不断加入新的 MAC 地址与端口对应信息。直到 MAC 地址表记录完成为止。此时，如主机 PC1 再次发送数据帧给主机 PC3 时，由于 MAC 地址表中已经记录了该帧的目的地址的对应交换机端口号，则直接将数据转发到 E0/3 端口，不再向其他端口转发数据帧。

（3）MAC 地址表

交换机的 MAC 地址表也可以手工静态配置，静态配置的记录不会被老化。由于 MAC 地址表中对于同一个 MAC 地址只能有一个记录，所以如果静态配置某个目的地址和端口号的映射关系以后，交换机就不能再动态学习这个主机的 MAC 地址。

（4）交换机数据转发方式

以太网交换机的数据交换与转发方式可分为直接交换、存储—转发交换和改进的直接交换 3 类。

① 直接交换。在直接交换方式下，交换机边接收边检测。一旦检测到目的地址字段，便将数据帧传送到相应的端口上，而不管这一数据是否出错，出错检测任务由节点主机完成。这种交换方式交换延迟时间短，但缺乏差错检测能力，不支持不同输入/输出速率的端口之间的数据转发。

② 存储—转发交换。在存储—转发方式中，交换机首先要完整地接收站点发送的数据，并对数据进行差错检测。如接收数据是正确的，再根据目的地址确定输出端口号，将数据转发出去。这种交换方式具有差错检测能力，并能支持不同输入/输出速率端口之间的数据转发，但交换延迟时间较长。

③ 改进的直接交换。改进的直接交换方式是将直接交换与存储—转发交换结合起来，在接收到数据的前 64 字节之后，判断数据的头部字段是否正确，如果正确则转发出去。这种方式对短数据来说，交换延迟与直接交换方式比较接近；而对长数据来说，由于它只对数据前部的主要字段进行差错检测，交换延迟将减少。

（5）通信过滤

交换机建立起 MAC 地址表后，就可以对通过的信息进行过滤了。以太网交换机在地址学习的同时还检查每个帧，并基于帧中的目的地址做出是否转发或转发到何处的决定。如图 5.11 所示为两个以太网和三台计算机通过以太网交换机相互连接的示意图。通过一段时间的地址学习，交换机形成了表 5-1 所示的 MAC 地址表。

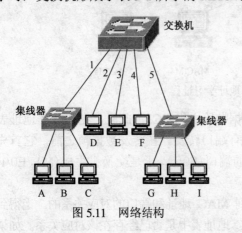

图 5.11　网络结构

表 5-1　交换机 MAC 地址表

地址映射表		
端口	MAC 地址	计时
1	00:0C:76:C1:D0:06 (A)	…
1	00:00:E8:F1:6B:32 (B)	…
1	00:00:E8:17:45:C9 (C)	…
2	00:E0:4C:52:A3:3E (D)	…
3	00:E0:4C:6C:10:E5 (E)	…
4	00:0B:6A:E5:D4:1D (F)	…
5	00:E0:4C:42:53:95 (G)	…
5	00:0C:76:41:97:FF (H)	…
5	02:00:4C:4F:4F:50 (I)	…

假设主机 A 需要向主机 G 发送数据，因为主机 A 通过集线器连接到交换机的端口 1，所以，交换机从端口 1 读入数据，并通过 MAC 地址表决定将该数据帧转发到哪个端口。在图 5.12 中，主机 G 通过集线器连接到交换机的端口 5，于是，交换机将该数据帧转发到端口 5，不再向端口 1、端口 2、端口 3 和端口 4 转发。

假设主机 A 需要向主机 B 发送数据帧，交换机同样在端口 1 接收该数据。通过搜索地址映射表，交换机发现主机 B 与端口 1 相连，与发送的源主机处于同一端口。这时交换机不再转发，简单地将数据丢弃，数据帧被限制在本地流动。这是交换机和集线器截然不同的地方。

(6) STP 生成树协议(IEEE 802.1D)

集线器可以按照水平或树型结构进行级联。但是，集线器的级联绝不能出现环路，否则发送的数据将在网中无休止地循环，造成整个网络瘫痪。

当交换机通过多条链路连接起来为实现可靠性和容错提供冗余路径时，环路就可能发生。在这种情况下，以太网交换机除了进行数据帧进行转发外，还执行生成树协议(Spanning Tree，即 IEEE 802.1D)。交换机通过实现生成树协议，可以相互交换信息，并利用这些信息将网络中的某些环路断开，从而在逻辑上形成一种树型结构。交换机按照这种逻辑结构转发信息，保证网络上发送的信息不会绕环旋转。

5.3　虚拟局域网和无线局域网

5.3.1　虚拟局域网

1. 虚拟局域网概念

随着以太网技术的普及，以太网的规模也越来越大，从小型的办公环境到大型的园区网络，网络管理变得越来越复杂。首先，在采用共享介质的以太网中，所有节点位于同一冲突域中，同时也位于同一广播域中，即一个节点向网络中某些节点的广播会被网络中所有的节点所接收，造成很大的带宽资源和主机处理能力的浪费。为了解决传统以太网的冲突域问题，采用了交换机来对网段进行逻辑划分。但是，交换机虽然能解决冲突域问题，却不能克服广播域问题。例如，一个 ARP 广播会被交换机转发到与其相连的所有网段中，当网络上有大量这样的广播存在时，不仅是对带宽的浪费，还会因过量的广播产生广播风暴，当交换网络规模增加时，网络广播风暴问题还会更加严重，并可能因此导致网络瘫痪。第二，在传统的以太网中，同一个物理网段中的节点也就是一个逻辑工作组，不同物理网段中的节点是不能直接相互通信的。这样，当用户由于某种原因在网络中移动但同时还要继续原来的逻辑工作组时，就必然需要进行新的网络连接乃至重新布线。

为解决上述问题，虚拟局域网（Virtual Local Area Network，VLAN）应运而生。虚拟局域网是以局域网交换机为基础，通过交换机软件实现根据功能、部门、应用等因素将设备或用户组成虚拟工作组或逻辑网段的技术，其最大的特点是在组成逻辑网时无须考虑用户或设备在网络中的物理位置。虚拟局域网可以在一个交换机或跨交换机实现。

1996 年 3 月，IEEE802 委员会发布了 IEEE802.1Q VLAN 标准。目前，该标准得到全世界重要网络厂商的支持。

在 IEEE802.1Q 标准中对虚拟局域网是这样定义的：虚拟局域网是由一些局域网网段构成的与物理位置无关的逻辑组，而这些网段具有某些共同的需求。每个虚拟局域网的帧都有一个明确的标识符，指明发送这个帧的工作站属于哪个 VLAN。利用以太网交换机可以很方便地实现虚拟局域网。虚拟局域网其实只是局域网给用户提供的一种服务，而并不是一种新型局域网。

图5.12给出一个关于 VLAN 划分的示例，使用了 4 个交换机的网络拓扑结构。有 9 个工作站分配在三个楼层中，构成了 3 个局域网。

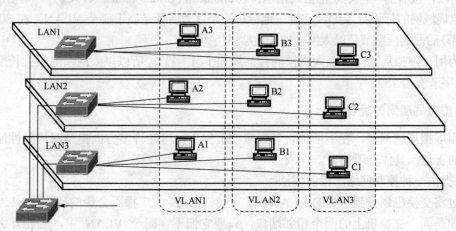

图 5.12 虚拟局域网 VLAN 的示例

LAN1：（A1，B1，C1），LAN2：（A2，B2，C2），LAN3：（A3，B3，C3）。

但这 9 个用户划分为 3 个工作组，也就是说划分为 3 个虚拟局域网 VLAN：

VLAN1：（A1，A2，A3），VLAN2：（B1，B2，B3），VLAN3：（C1，C2，C3）。

在虚拟局域网上的每个站都可以听到同一虚拟局域网上的其他成员所发出的广播。如工作站 B1、B2、B3 同属于虚拟局域网 VLAN2。当 B1 向工作组内成员发送数据时，B2 和 B3 将收到广播的信息（尽管它们没有连在同一交换机上），但 A1 和 C1 都不会收到 B1 发出的广播信息（尽管它们连在同一交换机上）。

2. 虚拟局域网使用的以太网帧格式

IEEE 802.1Q 标准定义了虚拟局域网的以太网帧格式，在传统的以太网的帧格式中插入一个 4 字节的标识符，称为 VLAN 标记，也称为 tag 域，用来指明发送该帧的工作站属于哪个虚拟局域网，如图 5.13 所示。如果还使用传统的以太网帧格式，那么就无法划分虚拟局域网。

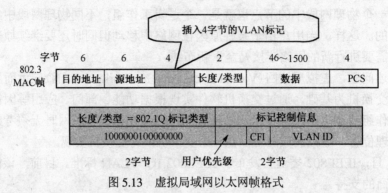

图 5.13　虚拟局域网以太网帧格式

虚拟局域网标记字段的长度是 4 字节，插入在以太网 MAC 帧的源地址字段和长度/类型字段之间。虚拟局域网标记的前两个字节和原来的长度/类型字段的作用一样，但它总是设置为 0x8100(这个数值大于 0x0600，因此不代表长度)，称为 802.1Q 标记类型。当数据链路层检测到在 MAC 帧的源地址字段后面的长度/类型字段的值是 0x8100 时，就知道现在插入了 4 字节的 VLAN 标记。于是就检查该标记的后两字节的内容。在后面的两字节中，前 3 位是用户优先级字段，接着的一位是规范格式指示符(Canonical Format Indicator，CFI)，最后的 12 位是该虚拟局域网的标识符 VID，它唯一地标志这个以太网帧是属于哪个 VLAN。在 801.1Q 标记(4 字节)后面的两字节是以太网帧的长度/类型字段。

因为用于虚拟局域网的以太网帧的首部增加了 4 字节，所以以太网帧的最大长度从原来的 1518 字节变为 1522 字节。

3. 虚拟局域网的优点

采用虚拟局域网后，在不增加设备投资的前提下，可在许多方面提高网络的性能，并简化网络的管理。具体表现如下。

(1)提供一种控制网络广播的方法

通过将交换机划分到不同的 VLAN 中，一个 VLAN 的广播不会影响到其他 VLAN 的性能。即使是同一交换机上的两个相邻端口，只要它们不在同一 VLAN 中，则相互之间也不会渗透广播流量。

(2)提高网络的安全性

VLAN 的数目及每个 VLAN 中的用户和主机是由网络管理员决定的。网络管理员通过将可以相互通信的网络节点放在一个 VLAN 内，或将受限制的应用和资源放在一个安全 VLAN 内，并提供基于应用类型、协议类型、访问权限等不同策略的访问控制表，就可以有效限制广播组或共享域的大小。

(3)简化网络管理

一方面，可以不受网络用户的物理位置限制而根据用户需求进行网络逻辑，如同一项目或部门中的协作者，功能上有交叉的工作组，共享相同网络应用或软件的不同用户群。另一方面，由于 VLAN 可以在单独的交换设备或跨多个交换设备实现，也会大大减少在网络中增加、删除或移动用户时的管理开销。

（4）提供基于第二层的通信优先级服务

在千兆位以太网中，基于与 VLAN 相关的 IEEE 802.1P 标准可以在交换机上为不同的应用提供不同的服务，如传输优先级等。

总之，虚拟局域网是交换式网络的灵魂，其不仅从逻辑上对网络用户和资源进行有效、灵活、简便管理提供了手段，同时提供了极高的网络扩展和移动性。

4．虚拟局域网的组网方法

VLAN 的划分可以根据功能、部门或应用而无需考虑用户的物理位置。以太网交换机的每个端口都可以分配给一个 VLAN。分配给同一个 VLAN 的端口共享广播域（一个站点发送希望所有站点接收的广播信息，同一 VLAN 中的所有站点都可以听到），分配各不同 VLAN 的端口不共享广播域。虚拟局域网既可以在单台交换机中实现，也可以跨越多个交换机。

从实现的方式上看，所有 VLAN 均是通过交换机软件实现的；从实现的机制或策略分，VLAN 分为静态 VLAN 和动态 VLAN 两种。

（1）静态 VLAN

在静态 VLAN 中，由网络管理员根据交换机端口进行静态的 VALN 分配，当在交换机上将其某个端口分配给一个 VLAN 时，其将一直保持不变直到网络管理员改变这种配置，所以又称为基于端口的 VLAN。也就是根据以太网交换机的端口来划分广播域。交换机某些端口连接的主机在一个广播域内，而另一些端口连接的主机在另一广播域，VLAN 和端口连接的主机无关，如图5.14、表 5-2 所示。

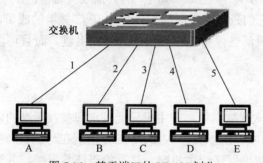

图 5.14　基于端口的 VLAN 划分

表 5-2　VLAN 映射简化表

端口	VLAN ID
Port1	VLAN2
Port2	VLAN3
Port3	VLAN2
Port4	VLAN3
Port5	VLAN2

假定指定交换机的端口 1、3、5 属于 VLAN2，端口 2、4 属于 VLAN3，此时，主机 A、主机 C、主机 E 在同一 VLAN，主机 B 和主机 D 在另一 VLAN 下。如果将主机 A 和主机 B 交换连接端口，则 VLAN 表仍然不变，而主机 A 变成与主机 D 在同一 VLAN。基于端口的 VLAN 配置简单，网络的可监控性强。但缺乏足够的灵活性，当用户在网络中的位置发生变化时，必须由网络管理员将交换机端口重新进行配置。所以静态 VLAN 比较适合用户或设备位置相对稳定的网络环境。

（2）动态 VLAN

动态 VLAN 是指交换机上以连网用户的 MAC 地址、逻辑地址（如 IP 地址）或数据包协议等信息为基础将交换机端口动态分配给 VLAN 的方式。总之，不管以何种机制实现，分配给同一个 VLAN 的所有主机共享一个广播域，而分配给不同 VLAN 的主机将不共享广播域。也就是说，只有位于同一 VLAN 中的主机才能直接相互通信，而位于不同 VLAN 中的主机之间是不能直接相互通信的。

① 基于 MAC 地址的 VLAN。这种方式的 VLAN，要求交换机对节点的 MAC 地址和

交换机端口进行跟踪,在新节点入网时,根据需要将其划归至某个 VLAN。不论该节点在网络中怎样移动,由于其 MAC 地址保持不变,因此用户不需对网络地址重新配置。然而,所有的用户必须明确地分配给一个 VLAN,在这种初始化工作完成后,对用户的自动跟踪才成为可能。在一个大型网络中,要求网络管理人员将每个用户划分到某个 VLAN 是十分繁琐的。

　　② 基于路由的 VLAN。路由协议工作在七层协议的第 3 层网络层,即基于 IP 和 IPX 协议的转发,它利用网络层的业务属性来自动生成 VLAN,把使用不同路由协议的节点分在相对应的 VLAN 中。IP 子网 1 为第 1 个 VLAN,IP 子网 2 第 2 个 VLAN,IPX 子网 1 为第 3 个 VLAN……依此类推。通过检查所有的广播和多点广播帧,交换机能自动生成 VLAN。

　　这种方式构成的 VLAN,在不同 LAN 网段上的节点可以属于同一 VLAN,同一物理端口上的节点也可分属于不同的 VLAN,从而保证了用户完全自由地进行增加、移动和修改等操作。这种根据网络上应用的网络协议和网络地址划分 VLAN 的方式,对于那些想针对具体应用和服务来组织用户的网络管理人员来说是十分有效的。它减少了人工参与配置 VLAN,使 VLAN 有更大灵活性,比基于 MAC 地址的 VLAN 更容易做到自动化管理。

　　③ 用 IP 广播组定义虚拟局域网。这种虚拟局域网的建立是动态的,它代表一组 IP 地址。虚拟局域网中由称做代理的设备对虚拟局域网中的成员进行管理。当 IP 广播包要送达多个目的地址时,就动态建立虚拟局域网代理,这个代理和多个 IP 节点组成 IP 广播组虚拟局域网。网络用广播信息通知各 IP 站,表明网络中存在 IP 广播组,节点如果响应信息,就可以加入 IP 广播组,成为虚拟局域网中的一员,与虚拟局域网中的其他成员通信。IP 广播组中的所有节点属于同一个虚拟局域网,但它们只是特定时间段内特定 IP 广播组的成员。IP 广播组虚拟局域网的动态特性提供了很高的灵活性,可以根据服务灵活地组建,而且可以跨越路由器形成与广域网的互连。

5. VLAN 数据帧的传输

　　目前任何主机都不支持带有 tag 域的以太网数据帧,即主机只能发送和接收标准的以太网数据帧,而将 VLAN 数据帧作为非法数据帧。所以支持 VLAN 的交换机在与主机和交换机进行通信时,需要区别对待。当交换机将数据发送给主机时,必须检查该数据帧,并删除 tag 域。而发送给交换机时,为了让对端交换机能够知道数据帧的 VLAN ID,应该给从主机接收到的数据帧增加一个 tag 域后再发送,其数据帧传输过程中的变化如图5.15所示。

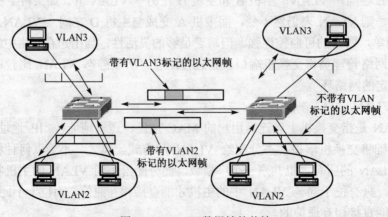

图 5.15　VLAN 数据帧的传输

当交换机接收到某数据帧时，交换机根据数据帧中的 tag 域或接收端口的默认 VLAN ID 来判断该数据帧应该转发到哪些端口，如果目标端口连接的是普通主机，则删除 tag 域（如果数据帧中包含 tag 域）后再发送数据帧；如果目标端口连接的是交换机，则添加 tag 域（如果数据帧中不包含 tag 域）后再发送数据帧。为了保证在交换机之间的 Trunk 链路上能够接入普通主机，以太网将还能够当检查到数据帧的 VLAN ID 和 Trunk 端口的默认 VLAN ID 相同时，数据帧不会被增加 tag 域。而到达对端交换机后，交换机发现数据帧中没有 tag 域时，就认为该数据帧为接收端口的默认 VLAN 数据。

根据交换机处理数据帧的不同，可以将交换机的端口分为两类：

Access 端口：只能传送标准以太网帧的端口，一般指那些连接不支持 VLAN 技术的端设备的接口，这些端口接收到的数据帧都不包含 VLAN 标记，而向外发送数据帧时，必须保证数据帧中不包含 VLAN 标记。

Trunk 端口：既可以传送有 VLAN 标记的数据帧，也可以传送标准以太网帧的端口，一般指那些连接支持 VLAN 技术的网络设备（如交换机）的端口，这些端口接收到的数据帧一般都包含 VLAN 标记（数据帧 VLAN ID 和端口默认 VLAN ID 相同除外），而向外发送数据帧时，必须保证接收端能够区分不同 VLAN 的数据帧，故常常需要添加 VLAN 标记（数据帧 VLAN ID 和端口默认 VLAN ID 相同除外）。

6. VLAN 间的互连方法

（1）传统路由器方法

所谓传统路由器方法，就是使用路由器将位于不同 VLAN 的交换端口连接起来，这种方法的缺点是：对路由器的性能有较高要求；如果路由器发生故障，则 VLAN 之间就不能通信。

（2）采用路由交换机

如果交换机本身带有路由功能，则 VLAN 之间的互连就可在交换机内部实现，即采用第三层交换技术。第三层交换技术也叫路由交换技术，是各网络厂家最新推出的一种局域网技术，具有良好的发展前景。它将交换技术（Switching）和路由技术（Routing）结合，很好地解决了在大型局域网中以前难以解决的一些问题。

5.3.2 无线局域网

顾名思义，无线局域网（Wireless Local Area Network，WLAN）是指采用无线传输介质的局域网。

前面介绍的各类局域网技术都是基于有线传输介质实现的。但是有线网络在某些环境中，例如，在具有空旷场地的建筑物内、在具有复杂周围环境的制造业工厂、货物仓库内，在机场、车站、码头、股票交易场所等一些用户频繁移动的公共场所；在缺少网络电缆而又不能打洞布线的历史建筑物内；在一些受自然条件影响而无法实施布线的环境；在一些需要临时增设网络节点的场合，如体育比赛场地、展示会等，使用有线网络都存在明显的限制。而无线局域网则恰恰能在这些场合解决有线局域网所存在的困难。有线连网的系统，要求工作站保持静止，只能提供介质和办公范围内的移动。无线连网将真正的可移动性引入了计算机世界。

1. 无线网络技术概述

目前支持无线网络的技术标准主要有蓝牙技术、Home RF 技术及 IEEE 802.11 系列标准。Home RF 主要用于家庭无线网络，其通信速度比较慢；蓝牙技术是在 1994 年爱立信为寻找蜂窝电话和 PDA 那样的辅助设备进行通信的廉价无线接口时创立的，是按 802.11 标准的补充技术来设计的；IEEE 802.11 是由 IEEE802 委员会制订的无线局域网系列标准，1997 年 IEEE 发布了 802.11 协议，这也是在无线局域网(WLAN)领域内的第一个国际上被广泛认可的协议。

(1) 蓝牙技术

所谓蓝牙(Bluetooth)技术，实际上是一种短距离无线通信技术，利用蓝牙技术，能够有效地简化掌上电脑、笔记本电脑和移动电话等移动通信终端设备之间的通信，也能够成功地简化以上这些设备与 Internet 之间的通信，从而使这些现代通信设备与因特网之间的数据传输变得更加迅速高效，为无线通信拓宽道路。蓝牙技术使得现代一些轻易携带的移动通信设备和电脑设备，不必借助电缆就能连网，并且能够实现无线上因特网，其实际应用范围还可以拓展到各种家电产品、消费电子产品和汽车等信息家电，组成一个巨大的无线通信网络。

蓝牙技术的标准为 IEEE 802.15。蓝牙的通信协议也采用分层结构。分层结构使其设备具有最大可能的通用性和灵活性。根据通信协议，各种蓝牙设备无论在任何地方，都可以通过人工或自动查询来发现其他蓝牙设备，从而构成微微网(Piconet)或扩大网(Scatternet)，实现系统提供的各种功能，使用十分方便。

蓝牙技术体系结构中的协议可分为三部分：底层协议、中间协议和选用协议。

底层协议包括基带协议和链路管理协议(Link Manager Protocol，LMP)，这些协议主要由蓝牙模块实现。基带协议与链路控制层确保微微网内各蓝牙设备单元之间由射频构成的物理层连接。链路管理协议 LMP 负责各蓝牙设备间连接的建立。

中间协议建立在主机控制接口(Host Controller Interface，HCI)之上，它们的功能由协议软件在蓝牙主机上运行。中间协议包括逻辑链路控制和适应协议(Logical Link Control and Adaptation Protocol，L2CAP)，它是基带的上层协议，当业务数据不经过 LMP 时，L2CAP 为上层提供服务，完成数据的装拆、服务质量和协议复用等功能，是上层协议实现的基础；服务发现协议(Service Discovery Protocol，SDP)是所有用户模式的基础，它能使应用软件找到可用的服务及特性，以便在蓝牙设备之间建立相应的连接；电话控制协议(Telephone Control Protocol，TCS)提供蓝牙设备间语音和数据的呼叫控制命令。

选用协议包括点对点协议 PPP、TCP/UDP/IP、对象交换协议 OBEX、电子名片交换协议 vCard、电子日历及日程交换格式 vCal、无线应用协议 WAP 和无线应用环境 VAF 等。

(2) 蓝牙技术与 PAN

在 1999 年 12 月发布的蓝牙 1.0 版的标准中，定义了包括使用 WAP 协议连接互联网的多种应用软件。它能够使蜂窝电话系统、无绳通信系统、无线局域网和互联网等现有网络增添新功能，使各类计算机、传真机、打印机设备增添无线传输和组网功能，在家庭和办公自动化、家庭娱乐、电子商务、无线公文包应用、各类数字电子设备、工业控制、智能化建筑等场合开辟了广阔的应用。

(3) Home RF 技术

Home RF 主要为家庭网络设计，是 IEEE 802.11 与数字无绳电话标准的结合，旨在降低语音数据成本。Home RF 利用跳频扩频方式，既可以通过时分复用支持语音通信，又能通过载波监听多路访问/碰撞回避(CSMA/CA)协议提供数据通信服务。同时，Home RF 提供了与 TCP/IP 良好的集成，支持广播、多点传送。目前，Home RF 标准工作在 2.4 GHz 的频段上，跳频带宽为 1 MHz，最大传输速率为 2 Mb/s，传输范围超过 100 m。

（4）IEEE 802.11 标准

IEEE 802.11 标准覆盖了无线局域网的物理层和 MAC 子层。参照 OSI 七层模型，IEEE 802.11 系列规范主要从 WLAN 的物理层和 MAC 层两个层面制订系列规范，物理层标准规定了无线传输信号等基础规范，如 802.11a、802.11b、802.11d、802.11g、802.11h，而媒体访问控制层标准是在物理层上的一些应用要求规范，如 802.11e、802.11f、802.11i。

802.11 标准涵盖许多子集：

  802.11a：将传输频段放置在 5 GHz 频率空间；

  802.11b：将传输频段放置在 2.4 GHz 频率空间；

  802.11d：Regulatory Domains，定义域管理；

  802.11e：QoS（Quality of service），定义服务质量；

  802.11f：IAPP（Inter-Access Point Protocol），接入点内部协议；

  802.11g：在 2.4 GHz 频率空间取得更高的速率；

  802.11h：5 GHz 频率空间的功耗管理；

  802.11i：Security，定义网络安全性。

其中最核心的是 802.11a、802.11b 和 802.11g，它们定义了最核心的物理层规范，这也是受所有芯片开发商及系统集成商所瞩目的 802.11 未来走势所在。

2．无线局域网介质访问控制规范

IEEE 802.11 工作组考虑了两种介质访问控制 MAC 算法。一种是分布式的访问控制，它和以太网类似，通过载波监听方法来控制每个访问节点；另一种算法是集中式访问控制，它由一个中心节点来协调多节点的访问控制。分布式访问控制协议适用于特殊网络，而集中式控制适用于几个互连的无线节点和一个与有线主干网连接的基站。

IEEE 802.11 工作组最后决定采用分布式基础无线网的介质访问控制算法。IEEE 802.11 协议的介质访问控制 MAC 层又分为 2 个子层：分布式协调功能子层与点协调功能子层。分布式协调功能子层使用了一种简单的 CSMA 算法，没有冲突检测功能。按照简单的 CSMA 的介质访问规则进行如下两项工作。

（1）如果一个节点要发送帧，它需要先监听介质。如果介质空闲，节点可以发送帧；如果介质忙，节点就要推迟发送，继续监听，直到介质空闲。

（2）节点延迟一个空隙时间，再次监听介质。如果发现介质忙，则节点按照二进制指数退避算法延时，并继续监听介质。如果介质空闲，节点就可以传输。

在分布式访问控制子层之上有一个集中式控制选项。点协调功能是通过在网中设置集中式的轮询主管"点"的方式，使用轮询方法来解决多节点争用公用信道问题，提供无竞争的服务。

3．无线局域网设备

组建无线局域网的无线网设备主要包括：无线网卡、无线访问接入点、无线网桥、无线路由器和天线，几乎所有的无线网络产品中都自含无线发射/接收功能。

（1）无线网卡

无线网卡在无线局域网中的作用相当于有线网卡在有线局域网中的作用。按无线网卡的总线类型可分为适用于台式机的 PCI 接口的无线网卡，适用笔记本的 PCMCIA 接口的无线网卡，如图5.16所示。笔记本和台式机均使用 USB 接口的线网卡，如图5.17所示。

(2)无线访问接入点

无线访问接入点(AP)是在无线局域网环境中进行数据发送和接收的集中设备,相当于有线网络中的集线器。通常,一个 AP 能够在几十至上百米的范围内连接多个无线用户。AP 可以通过标准的 Ethernet 电缆与传统的有线网络相连,从而可作为无线网络和有线网络的连接点。由于无线电波在传播过程中会不断衰减,导致 AP 的通信范围被限定在一定的范围之内,这个范围称为微单元。若采用多个 AP,并使它们的微单元互相有一定范围的重合时,则用户可以在整个无线局域网覆盖区内移动,无线网卡能够自动发现附近信号强度最大的 AP,并通过这个 AP 收发数据,保持不间断的网络连接,这种方式称为无线漫游。

(3)无线网桥

无线网桥主要用于无线和有线局域网之间的互连。当两个局域网无法实现有线连接或使用有线连接存在困难时,就可使用无线网桥实现点对点的连接,在这里无线网桥起到了协议转换的作用,如图5.18所示。

USB Cord

图 5.16　笔记本无线网卡　　　　图 5.17　USB 无线网卡　　　　图 5.18　无线网桥

(4)无线路由器

无线路由器则集成了无线 AP 的接入功能和路由器的第三层路径选择功能。

(5)天线

天线(Antenna)的功能是将信号源发送的信号由天线传送至远处。天线一般有定向性(Uni-directional)与全向性(Omni-directional)之分,前者较适合长距离使用,而后者则较适合区域性应用。例如,若要将在第一栋楼内无线网络的范围扩展到一千米甚至数千米以外的第二栋楼,其中的一个方法是在每栋楼上安装一个定向天线,天线的方向互相对准,第一栋楼的天线经过网桥连到有线网络上,第二栋楼的天线接在第二栋楼的网桥上,如此无线网络就可接通相距较远的两个或多个建筑物。

4．无线局域网间如何通信

建立到 WLAN 的连接后,节点会像其他 802 网络一样传送帧。WLAN 不使用标准的 802.3 帧。WLAN 帧的类型有三种:控制帧、管理帧和数据帧。

5．无线局域网的组网模式

将以上几种无线局域网设备结合在一起使用,就可以组建出多层次、无线与有线并存的计算机网络。一般来说,无线局域网有两种组网模式,一种是无固定基站的,另一种是有固定基站的。这两种模式各有特点。无固定基站组成的网络称为自组网络,主要用于在便携式计算机之间组成平等状态的网络。有固定基站的网络类似于移动通信的机制,网络用户的便携式计算机通过基站(又称访问点 AP)连入网络。这种网络是应用比较广泛的网络,一般用于有线局域网覆盖范围的延伸或作为宽带无线互联网的接入方式。

(1)自组网络(Ad-Hoc)模式

自组网络又称对等网络,是最简单的无线局域网结构,是一种无中心拓扑结构,网络连接的计算机具有平等的通信关系，仅适用于较少数的计算机无线互连(通常是在 5 台主机以内)，如图5.19 所示。任何时间，只要两个或更多的无线网络接口互相都在彼此的范围之内，它们就可以建立一个独立的网络。可以实现点对点或点对多点连接。自组网络不需要固定设施，是临时组成的网络，非常适合野外作业和军事领域。组建这种网络，只需要在每台计算机中插入一块无线网卡，不需要其他任何设备就可以完成通信。

(2)基础结构网络(Infrastucture)模式

在具有一定数量用户或需要建立一个稳定的无线网络平台时，一般采用以 AP 为中心的模式，将有限的"信息点"扩展为"信息区"，这种模式也是无线局域网最普通的构建模式，即基础结构模式，采用固定基站的模式。在基础结构网络中，要求有一个无线固定基站充当中心站，所有节点对网络的访问均由其控制，如图5.20 所示。

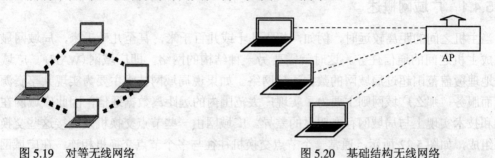

图 5.19　对等无线网络　　　　　　　图 5.20　基础结构无线网络

在基于 AP 的无线网络中，AP 访问点和无线网卡还可针对具体的网络环境调整网络连接速度。如 11 Mb/s 的 IEEE 802.11b 的可使用速率可以调整为 1 Mb/s、2 Mb/s、5.5 Mb/s 和 11 Mb/s 四种；54 Mb/s 的 IEEE 802.11a 和 IEEE 802.11g 的则有 54 Mb/s、48 Mb/s、36 Mb/s、24 Mb/s、18 Mb/s、12 Mb/s、11 Mb/s、9 Mb/s、6 Mb/s、5.5 Mb/s、2 Mb/s、1 Mb/s 共 12 个不同速率可动态转换，以发挥相应网络环境下的最佳连接性能。

由于每个节点只需在中心站覆盖范围之内就可与其他节点通信，故网络中地点布局受环境限制较小。

通过无线接入访问点、无线网桥等无线中继设备还可以把无线局域网与有线网连接起来，并允许用户有效地共享网络资源，如图5.21 所示。中继站不仅提供与有线网络的通信，也为网上邻居解决了无线网络拥挤的状况。复合中继站能够有效扩大无线网络的覆盖范围，实现漫游功能。有中心节点的拓扑结构的缺点是抗毁性差，中心节点的故障容易导致整个网络瘫痪，且中心节点的引入增加了网络成本。在实际应用中，无线局域网往往与有线主干网络结合起来使用。这时，中心节点充当无线局域网与有线主干网的转接器。

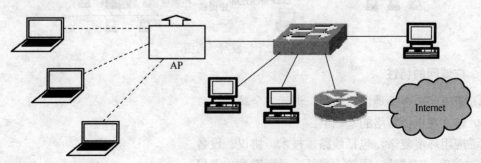

图 5.21　无线与有线的结合实例

（3）无线 Internet 接入

目前，许多公司开始利用 WLAN 方式提供移动 Internet 接入，在宾馆、机场候车大厅等地区架设 WLAN，然后通过 DSL 或 FTTX 等方式相结合，为人们提供无线上网的条件。

虽然无线网络有诸多优势，但与有线网络相比，无线局域网也存在一些不足，如网络速率较慢、价格较高，数据传输的安全性有待进一步提高。因而无线局域网目前主要还是面向那些有特定需求的用户，作为对有线网络的一种补充。但也应该看到，随着无线局域网设备性能价格比的不断提高，其将在未来发挥更加重要和广泛的作用。

5.4 广域网

5.4.1 广域网概述

当主机之间的距离较远时，例如，相隔几十或几百千米，甚至几千千米，局域网显然无法完成主机之间的通信任务。这时就需要另一种结构的网络，即广域网（WAN）。广域网是一个地理覆盖范围超过局域网的数据通信网络。如果说局域网技术主要为实现共享资源这个目标而服务，那么广域网则主要为了实现广大范围内的远距离数据通信，因此广域网在网络特性和技术实现上与局域网存在明显的差异。广域网由一些节点交换机及连接这些交换机的链路组成，如图 5.22 所示，通常一个节点交换机往往与多个节点交换机相连。在广域网中的一个重要问题就是分组的转发机制。应当注意的是：即使是覆盖范围很广的互联网，也不是广域网，因为在这种网络中，不同网络的"**互连**"才是其最主要的特征。广域网是单个的网络，它使用节点交换机连接各主机，而不是用路由器连接各网络。节点交换机在单个网络中转发分组，而路由器在多个网络构成的互联网中转发分组。连接在一个广域网（或一个局域网）上的主机在该网内进行通信时，只需要使用其网络的物理地址即可。因此广域网在网络特性和技术实现上与局域网存在明显的差异。

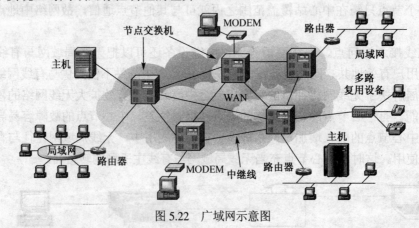

图 5.22 广域网示意图

1. 广域网的特性

① 范围广，包括地区、国家、洲际、全球。

② 建立在电信网络的基础上。

③ 应用环境复杂，包括线路、技术、协议、设备。

④ 介质：双绞线、同轴、光纤、地面微波、卫星。

⑤ 传输速率：主干网高，但接入速率低。

⑥ 误码率高：复杂的错误控制技术，开销。

⑦ 拓扑结构：点到点连接构成的网状结构。

⑧ 公共服务：电信服务商。

2. 广域网类型

主要的广域网技术如下：

PSTN：公用电话交换网。

X.25：公共分组交换网，使用 X.25 协议进行分组交换的数据通信技术。

Frame Relay：帧中继，一种高速的在链路层进行分组交换的技术。

ISDN：综合业务数据网，一种可以在电话线路上同时提供音频、视频和数据服务的数字网络。

DDN：数字数据网，一种利用数字信道提供半永久性连接电路的数字网络。

xDSL：数字用户线，一种利用电话线路进行数字传输的高速接入技术。

ATM：异步传输模式，一种基于异步时分多路复用的、采用信元交换代替分组交换的技术。

SMDS：交换式多兆位数据服务。

3. 广域网通信方式

为了向高层协议提供面向连接的服务和无连接的服务，广域网采用两种通信方式：虚电路方式和数据报方式。关于虚电路和数据报两种通信方式在前面章节已详细介绍，这里不再赘述。

5.4.2　广域网技术实例

1. 公用电话交换网 PSTN

（1）PSTN 简介

PSTN（Public Switch Telephone Network）是一种以模拟技术为基础的电路交换网络。在众多的广域网互连技术中，通过 PSTN 进行互连所要求的通信费用最低，但其数据传输质量及传输速度也最差，同时 PSTN 的网络资源利用率也比较低。

通过 PSTN 可以实现的访问：

① 拨号上 Internet/Intranet/LAN；

② 两个或多个 LAN 之间的网络互连；

③ 和其他广域网技术的互连。

尽管 PSTN 在进行数据传输时存在这样或那样的问题，但仍是不可替代的连网介质（技术）。特别是 Bellcore 发明的建立在 PSTN 基础之上的 xDSL 技术和产品的应用，拓展了 PSTN 的发展和应用空间，使得连网速度可达到 9～52 Mb/s。

PSTN 提供的是一个模拟的专有通道，通道之间经由若干电话交换机连接而成。当两个主机或路由器设备需要通过 PSTN 连接时，在两端的网络接入侧（即用户回路侧）必须使用调制解调器（MODEM）实现信号的模/数、数/模转换。从OSI 七层模型的角度来看，PSTN 可以看成是物理层的一个简单的延伸，没有向用户提供流量控制、差错控制等服务。而且，由于 PSTN 是一种电路交换的方式，所以一条通路自建立直至释放，其全部带宽仅能被通路两端的设备使用，即使它们之间并没有任何数据需要传送。因此，这种电路交换方式不能实现对网络带宽的充分利用。

（2）PSTN 组成结构

PSTN 的组成如图5.23所示。

接入网(本地环路)：这部分是模拟线路，它是从用户端到交换机侧的连接，采用双绞线；
电话交换机(局)：包括端局、汇接局、长途局，这部分采用数字化程控交换，提供交换连接；
传输网：包括干线/中继线，这部分目前已全部采用数字化传输，交换机之间连接通过
E1(T1)接口。

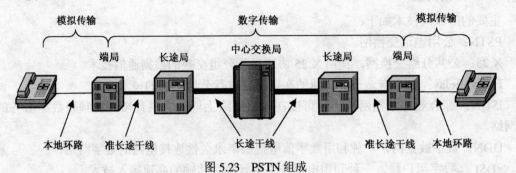

图 5.23　PSTN 组成

(3)通过 PSTN 接入因特网

通过 PSTN 接入因特网如图5.24所示。目前 PSTN 的入网方式有以下三种：

① 通过普通拨号电话线入网。只要在通信双方原有的电话线上并接 MODEM，再将
MODEM 与相应的上网设备相连即可。目前，大多数上网设备，如 PC 或路由器，均提供有
若干串行端口，串行口和 MODEM 之间采用 RS-232 等串行接口规范。这种连接方式的费用
比较经济，收费价格与普通电话的收费相同，可适用于通信不太频繁的场合。

② 通过租用电话专线入网。与普通拨号电话线方式相比，租用电话专线可以提供更高
的通信速率和数据传输质量，但相应的费用也较前一种方式高。使用专线的接入方式与使用
普通拨号线的接入方式没有太大的区别，但省去了拨号连接的过程。通常，当决定使用专线
方式时，用户必须向所在地的电信局提出申请，由电信局负责架设和开通。

③ 经普通拨号或租用专用电话线方式由 PSTN 转接入公共数据交换网(X.25 或 Frame-
Relay 等)的入网方式。利用该方式实现与远地的连接是一种较好的远程方式，因为公共数据
交换网为用户提供可靠的面向连接的虚电路服务，其可靠性与传输速率都比 PSTN 强得多。

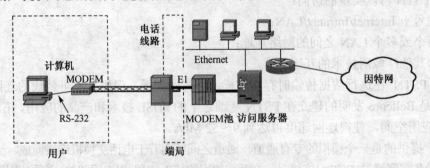

图 5.24　通过 PSTN 接入因特网

(4)PSTN 特点

没有差错控制的电路交换网络，通信时独占一条通道；每路语音信号在端局转换，被转
换成 64 Kb/s 的 PCM 编码数字信号(PCM 编码技术)；多路 PCM 信号在汇接局复合成更高速
率的信号 E1/T1；计算机之间可以通过 MODEM 连接到 PSTN 上进行通信，传输速率不超过
64 Kb/s，主要有 33.6 Kb/s(V.24 标准)和 56 Kb/s(V.90 标准)。

2．xDSL

（1）xDSL 简介

xDSL 是各种类型数字用户线路（Digital Subscribe Line，DSL）的总称，包括 ADSL、RADSL、VDSL、SDSL、IDSL 和 HDSL 等。

xDSL 中"x"表示任意字符或字符串，根据采取不同的调制方式，获得的信号传输速率和距离不同，上行信道和下行信道的对称性不同。xDSL 是一种新的传输技术，在现有的铜质电话线路上采用较高的频率及相应调制技术，即利用在模拟线路中加入或获取更多的数字数据的信号处理技术来获得高传输速率（理论值可达到 52 Mb/s）。各种 DSL 技术最大的区别体现在信号传输速率和距离的不同，以及上行信道和下行信道的对称性不同两个方面。

随着 xDSL 技术的问世，铜线从只能传输语音和 56 Kb/s 的低速数据接入，发展到已经可以传输高速数据信号了。ADSL、HDSL/SHDSL 等基于铜线传输的 xDSL 接入技术已经使铜线成为宽带用户接入的一个重要手段，并成为宽带接入的主流技术，为广大用户所采用。在 xDSL 技术体系中，目前在中国应用最为广泛的是基于电话双绞线的第一代 ADSL 技术。但是，随着运营商网络覆盖的逐步扩大及用户业务量的逐渐增加，第一代 ADSL 技术逐渐暴露出一些难以克服的弱点，例如，较低的下行传输速率难以满足一些高速业务的开展，如流媒体业务；所支持的线路诊断能力较弱，随着用户的不断增多，在线路开通前如何快速确定线路质量成为运营商十分头疼的问题；难以解决设备的散热问题等。迫于业务发展的需要，为更好地迎合网络运营和信息消费的需求，ADSL2、ADSL2+、VDSL 等技术应运而生，这里称它们为新一代 xDSL 技术。

总之，xDSL 是利用现有的、广泛应用的普通电话线，实现数字信号的高速传输的一种接入网技术，以满足用户音频、视频、数据等多媒体信息的通信需求。

（2）xDSL 实现技术

xDSL 的实现技术包括：

ADSL：非对称数字用户线（我国使用最广泛）；

RADSL：速率自适应非对称数字用户线；

HDSL：高比特率数字用户线；

VDSL：甚高比特率数字用户线；

SDSL：单线对 HDSL 数字用户线（HDSL2）；

各种 DSL 实现技术的差别如表 5-3 所示。

表 5-3　xDSL 各种技术比较

类型	最大速率	距离	对称	典型应用	PSTN 并存
ADSL/RADSL	下行 8 Mb/s 上行 768 Kb/s	3.5～5.5 km	否	因特网访问、视频点播、远程访问	是
HDSL/SDSL	1.544 或 2.048 Mb/s	5 km	是	T1/E1 专线、无线基站互连、高速 LAN 互连、因特网接入、视频应用	否
VDSL	下行 52 Mb/s 上行 26 Mb/s	0.3～1.5 km	均可	高清晰度电视、多媒体传输、高速 LAN 互连、因特网接入	是

（3）xDSL 的调制方式

各种 DSL 实现技术的主要差别体现在不同的调制方式上，总的来说，DSL 实现技术中的调制方式有如下几种：

① 2B1Q(脉冲幅度调制 PAM 的一种)。用 4 电平脉冲信号表示 2 个二进制位；码间干扰大，需要使用自适应均衡器和回波抵消器；信号频谱延伸到 4 kHz 以下，无法与语音通信并存。

② CAP(无载波幅度相位调制)。属于正交幅度调制 QAM，幅度调制和相位调制的结合；编码效率高，每个传输符号可携带 2～9 位信息；可以与语音通信并存。

③ DMT(离散多音频调制)。把数据调制到多个子载波上：先把数据分配到 256 个宽度为 4.3125 kHz 的信道，每个信道再采用 QAM 调制；理论上，DMT 的数据速率可达 256×32 Kb/s = 8192 Kb/s，可做到信息量的自适应分配，抗噪声性能非常好；根据信道特性和噪声频谱动态调整分配给每个信道的位数；频谱利用率高，在 1 MHz 的带宽上实现了 8 Mb/s 的传输速率；规定为 ADSL 的标准调制方式(ITU-T G.922)。

(4)ADSL 技术

ADSL(Asymmetric Digital Subscriber Line，非对称数字用户线)是我国使用最广泛宽带接入技术，它有两种标准：G.992.1(G.dmt)和 G.992.2(G.lite)。它的特点是上下行非对称，其中用户→端局(上行)：G.dmt: 640 Kb/s，G.lite: 512 Kb/s；而端局→用户(下行)：G.dmt: 6.144 Mb/s(最高 8 Mb/s)，G.lite: 1.5 Mb/s。实际的用户可用速率与线路质量、距离和电信公司的市场策略有关。

① ADSL 系统构成。ADSL 系统由两部分组成：用户端设备和局端设备，如图5.25所示。

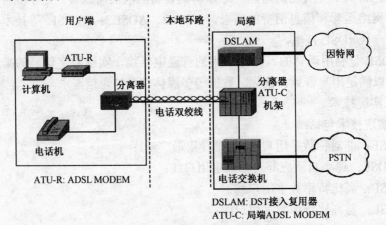

图 5.25　ADSL 连接示意图

用户端设备包括：ADSL Transmission Unit，也称为 ADSL Modem、ADSL 路由器、宽带路由器，以及分离器，前者主要用途是 DMT 调制与解调，数据转发，路由。分离器用于分离语音信号和数据信号。

局端设备包括：DSL 接入复用器(DSL Access Multiplexer，DSLAM)、ADSL 接入和复用、分离器/ATU-C 机架、局端分离器和 ADSL MODEM 组合机柜。

② ADSL 的特点。上行速率与下行速率不相同，这是与因特网访问特点相适应的，下载数据量远大于上传数据量，如 FTP、WWW、视频点播；低的上行速率使近端串扰较低，这样可以简化用户端设备的设计使成本降低；另外仅使用一对铜线，可直接利用原有的电话线；语音和数据同时传输，互不干扰；使用频分复用技术，语音 0～4 kHz，数据 30 kHz～1.1 MHz；用户端和局端都需要安装话音/数据分离器；上网时不用拨号，永远在线(打电话仍需拨号)。

③ ADSL 应用方式。ADSL 的应用方式如图5.26所示。

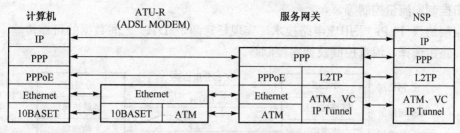

图 5.26 ADSL 应用方式

PPPoE(PPP over Ethernet)，以太网的 HUB 或交换机用双绞线连接到 ATU-R。单机使用时，则用双绞线把网卡与 ATU-R 相连。加载 PPPoE 协议栈，使 PPP 协议工作在以太网上。多个用户可共享一条 ADSL 线。

3. 公用分组交换网 X.25

(1) X.25 简介

X.25 是 20 世纪 70 年代由 CCITT 制定的关于数据终端设备 DTE 和数据电路设备 DCE 之间的接口。目的是在 PSTN 的基础上提供面向连接的分组数据通信服务。X.25 网络是第一个面向连接的网络，也是第一个公共数据网络。其数据分组包含 3 字节头部和 128 字节数据部分。它运行 10 年后，20 世纪 80 年代被无错误控制、无流控制、面向连接的新的帧中继的网络所取代。20 世纪 90 年代以后，出现了面向连接的 ATM 网络。

X.25 协议是 CCITT(ITU)建议的一种协议，它定义终端和计算机到分组交换网络的连接。分组交换网络在一个网络上为数据分组选择到达目的地的路由。X.25 是一种很好实现的分组交换服务，传统上它是用于将远程终端连接到主机系统的。

(2) X.25 的组成

X.25 的组成如图5.27所示，其中：

DTE 为数据终端设备，如计算机、路由器等；

DCE 为数据电路设备，其中又分为：数据电路终端设备如 MODEM 和数据电路交换设备如数字传输设备、分组交换机 PSE 等。

PAD 为分组封包/解封包器。

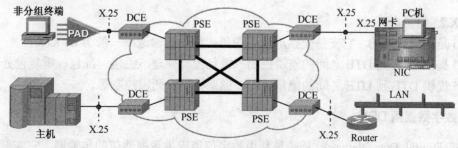

图 5.27 X.25 组成示意图

(3) X.25 的层次

X.25 的层次如图5.28所示，其中：

物理层协议 X.21：DTE 和 DCE 之间的物理接口，包括物理接口的机械、电气、功能和过程特性。

数据链路层协议 LAPB：实现主机 DTE 和交换机 DCE 之间数据的可靠传输，包括帧格式、差错控制和流量控制等。

分组层协议 PLP：采用虚电路技术，实现任意两个 DTE 之间数据的可靠传输，包括分组格式、路由选择、流量控制及拥塞控制等。

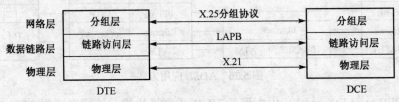

图 5.28　X.25 层次示意图

(4) X.25 的组网方式

X.25 的组网方式如图5.29 所示。X.25 支持两种组网方式，向上层提供面向连接的服务：

交换虚电路(Switch Virtual Circuit)：使用时临时建立，用后拆除。

永久虚电路(Permanent VC)：服务提供商与用户预先商量建立链路，用户发送数据时不需临时建立，用后也无需拆销。

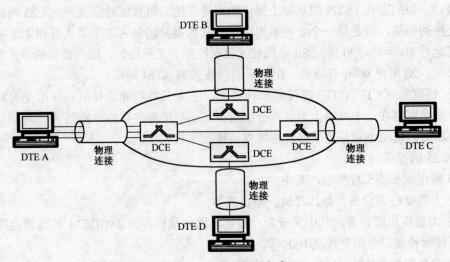

图 5.29　X.25 组网方式

(5) X.25 的特点

X.25 是面向连接的，它支持交换虚电路服务；数据传输速率一般为 64 Kb/s。

X.25 提供 DTE 到 DTE 之间的差错控制：错包校验处理，丢包、乱包、重复包处理。

X.25 提供 DTE 到 DTE 之间的流量控制、拥塞控制、死锁控制等。

4. 数字数据网 DDN

DDN(Digital Data Network)是一种利用数字信道提供数据通信的传输网，它主要提供点到点的数字专线通信服务。主要由通信介质、专线 MODEM、数字交叉连接设备等组成。

(1) DDN 的组成

DDN 主要以硬件为主，对应 OSI 模型的低三层。主要由四大部分组成：本地传输系统、DDN 节点、局间传输及网同步系统、网络管理系统。

① 本地传输系统。本地传输系统由用户设备和用户环路(包括用户线和网络接入单元)组成。用户设备通常是数据终端设备(DTE)、电话机、传真机、计算机等。用户线是一般市话用户电缆。网络接入单元可为基带型或频带型、单路或多路复用传输设备等。

② DDN 节点。DDN 节点的功能主要由两大部分组成：复用和交叉连接。DDN 利用电信网的数字通道工作，通常采用时分复用技术。

③ 局间传输及网同步系统。局间传输及网同步系统由两部分组成：局间传输和同步时钟供给。局间传输是指节点间的数字通道及各节点通过与数字通道的各种连接方式组成的各种网络拓扑。在我国，目前主要采用 T1(2048 Kb/s)数字通道，少部分采用 E1 数字通道。同步时钟供给是由于 DDN 是一个同步数字传输网，为了保证全网所有设备同步工作，必须有一个全国统一的同步方法来确保全网设备的同步。

④ 网络管理系统。对于一个公用的 DDN 来讲，网络管理至少包括：用户接入管理，网络资源的调度和路由管理，网络状态的监控，网络故障的诊断、报警与处理，网络运行数据的收集与统计、计费信息的收集与报告等。

(2)DDN 的网络结构

DDN 的网络结构按网络的组建、运营、管理和维护的责任地理区域，可分为一级干线网、二级干线网和本地网三级。各级网络应根据其网络规模、网络和业务组织的需要，参照前面介绍的 DDN 节点类型，选用适当类型的节点，组建多功能层次的网络。可由 2 兆节点组成核心层，主要完成转接功能；由接入节点组成接入层，主要完成各类业务接入；由用户节点组成用户层，完成用户入网接口。

(3)网络业务

DDN 网络业务分为专用电路、帧中继、压缩话音/G3 传真、虚拟专用网等业务。DDN 的主要业务是向用户提供中高速率、高质量的点到点和点到多点数字专用电路(简称专用电路)；在专用电路的基础上，通过引入帧中继服务模块(FRM)，提供永久性虚电路(PVC)连接方式的帧中继业务；通过在用户入网处引入话音服务模块(VSM)提供压缩话音/G3 传真业务。在 DDN 上，帧中继业务和压缩话音/G3 传真业务均可看做在专用电路业务基础上的增值业务。对压缩话音/G3 传真业务可由网络增值，也可由用户增值。

DDN 专线与电话专线的区别在于：DDN 专线是半固定非交换式的物理连接，采用 PVC 通信方式，可人工灵活配置，是数字信道，带宽大、质量好、数据传输速率高(64 Kb/s～45 Mb/s)；电话专线是固定的物理连接，采用电路交换，是模拟信道，带宽小、质量差、数据传输速率低(64 Kb/s)。

DDN 专线与 X.25 的区别在于：X.25 是分组交换网，具有 3 层协议，保证数据包在两个 DTE 之间可靠传输；DDN 不具有自动交换功能，只有物理层接口，提供两个相邻 DTE 之间的数据快速传输，但通信的正确性由 DTE 自己提供。

5. 帧中继

FR(Frame Relay)是由 X.25 分组交换技术基础上演变而来的，为了提高网络的传输速率，FR 放弃了 X.25 的差错控制和流量控制功能，当 FR 交换机收到错帧时只是简单地丢弃之，不提供确认包，这些功能由客户端自行完成，从而简化了协议。FR 提供的也是虚电路服务，其传输速率可达到 2～45 Mb/s。

典型的帧中继网络由用户设备与网络交换设备组成，如图 5.30 所示。作为帧中继网络核心设备的 FR 交换机，其作用类似于前面讲到的以太网交换机，都是在数据链路层完成对帧的传送，只不过 FR 交换机处理的是 FR 帧而不是以太网帧。帧中继网络中的用户设备负责把数据帧送到帧中继网络，用户设备分为帧中继终端和非帧中继终端两种，其中非帧中继终端必须通过帧中继装拆设备 FRAD 接入帧中继网络。

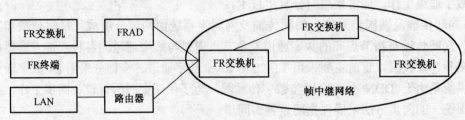

图 5.30　帧中继网络

(1)帧中继的特点

帧中继具有许多的特点。首先，帧中继采用统计复用技术为用户提供共享的网络资源，提高了网络资源的利用率。帧中继不仅可以提供用户事先约定的带宽，而且在网络资源富裕时，允许用户使用超过预定值的带宽，而只用付预定带宽的费用。其次，帧中继在 OSI 模型中仅实现物理层和链路层的核心功能，这样大大简化了网络中各个节点机之间的处理过程，有效地降低了网络时延。第三，帧中继提供了较高的传输质量。高质量的线路和智能化的终端是实现帧中继技术的基础，前者保证了传输中的误码率很低，即使出现了少量的错误也可以由智能终端进行端到端的恢复。另外，在网络中还采取了 PVC 管理和拥塞管理，客户智能化终端和交换机可以清楚了解网络的运行情况，不向发生拥塞和已删除的 PVC 上发送数据，以避免造成信息的丢失，进一步保证了网络的可靠性。第四，从网络实现角度，帧中继只需对现有数据网上的硬件设备稍加修改，同时进行软件升级就可以实现，操作简单，实现方便。

(2)帧中继的应用

帧中继技术首先在美国和欧洲得到应用。帧中继的应用领域十分广泛，目前主要用于 LAN 互连、图像传送和组建虚拟专用网等。我国的公用分组交换网和数字数据网(DDN)都引入了帧中继技术。一般来说帧中继技术适用于以下情况：当用户需要数据通信，其带宽要求为 64 Kb/s～2 Mb/s，而参与通信的各方多于两个时，使用帧中继是一种较好的方案；当数据业务量为突发性时，由于帧中继具有动态分配带宽的功能，选用帧中继可以有效地处理突发性数据。

6. 交换式多兆位数据服务(SMDS)

SMDS(Switched Multi-megabit Data Service)是用于连接多个 LAN，并进行高速数据传输的系统。

SMDS 采用交换技术，用来连接多个局域网；

SMDS 的设计针对突发的数据通信；

SMDS 标准速率是 45 Mb/s，也支持低于 45 Mb/s 的速率；

SMDS 提供无连接的数据传输服务。

7. B-ISDN/ATM

综合业务数字网 ISDN(Integrated Service Digital Network)就是在一个网络系统中可以传送和处理各种类型的数据，向用户提供多种业务服务，如电话、传真、视频及数据通信等。

第一代 ISDN 为窄带 ISDN（N-ISDN），由 ITU-T 于 1984 年发布。N-ISDN 利用 64 Kb/s 的信道作为基本信道，采用电路交换技术。

基本访问速率：采用 2 个 64 Kb/s 的基本信道（B 信道）和 1 个 16 Kb/s 的 D 信道，组成 2B+D，2 个 B 信道（128 Kb/s）用来传数据，D 信道用来传控制信息。

基群访问速率：可由 23B+D（北美、日本）或 30B+D（欧洲）组成，速率为 1.55 Mb/s 和 2 Mb/s。仍不能满足要求，如 VOD、Hi-TV。

第二代 ISDN 为宽带 ISDN（B-ISDN）。为了支持更高的数据传输速率（如 155 Mb/s 或 622 Mb/s），第二代 B-ISDN 需解决两大技术问题：高速传输，光纤通信技术，如 WDM；高速交换，异步传输模式 ATM，信元交换。

8. 异步传输模式 ATM

ATM（Asynchronous Transfer Mode）采用 TDM 技术，把数据分成长度较小且固定长（53 字节）的信元（cell），信元头 5 字节，数据 48 字节，然后采用分组交换技术进行传输。ATM 是一种传输模式，在这一模式中信息被组织成信元，因包含来自某用户信息的各个信元不需要周期性出现，这种传输模式是异步的（见图 5.31）。

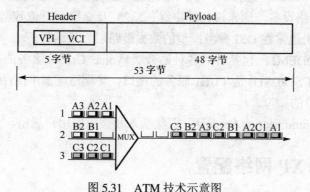

图 5.31　ATM 技术示意图

促进 ATM 技术发展的因素主要有：用户对网络带宽与对带宽高效、动态分配需求的不断增长；用户对网络实时应用需求的提高；网络的设计与组建进一步走向标准化的需要。但是，关键还在于 ATM 技术能保证用户对数据传输服务的质量 QoS（Quality of Service）的需求。目前的网络应用已不限于传统的语言通信与基于文本的数据传输。在多媒体网络应用中需要同时传输语音、数字、文字、图形与视频信息等多种类型的数据，并且不同类型的数据对传输的服务要求不同，对数据传输的实时性要求也越来越高。这种应用将增加网络突发性的通信量，而不同类型的数据混合使用时，各类数据的服务质量 QoS 是不相同的。多媒体网络应用及实时通信要求网络传输的高速率与低延迟，而 ATM 技术能满足此类应用的要求。目前存在的传统线路交换与分组交换都很难胜任这种综合数据业务的需要。线路交换方式的实时性好，分组交换方式的灵活性好，而 ATM 技术正是实现了这两种方式的结合，它能符合 B-ISDN 的需求，因此 B-ISDN 选择 ATM 作为它的数据传输技术。

ATM 信元是固定长度的分组，共有 53 字节，分为 2 部分。前面 5 字节为信头，主要完成寻址的功能；后面的 48 字节为信息段，用来装载来自不同用户、不同业务的信息。话音、数据、图像等所有的数字信息都要经过切割，封装成统一格式的信元在网中传递，并在接收端恢复成所需格式。由于 ATM 技术简化了交换过程，去除了不必要的数据校验，采用易于处理的固定信元格式，所以 ATM 交换速率大大高于传统的数据网，如 X.25、DDN、帧中继等。另外，对于如此高速的数据网，ATM 网络采用了一些有效的业务流量监控机制，对网上用户数据进行实时监控，把网络拥塞发生的可能性降到最小。对不同业务赋予不同的"特权"，如语音的实时性特权最高，一般数据文件传输的正确性特权最高，网络对不同业务分配不同的网络资源，这样不同的业务在网络中才能做到"和平共处"。

在实际运用中，ATM 技术无法对所有用户提供廉价的共享传输，所以一种将 ATM 与 PON 结合的新型技术出现了，即 APON 技术。它结合了二者的优点，相对其他接入方式来说，具有以下优点：系统稳定、可靠；可以适应不同带宽、传输质量的需求；与有线电视 CATV 相比，每个用户可占用独立的带宽，而不会发生拥塞；接入距离可以达到 20～30 km。

5.4.3　广域网设备

根据定义，广域网连接相隔较远的网络设备，这些设备包括：

路由器（Router）：提供诸如局域网互连、广域网接口等多种服务，包括 LAN 和 WAN 的设备连接端口。

WAN 交换机（Switch）：连接到广域网带宽上，进行语音、数据资料及视频通信。WAN 交换机是多端口的网络设备，通常进行帧中继、X.25 及交换百万位数据服务（SMDS）等流量的交换。WAN 交换机通常在 OSI 参考模型的数据链路层之下运行。

调制解调器（MODEM）：包括针对各种语音级（Voice Grade）服务的不同接口，信道服务单元/数字服务单元（CSU/DSU）是 T1/E1 服务的接口，终端适配器/网络终结器（TA/NT1）是综合业务数字网（ISDN）的接口。

通信服务器（Communication Server）：汇集拨入和拨出的用户通信。

5.5　Windows XP 网络配置

网络在人们的日常工作和学习中发挥着越来越重要的作用。Windows XP 提供的网络安装向导功能可以帮助用户轻松配置各种网络，从接入 Internet 到组建局域网，都能得到 Windows XP 的可靠支持。

本节简要介绍 Windows XP 网络配置，通过学习了解和掌握以下内容：安装网络客户端；安装和设置网络协议；接入 Internet；理解局域网的组建原理；网络向导的使用方法；对等网络资源的使用；设置网络 ID。

1. Windows XP 网络简介

网络就是由许多不同用途、不同目的的站点，以相同的协议和方式进行连接，完成信息传输和信息交换的所有硬件及软件的集合。通过通信设施（通信线路及设备）将地理上相对独立分布的多个计算机系统互联起来，进行信息交换、资源共享、互操作和协同处理的系统，称为计算机网络。

Windows XP 为广大用户提供了精心集成的、高性能且可管理的 32 位网络体系结构。它的兼容性保证了对现有模式组件的支持，又使 Windows XP 的新 32 位保护模式兼容于现在的基于 MS-DOS 的 16 位应用程序和设备驱动程序，以及基于 Windows 的 16 位应用程序和动态链接程序。

2．连接 Internet

在连接 Internet 前要安装所需的网络组件。Windows XP 在网络应用方面提供了许多核心组件，包括由安装程序自动安装的网络组件和许多附加的组件供用户选择安装，以扩展 Windows XP 的网络功能。这些组件分为 3 类：客户端、服务及协议。

3．安装客户端

客户端软件使计算机能与特定的网络操作系统通信，网络客户端软件提供了共享网络服务器上的驱动器和打印机的能力。用户在配置客户端软件时，可根据自身情况选择安装相应的软件。如图5.32所示为选择要安装的网络组件类型。

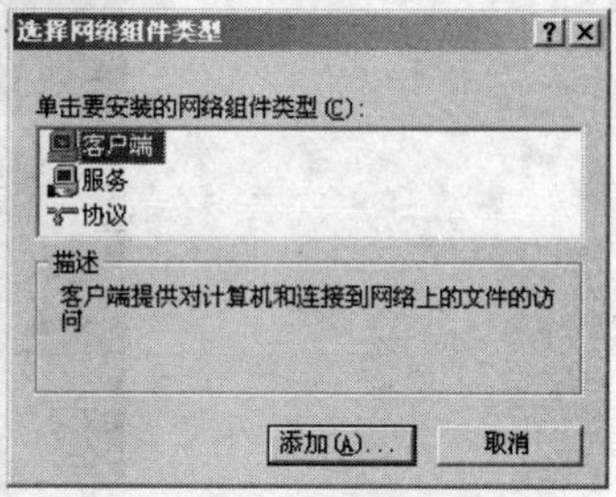

图 5.32　选择网络组件

4．安装通信协议

协议是网络上计算机通信的基本语言，它定义了一台计算机怎样找到另一台计算机，以及它们之间传送数据时所遵守的规则。目前最流行的网络协议为：IPX/SPX；TCP/IP；NetBEUI。

5．接入 Internet

目前最常用的接入 Internet 的方式为小区宽带和 ADSL。

根据小区宽带的 ISP（Internet 接入服务商）不同，要进行的配置也略有不同。大部分情况下，在连接网线后，只需根据 ISP 所提供的信息来配置 TCP/IP 网络协议，即可接入 Internet。

如果没有小区宽带，用户要想享受宽带上网乐趣，则可到当地电话局申请开通 ADSL 业务。ADSL 接入方式通过电话线来连接 Internet，因此需要一个 ADSL 调制解调器，将计算机和电话线相连接。

6．组建与配置局域网

Windows XP 的网络连接包括局域网的连接和 Internet 的连接。系统为这两种连接提供了向导功能，使得网络连接在 Windows XP 中变得简单易行。

（1）局域网的组建

小型局域网具有占地空间小、规模小、建网经费少等特点，常用于办公室、学校多媒体教室、游戏厅、网吧，甚至家庭中的两台电脑也可以组成小型局域网。小型办公局域网的主要作用是实施网络通信和共享网络资源。组成小型局域网以后，我们可以共享文件、打印机、扫描仪等办公设备，还可以用同一台 MODEM 上网，共享 Internet 资源。

在创建局域网之前，必须考虑好局域网的连网方式，要对网络进行整体性规划。网络规划主要指操作系统的选择和网络结构的确定。目前应用较为广泛的小型局域网主要有对等网（Peer To Peer）和客户机/服务器网（Client/Server）这两种网络结构。

使用网络安装向导设置局域网。系统自动安装的网络组件仅仅是组网的基本成分。为了能让系统搜集当前网络上的必要的其他信息。建议用户运行"网络安装向导"，如图 5.33 所示，该向导将完成网络安装的其他任务。

（2）对等网络资源的使用

在网络上，如果想使用其他计算机上的共享资源，必须首先连接到该计算机上。在

Windows XP 的桌面上，双击"网上邻居"图标，打开"网上邻居"窗口。在该窗口中，列出了当前网络中所有已经共享的文件夹，如图 5.34 所示。

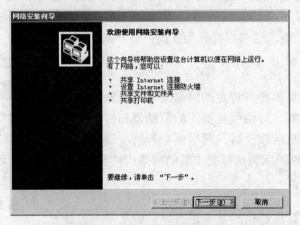

图 5.33　网络安装向导的使用

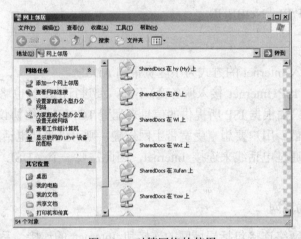

图 5.34　对等网络的使用

7. 设置网络 ID

设置网络 ID 的目的是让用户能加入到某个域中，域服务器可以是 Windows 2000 Server 或 Windows XP。图 5.35 所示为"网络标识向导"对话框。

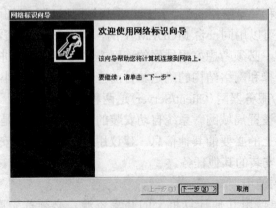

图 5.35　网络标识向导对话框

习 题 5

1. 局域网有哪些特点？

2. 简述 CSMA/CD 工作原理。

3. 当局域网刚刚问世时，总线型以太网被认为可靠性比星型结构的网络好。但现在以太网又回到了星型结构，使用集线器作为交换节点。那么以前的看法是否不正确？

4. 组建局域网需要哪些网络硬件设备？说明其工作原理。

5. 局域网的拓扑结构有哪几种？

6. 以太网的覆盖范围受限的一个原因是：如果站点之间的距离太大，那么由于信号传输时会衰减得很多，因而无法对信号进行可靠的接收。试问：如果我们设法提高发送信号的功率，那么是否就可以提高以太网的通信距离？

7. 以太网使用载波监听多点接入碰撞检测协议 CSMA/CD。频分复用 FDM 才使用载波。以太网有没有使用频分复用？

8. 共享式以太网有哪些特点？

9. 交换机是如何转发数据帧的？

10. 交换机如何学习 MAC 地址表？

11. 交换机如何进行分类？

12. 交换机的连接有哪些方法？

13. 虚拟局域网有哪些优点？

14. 虚拟局域网组网方法有哪几种？

15. 常用的无线局域网设备有哪些？它们各自的功能又是什么？

16. 无线局域网的网络结构有哪几种？

17. 广域网接入需要哪些网络设备？

18. 虚电路中的"虚"是什么含义？如何区分一个网络节点所处理的多个虚电路？

19. 一个分组交换网其内部采用虚电路服务，沿虚电路共有 n 个节点交换机(包括端节点)，在交换机中为每个方向设有一个缓存，可存放一个分组。在交换机之间采用停止等待协议，并采用以下的措施进行拥塞控制。节点交换机在收到分组后要发回确认，但条件是：

(1)接收端已成功地收到了该分组；

(2)有空闲的缓存。

设发送一个分组需 T 秒(数据或确认)，传输的差错可忽略不计，主机和节点交换机之间的数据传输时延也可忽略不计。试问：分组交付给目的主机的速率最快为多少？

20. 广域网协议有哪几种？

21. 广域网连接有哪几种类型？

22. DDN 网络有哪几部分组成？

23. ISDN 有何特点？

24. ISDN 的两种基本速率服务指什么？

25. 分组交换网有哪几部分组成？

26. 帧中继有什么特点？

27. 802.3 CSMA/CD 网络用截断的二进制指数类型算法计算退避时间 Delay：Delay = $r \times 2\tau$，$2\tau = 51.2\,\mu s$，试计算第 1 次、第 4 次、第 12 次重发时 Delay 的取值范围。

28. 有 10 个站连接到以太网上。试计算以下三种情况下每个站所能得到的带宽。

(1) 10 个站都连接到一个 10 Mb/s 以太网集线器；

(2) 10 个站都连接到一个 100 Mb/s 以太网集线器；

(3) 10 个站都连接到一个 10 Mb/s 以太网交换机。

29. 假定 1 km 长的 CSMA/CD 网络的数据率为 1 Gb/s。设信号在网络上的传播速率为 200000 km/s。求能够使用此协议的最短帧长。

30. 令牌环形网的数据传输速率 $v = 5$ Mb/s，传播时延 $u = 5\,\mu s/km$，试问 1 位的时延 T_d 相当于多长的线路。

31. 现有 5 个站分别连接在 3 个局域网上，并用两个网桥连接起来，如图 5.36 所示。每个网桥的两个端口号都标明在图上。在一开始，两个网桥中的转发表都是空的。以后有以下各站向其他的站发送了数据帧，即 H1 发送给 H5，H3 发送给 H2，H4 发送给 H3，H2 发送给 H1。试将有关数据填写在下表中。

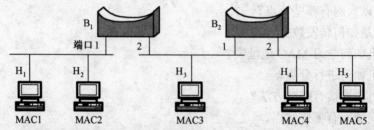

发送的帧	网桥 1 的转发表		网桥 2 的转发表		网桥 1 的处理	网桥 2 的处理
	站地址	端口	站地址	端口	(转发?丢弃?登记?)	(转发?丢弃?登记?)
H1→H5						
H3→H2						
H4→H3						
H2→H1						

图 5.36　习题 31 图

第6章 网络技术与网络安全

本章导读：本章主要学习当前主流的无线网络技术、多媒体通信技术和网络安全等方面的知识，了解相关的概念和系统原理。

教学内容：无线网络技术的基本概念、移动 Wi-Fi 技术原理及 3G 宽带技术；多媒体通信关键技术及应用；网络的安全机制，以及常用的网络安全技术等。

教学要求：掌握无线网络技术的基本概念、移动 Wi-Fi 技术原理及 3G 宽带技术；掌握多媒体通信的基本概念、多媒体通信关键技术和网络电话、会议电视等多媒体通信应用系统的组成及有关协议；掌握计算机网络安全的基本概念、网络面临的各种安全威胁、产生安全威胁的原因、网络的安全机制，以及常用的网络安全技术。

6.1 无线网络技术

计算机网络技术按照传输介质分为有线网络技术和无线网络技术。有线网络技术前面已有详细介绍。

无线网络技术是指采用无线传输媒介的通信网络技术，结合了最新的计算机网络技术和无线通信技术，是有线网络技术的有效延伸。与有线网络技术相比，无线网络技术具有开发运营成本低、投资回报快，容易扩展，受周边环境影响小，组网灵活等优点，可实现 4W 通信（任何人在任何时间，任何地点以任何方式与任何人通信）。随着 IEEE802.11 标准的制定和推行，无线网络技术的产品将更加丰富，不同产品的兼容性将得到加强，无线网络的传输速率将不断提高。

通信市场正在呈现出话音业务移动化，数据业务宽带化的发展趋势，无线化和宽带化是通信网络接入层发展的总趋势

6.1.1 移动 Wi-Fi 技术

1. 移动 Wi-Fi 概述

移动 Wi-Fi 是一种短程无线传输技术，能够在数百英尺范围内支持互联网接入的无线电信号，可以将个人电脑、手持便携设备，如 PDA、数码相机、手机等终端以无线方式互相连接的技术。Wi-Fi 是由 Wi-Fi 联盟（Wi-Fi Alliance）所持有的无线网络通信技术的品牌，Wi-Fi 即是无线保真的缩写，也是指"无线相容性商业认证"，目的是改善基于无线网络技术 IEEE 802.11 标准的网络产品之间的互通性。

Wi-Fi 联盟成立于 1999 年，当时的名称叫做 Wireless Ethernet Compatibility Alliance（WECA）。2002 年 10 月，正式改名为 Wi-Fi Alliance。随着无线网络技术的发展，以及 IEEE 802.11a 及 IEEE

图 6.1　Wi-Fi 标志

802.11g 等标准的出现，现在 IEEE 802.11 标准已被统称为 Wi-Fi。从应用层面来说，要使用 Wi-Fi，用户首先要有 Wi-Fi 兼容的用户端装置。

2. 移动 Wi-Fi 热点

能够访问 Wi-Fi 网络的地方称为热点，是通过在互联网连接上安装访问点来创建的，所支持的速度最高达 54 Mb/s，一般覆盖 300 英尺。当一台支持 Wi-Fi 的设备(如 Pocket PC)遇到一个热点时，这个设备可以用无线方式连接到该网络。大部分热点都位于供大众访问的地方，如机场、咖啡店、旅馆、书店及校园等。许多家庭和办公室也拥有 Wi-Fi 网络。虽然有些热点是免费的，但是大部分稳定的公共 Wi-Fi 网络是由私人互联网服务提供商(ISP)提供的，因此会在用户连接到互联网时收取一定费用。

3. 移动 Wi-Fi 的组成

Wi-Fi 是由接入点(AP)和无线网卡组成的无线网络，如图 6.2 所示。接入点是传统的有线局域网络与无线局域网络之间的桥梁，相当于一个内置无线发射器的 HUB 或无线路由器，可通过 AP 去分享有线局域网络甚至广域网络的资源。无线网卡则是负责接收由 AP 所发射信号的客户端设备。根据无线网卡使用的标准不同，Wi-Fi 的速度也不同，其中 IEEE802.11b 最高为11 Mb/s(部分厂商在设备配套的情况下可以达到 22 Mb/s)，IEEE802.11a 为 54 Mb/s、IEEE802.11g 也为 54 Mb/s。

图 6.2　AP 和无线网卡

4. 移动 Wi-Fi 的优势

Wi-Fi 技术传输的无线通信质量、传输质量和数据安全性能比蓝牙技术相比有待改进，但具备突出的优势：

(1)无线电波的覆盖范围广，基于蓝牙技术的电波覆盖范围非常小，半径大约只有 50 英尺，而 Wi-Fi 的半径则可达 300 英尺，办公室甚至在整栋大楼中也可使用。有公司宣称能够把目前 Wi-Fi 无线网络 300 英尺的通信距离扩大到 4 英里。

(2)传输速率快，可以达到 54 Mb/s，不需要布线，可以不受布线条件的限制，适合移动办公用户的需要，符合个人和社会信息化的需求，具有广阔市场前景。

(3)厂商进入该领域的门槛比较低。厂商只要在机场、车站、咖啡店、图书馆等人员较密集的地方设置"热点"，并通过高速线路将因特网接入上述场所。厂商不用耗费资金进行网络布线接入，从而节省了大量的成本。

(4)健康安全。IEEE802.11 规定的发射功率不可超过 100 mW，实际发射功率约 60～70 mW，比手机的发射功率(约为 200～1000 mW)还低，而且 Wi-Fi 无线网络使用方式并非像手机直接接触人体，是绝对安全的。

5. Wi-Fi 标准

WLAN 标准主要包括 802.11b、802.11a 和 802.11g 等。目前，WLAN 的推广和认证工作主要由产业标准组织 Wi-Fi 联盟完成，所以 WLAN 技术常常被称为 Wi-Fi 技术。

802.11b 采用 2.4 GHz 的频段，可支持 11 Mb/s 的共享接入速率。

802.11a 采用 5 GHz 的频段，其速率高达 54 Mb/s，采用 OFDM（正交频分复用）技术，但无障碍的接入距离降到 30～50 m。

802.11b 采用 2.4 GHz 的频段，可支持 11 Mb/s 的共享接入速率，覆盖范围 100 米。

802.11g 其实是一种混合标准，既能适应 802.11b 标准，又符合 802.11a 标准，其速率高达 54 Mb/s，它比 802.11b 速率快 5 倍，并和 802.11b 兼容。

正在等待批准的 IEEE802.11n，其速率高达 300 Mb/s，目前部分厂商已经投入市场应用。

6. 移动 Wi-Fi 的发展

近两年来，无线 AP 的数量呈迅猛的增长，无线网络的方便与高效使其能够得到迅速普及。国外已经有先例以无线标准来建设城域网，国内的移动运营商正在部署无线城市，因此，Wi-Fi 的无线地位将日益牢固。截至 2010 年 6 月，共有一半 Wi-Fi Alliance 成员公司来自亚洲，包括约 150 家服务提供商、设备制造商及芯片与软件公司，Wi-Fi Alliance 在亚洲还拥有 9 家授权试验室，为客户提供以 Wi-Fi 技术为基础的产品与服务。2010 年 8 月 31 日，Wi-Fi Alliance 发布了一份新白皮书，详细介绍 Wi-Fi CERTIFIED™ n 如何为 Wi-Fi 技术在中国的暴发性增长提供支持。新白皮书与 In-Stat China 合作，描述了 Wi-Fi CERTIFIED™ 产品在中国市场的需求预期，讨论了 Wi-Fi CERTIFIED™ n 带来的技术进步（包括空间多流技术与高效机制），并展示了这种技术在移动网络、数字家庭和企业部署中的应用。

Wi-Fi CERTIFIED™ n 是新一代 Wi-Fi 技术，其性能与射程分别是上一代 Wi-Fi 标准的 5 倍和 2 倍。随着中国快速进入无线连接普及的时代，中国的新型互连社会对连接性和数据的需求不断增加。在全球市场上，凭借改进的可互操作性与安全特性，已有半数以上的 Wi-Fi 产品采用了 Wi-Fi CERTIFIED™ n 技术。

对于 GPRS、CDMA1x、1xRTT、EV-DO、EV-DV 等技术而言，上下链路数据业务的对称性是 Wi-Fi 的一个明显优势。对于 3G 室内的 2 Mb/s 数据速率，Wi-Fi 也具有绝对的优势，它目前采用的是 802.11b 标准，理论数据速率可达 11 Mb/s，实际的物理层数据速率支持 1、2、5.5、11 Mb/s 可调，覆盖范围从 100～300 m。随着 802.11g/a、802.16e、802.11i、WiMAX 等技术、协议标准的制定和完善，加上 Wi-Fi 联盟对市场快速的反应能力，Wi-Fi 技术正在进入一个快速发展的阶段。其中，作为 802.11b 发展的后继标准 802.16X（WiMAX，全球微波接入互操作性），已经在 2003 年 1 月正式获得批准，它可以和 802.11b/g/a 无线接入热点互为补充，构筑一个完全覆盖城域的宽带无线技术。Wi-Fi/WiMAX 作为 Cable 和 DSL 的无线扩展技术，它的移动性与灵活性为移动用户提供了真正的无线宽带接入服务，实现了对传统宽带接入技术的带宽特性和 QoS 服务质量的延伸。

对于 Wi-Fi 技术而言，漫游、切换、安全、干扰等方面都是运营商组网时需考虑的重点。随着骨干传输网容量和传输速率的提高，无论采用平面或两层的架构，都不会影响到用户的宽带快速接入；随着 IAPP 以及 Mobile IP 技术的完善，IPv6 的发展也可以最终解决漫游和切换的问题；802.11i 标准的产生将提供更多的包括 WPA2、多媒体认证等安全策略；不断成熟的组网方案和干扰预检测机制都可以减少频率资源开发带来的干扰。

Wi-Fi/WiMAX 的市场目标是成为宽带无线接入城域网技术，基本目标是要提供一种城域网领域点对多点的多厂商环境下可有效地互操作的宽带无线接入手段，以实现满足 3G 标准的以无线广域网 WWAN 为基本模式、以公众语音及多媒体数据为内容、在全球范围内漫游的个人手机终端的基本市场定位。Wi-Fi/WiMAX 也可以作为 3G 无线广域/城域、多点基站互联支持手段的补充。

Wi-Fi 是目前无线接入的主流标准，在 Intel 的强力支持下，下一代 Wi-Fi 技术将是全面兼容现有 Wi-Fi 的 WiMAX 技术，对比 Wi-Fi 的 802.11X 标准，WiMAX 是 802.16x 标准。WiMAX 技术具有更远的传输距离、更宽的频段选择及更高的接入速度等，预计会在未来几年间成为无线网络的一个主流标准，Intel 计划将来采用该标准来建设无线广域网络。相比现在的无线局域网或城域网，是质的变革，而且兼容现有设备。

总而言之，家庭和小型办公网络用户对灵活的、无需布线的和移动连接的需求是无线局域网市场增长的动力。目前，美国、日本、韩国和欧洲等发达国家是 Wi-Fi 用户最多的地区，中国发展 Wi-Fi 用户的潜力巨大，随着电子商务和移动办公的进一步普及，廉价的 Wi-Fi 必将成为随时需要进行网络连接用户的必然之选。

6.1.2　3G 无线宽带技术

1．3G 技术概述

第三代移动通信技术(3rd-generation, 3G)，是将无线通信与国际互联网等多媒体通信结合的、支持高速数据传输的新一代移动通信系统。3G 服务能够同时传送声音及数据信息(包括视频等多媒体信息)，速率一般在几百 Kb/s 以上。目前国际 3G 技术存在四种标准：CDMA2000、WCDMA、TD-SCDMA，WiMAX。

国际电信联盟(ITU)在 2000 年 5 月确定 W-CDMA、CDMA2000 和 TD-SCDMA 三大主流无线接口标准，写入 3G 技术指导性文件《2000 年国际移动通讯计划》(简称 IMT-2000)。

3G 标准组织主要由 3GPP、3GPP2 组成，以 CDMA 码分多址技术为核心。其中 TD-SCDMA、WCDMA 由 3GPP 负责具体标准化工作；而 CDMA2000 由 3GPP2 负责具体标准化工作。为了提供 3G 服务，无线网络必须能够支持不同的数据传输速率，也就是说在室内、室外和行车的环境中能够分别支持至少 2 Mb/s、384 Kb/s 及 144 Kb/s 的传输速率。

目前国内支持国际电联 ITU 确定 3 个无线接口标准，分别是中国电信的 CDMA2000、中国联通的 WCDMA、中国移动的 TD-SCDMA(具有中国的自主知识产权)。GSM 设备采用的是时分多址，而 CDMA 使用码分扩频技术，至少可提供大于 3 倍 GSM 网络容量，业界将 CDMA 技术作为 3G 的主流技术，3G 主要特征是可提供移动宽带多媒体业务。

2．3G 技术发展历程

1942 年美国女演员海蒂·拉玛和她的作曲家丈夫提出的"展布频谱技术"(Spread Spectrum)是 3G 技术的基础原理，并于 1942 年 8 月获得美国专利。最初该技术是为了帮助美国军方制造出能够对付纳粹德国的电波干扰或防窃听的军事通信系统。

1985 年，美国高通公司利用美国军方解禁的"展布频谱技术"开发出 CDMA 通信技术，CDMA 技术是 3G 的根本基础原理，而展布频谱技术是 CDMA 的基础原理。

2000 年 5 月，国际电信联盟正式公布第三代移动通信标准，我国提交的 TD-SCDMA 正式成为国际标准，与欧洲 WCDMA、美国 CDMA2000 成为 3G 时代最主流的三大技术之一。

2002 年欧美 3G 商业化。

2003 年中国开发 3G。

2004 年以后，3G 进入快速发展阶段。

2009 年 1 月，中国工业和信息化部正式发放 3G 牌照，此举标志我国正式进入 3G 时代。

其中，中国移动增加基于 TD-SCDMA 技术的 3G 牌照；中国电信增加基于 CDMA2000 技术的 3G 牌照；中国联通增加基于 WCDMA 技术的 3G 牌照。

3. 3G 标准简介

（1）WCDMA

WCDMA 是由 3GPP 具体制定的，基于 GSM MAP 核心网，UTRAN（UMTS 陆地无线接入网）为无线接口的第三代移动通信系统。WCDMA 采用直接序列扩频码分多址（DS-CDMA）、频分双工（FDD）方式，码片速率为 3.84 Mc/s，载波带宽为 5 MHz。WCDMA 是基于 GSM 网发展出来的 3G 技术规范，是欧洲提出的宽带 CDMA 技术，该标准提出了 GSM（2G）-GPRS-EDGE-WCDMA（3G）的演进策略。WCDMA 系统能够架设在现有的 GSM 网络上，对系统提供商而言可以较轻易地过渡。预计在 GSM 系统相当普及的亚洲，对 WCDMA 的接受度会相当高，因此 WCDMA 具有先天的市场优势。

目前 WCDMA 有 Release 99、Release 4、Release 5、Release 6 等版本。基于 Release 99/Release 4 版本，可在 5 MHz 的带宽内，提供最高 384 Kb/s 的用户数据传输速率。在 Release 5 版本引入了下行链路增强技术，即 HSDPA（High Speed Downlink Packet Access，高速下行分组接入）技术，在 5 MHz 的带宽内可提供最高 14.4 Mb/s 的下行数据传输速率。在 Release 6 版本引入了上行链路增强技术，即 HSUPA（High Speed Uplink Packet Access，高速上行分组接入）技术，在 5 MHz 的带宽内可提供最高约 6 Mb/s 的上行数据传输速率。

（2）CDMA2000

CDMA2000 是由窄带 CDMA（IS-95A/B 标准）演进而来的第三代移动通信标准，也称为 CDMA Multi-Carrier。CDMA2000 由 3GPP2 负责具体标准化工，可以从原有的 CDMAOne 结构直接升级到 3G，建设成本低廉。目前使用 CDMA 的地区只有日本、韩国和北美，但是 CDMA2000 的研发技术却是目前各标准中进度最快的，许多 3G 手机已经率先面世。该标准提出了从 CDMA IS95（2G）-CDMA20001x-CDMA20003x（3G）的演进策略。CDMA20001x 被称为 2.5 代移动通信技术。CDMA20003x 与 CDMA20001x 的主要区别在于应用了多路载波技术，通过采用三载波使带宽提高。目前中国电信正在采用这一方案向 3G 过渡，并已建成了 CDMA IS95 网络。

目前 CDMA2000 有 Release 0、A、B、C 和 D 五个支持版本，以及由 EIA/TIA 发布的支持 CDMA2000 1x EV-DO 的 IS-856 和 IS-856A 标准。

CDMA2000 1x EV-DO 定位于 Internet 的无线延伸，能以较少的网络和频谱资源（在 1.25 MHz 标准载波中）支持平均速率为：静止或慢速移动，1.03 Mb/s（无分集）和 1.4 Mb/s（分集接收）；中高速移动，700 Kb/s（无分集）和 1.03 Mb/s（分集接收），其峰值速率可达 2.4 Mb/s，而且在 IS-856 版本 A 中可支持高达 3.1 Mb/s 的峰值速率。

（3）TD-SCDMA

TD-SCDMA（Time Division-Synchronization Code Division Multiple Access）是时分同步码分多址接入的简称。该标准是由中国提出的，以我国知识产权为主的被国际上广泛接受和认可的 3G 国际标准。

1999 年 6 月 29 日，中国原邮电部电信科学技术研究院（大唐电信）向 ITU 提出，但技术发明始于西门子公司。TD-SCDMA 从 2001 年 3 月开始，正式写入 3GPP 的 Release 4 版本。目前 TD-SCDMA 已有 Release 4、Release 5、Release 6 等版本。TD-SCDMA 具有辐射低的特点，被誉为绿色 3G。该标准将智能无线、同步 CDMA 和软件无线电等当今国际领先技术融于其中，在频谱利用率、对业务支持具有灵活性、频率灵活性及成本等方面的独特优势。另外，由于中国内地庞大的市场，该标准受到各大主要电信设备厂商的重视，全球一半以上的设备厂商都宣布可以支持 TD-SCDMA 标准。该标准提出不经过 2.5 代的中间环节，直接向 3G 过渡，非常适用于 GSM 系统向 3G 升级。军用通信网也是 TD-SCDMA 的核心任务。

TD-SCDMA 采用不需成对频率的 TDD 双工模式及 FDMA/TDMA/CDMA 相结合的多址接入方式，使用 1.28 Mc/s 的低码片速率，扩频带宽为 1.6 MHz。

基于 Release 4 版本，TD-SCDMA 可在 1.6 MHz 的带宽内，提供最高 384 Kb/s 的用户数据传输速率。TD-SCDMA 在 Release 5 版本引入了 HSDPA 技术，在 1.6 MHz 带宽上理论峰值速率可达到 2.8 Mb/s。

(4) WiMAX

WiMAX 是微波存取全球互通(Worldwide Interoperability for Microwave Access)的简称，又称为 802.16 无线城域网，是为企业和家庭用户提供"最后一英里"的宽带无线连接方案。WiMAX 是针对微波和毫米波频段提出的一种空中接口标准，将此技术与需要授权或免授权的微波设备相结合之后，由于成本较低，将扩大宽带无线市场，改善企业与服务供应商的认知度。2007 年 10 月 19 日，在国际电信联盟在日内瓦举行的无线通信全体会议上，经过多数国家投票通过，WiMAX 正式被批准成为继 WCDMA、CDMA2000 和 TD-SCDMA 之后的第 4 个全球 3G 标准。

WiMAX 系统主要有两个技术标准，一个是指满足固定宽带无线接入的 WiMAX802.16d 标准，另一个是满足固定和移动的宽带无线接入技术 WiMAX802.16e 标准。

从技术的定位上讲，WiMAX 更适合用于城域网建设的"最后一英里"无线接入部分，尤其是对于新兴的运营商更为合适。WiMAX 技术分为固定和移动两部分，因此运营商在市场定位上会面临选择：如果选择提供固定宽带接入，那么市场规模会比较有限；如果立足于移动业务，在运营模式、终端支持、组网方式方面都存在很多挑战，同时也将面临来自3G、E3G 技术的竞争。

4. 3G 主流技术的优势

(1) 漫游能力

良好的全球漫游能力。目前全球大部分国家已经开通 3G 网络，良好的全球漫游能力有利于与其他运营商的合作和吸引高端用户。

(2) 安全性

3G 采用了很多种加密技术，保证通话和数据的安全，不管是话音还是数据都具备很强的保密性，通过多层的协议控制，数据在网络中可以非常安全的传输。

(3) 技术成熟度

3G 于 1996 年提出标准，2000 年完成包括上层协议在内的完整标准的制订工作。3G 网络部署已具备相当的实践经验，有一成套建网的理论，包括对网络的链路预算、传播模型预算，以及计算机仿真等。

(4) 商业模式

商业运作模式成熟，3G 网络得到众多设备商、终端制造商、内容提供商支持，具备一个非常完备的产业链。

5. 4G 技术

4G 技术是第四代移动通信及其技术的简称，是集 3G 与 WLAN 于一体并能够传输高质量视频图像及图像传输质量接近高清晰度电视的技术。4G 系统能够以 100 Mb/s 的速度下载，以 20 Mb/s 的速度上传，并能够满足几乎所有用户对于无线服务的要求。而在用户最为关注的价格方面，4G 与固定宽带网络在价格方面不相上下，而且计费方式更加灵活机动，用户完全可以根据自身的需求确定所需的服务。此外，4G 可以在 DSL 和有线电视调制解调器没有覆盖的地方部署，然后再扩展到整个地区。很明显，4G 有着不可比拟的优越性。

4G 移动系统网络结构可分为三层：物理网络层、中间环境层、应用网络层。物理网络层提供接入和路由选择功能，由无线和核心网的结合格式完成。中间环境层的功能有 QoS 映射、地址变换和完全性管理等。物理网络层与中间环境层及其应用环境之间的接口是开放的，使得发展和提供新的应用及服务变得更为容易，提供无缝高数据率的无线服务，并运行于多个频带。

第四代移动通信系统的关键技术包括信道传输；抗干扰性强的高速接入技术、调制和信息传输技术如多载波正交频分复用调制技术，以及单载波自适应均衡技术等调制方式；高性能、小型化和低成本的自适应阵列智能天线；大容量、低成本的无线接口和光接口；系统管理资源；软件无线电、网络结构协议等。第四代移动通信系统主要是以正交频分复用(OFDM)为技术核心。OFDM 技术的特点是网络结构高度可扩展，具有良好的抗噪声性能和抗多信道干扰能力，可以提供无线数据技术质量更高(速率高、时延小)的服务和更好的性能价格比，能为 4G 无线网提供更好的方案。4G 移动通信对加速增长的宽带无线连接的要求提供技术上的回应，对跨越公众的和专用的、室内和室外的多种无线系统和网络保证提供无缝的服务。通过对最适合的可用网络提供用户所需求的最佳服务，能应付基于因特网通信所期望的增长，增添新的频段，使频谱资源扩展，提供不同类型的通信接口，运用路由技术为主的网络架构，以傅立叶变换来发展硬件架构实现第四代网络架构。移动通信会向数据化、高速化、宽带化、频段更高化方向发展，移动数据、移动 IP 预计会成为未来移动网的主流业务。

6.2　多媒体通信技术

随着计算机网络技术、通信技术和多媒体技术的不断发展，信息时代的爆炸式的发展，人们沟通通信方式正在日新月异的变化。如 IP 电话、视频对话、语音对话、数字图书馆及一些大规模的网络服务，如电子商务、远程教育、远程医疗等都是伴随着多媒体技术的发展而逐渐发展起来的。

6.2.1　多媒体通信技术概述

1. 媒体的概念

ITU-TI.374 将日常生活中媒体的第一个含义定义为感觉媒体，第二个含义定义为存储媒体。此外，国际电信联盟电信标准部(ITU-TSS)对多媒体进行了定义，并制定了 ITU-TI.374 建议。在 ITU-TI.374 建议中，把媒体分为以下五大类。

(1)感觉媒体(Perception Medium)：指能够直接刺激人的感觉器官，使人产生直观感觉的各种媒体。或者说，人类感觉器官能够感觉到的所有刺激都是感觉媒体。例如，人的耳朵能够听到的话音、音乐、噪声等各种声音；人的眼睛能够感受到的光线、颜色、文字、图片、图像等各种有形有色的物体等。感觉媒体包罗万象，存在于人类感觉到的整个世界。

(2)显示媒体(Representation Medium)：指感觉媒体与电磁信号之间的转换媒体。显示媒体分为输入显示媒体和输出显示媒体。输入显示媒体主要负责将感觉媒体转换成电磁信号，如话筒、键盘、光笔、扫描仪、摄像机等。输出显示媒体主要负责将电磁信号转换成感觉媒体，如显示器、打印机、投影仪、音响等。

(3)表示媒体(Presentation Medium)：对感觉媒体的抽象描述形成表示媒体，如声音编码、图像编码等。通过表示媒体，人类的感觉媒体转换成能够利用计算机进行处理、保存、传输的信息载体形式。因此，对表示媒体的研究是多媒体技术的重要内容。

(4)存储媒体(Storage Medium)：指存储表示媒体的物理设备，如磁盘、光盘、磁带等。

(5)传输媒体(Transmission Medium)：指传输表示媒体的物理介质，如电缆、光缆、电磁波等都是传输媒体。

ITU-TI.374 建议将感觉媒体传播存储的各种形式都定义成媒体，人类获得和传递信息的过程就是各种媒体转换的过程。以语音通信为例，甲方要将表达的意愿通过电话网传递给乙方，首先甲方将自己的思想以声音这种感觉媒体表达出来，然后通过输入显示媒体将语音转换成电磁信号，程控交换机通过量化、抽样、编码，将电磁信号转换成表示媒体。表示媒体通过传输媒体传到乙方，然后再经过相反的过程，通过输出显示媒体还原成语音这种感觉媒体。通过各种媒体的有序转换，甲方的语音传到乙方的耳朵里，完成了信息的传递。

通常意义的多媒体一般指多种感觉媒体的组合，如声音、图像、文字、动画等各种感觉媒体的组合。多媒体技术就是利用计算机对多种媒体进行显示表示、存储和传输的技术。其中对多媒体的显示表示就是对多媒体的处理和加工的过程。因此，多媒体技术主要包括多媒体信息处理技术、多媒体存储技术和多媒体通信技术。

2．多媒体通信及特征

多媒体通信是通信技术、多媒体计算机技术和电视技术相结合的产物，同时融合通信的分布性、计算机的交互性、多媒体的复合性及电视的实时性等特点，将多台地理上分散的具有处理多媒体功能的计算机和终端通过高速通信线路互连起来，以达到多媒体通信和共享多媒体资源的网络。人们在传递和交换信息时采用"可视的、智能的、个人的"服务模式，同时利用声、图、文等多种信息媒体。用户可以不受时空限制地索取、传播和交换信息。为了满足上述要求，多媒体通信系统必须具有以下特征。

(1)集成性

多媒体通信系统必须具有集成性。在多媒体通信系统中，必须能同时处理两种以上的媒体信息，包括对各不同媒体信息的采集，信息数据的存储、处理、传输和显示等。其次，由于多媒体中各媒体之间存在着复杂的关系，如时间关系、空间关系、链接关系等，因而所有描述这些关系的信息也必须相应进行处理。

(2)交互性

交互性是指在通信系统中人与系统之间的相互控制能力。只有具有交互性，系统才能不再局限于传统通信系统简单的单向、双向的信息传送和广播，实现真正的多点之间、多种媒体信息之间的自由传输和交换。总之，交互性是多媒体通信系统的一个重要特性，是多媒体通信系统区别于其他通信系统的重要标志。交互性为用户提供了对通信全过程完备的交互控制能力，就像视频点播(Video on Demand，VOD)系统。传统的电视集声音、图像、文字于一体，但不能称其为多媒体通信系统，因为用户只能通过选择不同的频道，观看电视台事先安排好的电视节目，而无法根据自己的需要在适当的时间观看特定的节目。视频点播系统却可以完全满足用户的上述需求。

(3)同步性

同步性是指多媒体通信终端上显示的图像、声音和文字必须以同步方式工作。因此多媒体通信系统中通过网络传送的多媒体信息必须保持其时间对应关系，即同步关系。多媒体终端必须通过不同的传输途径获取不同的信息，并将它们按照特定的关系组合在一起，呈现给用户。可以说，同步性是多媒体系统区别于多种媒体系统的根本标志。另外，同步性也是多媒体通信系统的最大的技术难点之一。

上述三个特征是多媒体通信系统所必须具有的，缺一不可。

3. 多媒体通信的关键技术

多媒体通信技术可分为多媒体通信终端技术、支持多媒体业务的通信网络技术和多媒体应用系统技术三部分。其中关键技术主要有音视频数据压缩编码技术、宽带网络技术、信号处理与识别技术、多媒体存储技术和多媒体数据库技术。

(1)音视频数据压缩编码技术

多媒体信息的信息量通常都很大，特别是视频信息，在不压缩的条件下，其传送速率可在 140 Mb/s 左右，至于高清晰度电视(High Definition Television，HDTV)则高达 1000 Mb/s。为了节约带宽，让更多的多媒体信息在网络中传送，必须对多媒体信息进行高效的压缩。经过了近 20 年的努力，语音信号压缩技术、视频压缩技术有了重大的发展，出现了 H.261、H.263、H.264、MPEG-1、MPEG-2、MPEG-4 等一系列的视频压缩的国际标准，经压缩后的 HDTV 信息速率只有 20 Mb/s。64 Mb/s 的语音信号经压缩后可降到 32 Kb/s，甚至 5~6 Kb/s。为了提高信道利用率，视频与音频压缩编码作为多媒体信源编码技术必须首先解决。

(2)宽带网络技术

尽管通过各种数据压缩能够大大降低多媒体信息的数据率，从而降低多媒体通信对通信网传输速率的要求，即降低了对信道带宽的要求，但压缩后的多媒体数据率仍较高，如前面提到的经压缩后的 HDTV 信息速率仍有 20 Mb/s，为了不失真地进行传输，要求传输信道的带宽应为 20 MHz。目前，以 ATM 技术为核心的 B-ISDN 无疑是多媒体通信的理想网络。IP技术也在飞速发展，ITU-T 于 1996 年 10 月公布了用于 IP 网上的多媒体终端标准——H.323。在 Internet 网上实现多媒体通信也是一个重要的发展方向，但必须解决带宽不易控制、时延不能保证、QoS 不能保证等问题。

接入网是目前通信网中的瓶颈，全光网、无源光网络、光纤到户是公认的理想的接入网，但所需的巨额投入限制了其使用。当前较为有效的解决方案是充分挖掘现有铜线的潜力，将其改造成宽带接入网。

(3)信号处理与识别技术

除了前面已经提到的视频、音频数据压缩编码等对多媒体信息的处理之外，为了适应长距离地传输信号，还必须对信号进行纠错编码，采用适当的调制技术和一定的数字滤波技术。

(4)多媒体存储技术

随着计算机数据量以成倍的速率增长，虽然硬盘的容量越来越大，但依然满足不了用户的需求。尤其是随着多媒体技术的日益普及，硬盘已难以容纳下多媒体程序运行时所需要的图形、图像、声音和音乐等庞大的数据文件。数字化的多媒体对存储技术提出了两方面的要求：其一是大容量存储技术，其二是足够的数据传送带宽和支持多媒体的实时处理功能。

(5) 多媒体数据库技术

多媒体数据类型不同，表示方式也各不相同。当应用数据库技术来支持多媒体应用时，需要将多媒体数据对象的各种固有特性(如是否采用编码形式或结构形式等)映射到相应的表示形式，如正文文件、图像参数文件、图像数据文件、图形结构等。多媒体数据库应能处理数据对象的上述各种表示方式，包括很多复杂数据对象是由异构的子对象组成的情况，如在图形上叠加图像等。

不同对象表示形式、存取方式、绘制方法等各不相同，因此，多媒体数据库还应包括处理不同对象的相关方法库。多媒体数据库与方法库应紧密关联，以便进行数据对象的组合、分解和变换等操作。另外，为方便管理数据对象，应建立数据对象的说明，以便于定义数据对象的二级属性。因此，数据对象、数据对象的说明，以及与对象相关联的方法，是多媒体数据库的三个组成成分。

除了管理的数据类型复杂外，多媒体数据库的另一特点是存在着时间上的限制，这主要是指实时性和同步要求都很严格。

6.2.2　网络电话技术

1. 网络电话概述

网络电话又称 IP 电话(IP Telephony)或 VoIP 电话(Voice over Internet Protocol)，是通过互联网直接拨打对方的固定电话和手机，包括国内长途和国际长途，而且资费比用传统电话拨打便宜 5～10 倍。宏观上讲，可以分为软件电话和硬件电话。软件电话就是在电脑上下载软件，购买网络电话卡，然后通过耳机实现和对方(固话或手机)进行通话；硬件电话比较适合公司、话吧等使用，首先要一个语音网关，网关一边接到路由器上，另一边接到普通的话机上，然后普通话机即可直接通过网络自由呼出了。

网络电话是在 IP 网络即信息包交换网络上进行的呼叫和通话，而不是在传统的公众交换电话网络上进行的呼叫和通话，IP 电话是最近几年来全球多媒体通信中的一个热点技术。

在信息包交换网络上传输声音的研究始于 20 世纪 70 年代末和 80 年代初，而真正开发 IP 电话市场始于 1995 年，VocalTec 公司率先使用 PC 软件在 IP 网络上的两台 PC 之间实现通话。1996 年科技人员在 IP 网络和 PSTN 网络之间的用户做了第一次通话尝试。1997 年出现具有电话服务功能的网关，1998 年出现具有电话会议服务功能的会务器，1999 年是开始应用 IP 电话之年。2000 年开始 IP 电话用在移动 IP 网络上，例如，通用信息包交换无线服务(General Packet Radio Service, GPRS)或通用移动电话系统(Universal Mobile Telecommunications System, UMTS)。

IP 电话允许在使用 TCP/IP 协议的因特网、内联网或者专用 LAN 和 WAN 上进行电话交谈。内联网和专用网络可提供比较好的通话质量，与公用交换电话网提供的声音质量可以媲美；在因特网上目前还不能提供与专用网络或 PSTN 那样的通话质量，但支持保证服务质量(QoS)的协议有望改善这种状况。在因特网上的 IP 电话又称做因特网电话(Internet Telephony)，它意味着只要收发双方使用同样的专有软件或者使用与 H.323 标准兼容的软件就可以进行自由通话。通过因特网电话服务提供者(Internet Telephony Service Providers,

ITSP)，用户可以在 PC 与普通电话(或可视电话)之间或者普通电话(或可视电话)之间通过 IP 网络进行通话。从技术上看，VoIP 比较侧重于声音媒体的压缩编码和网络协议，而 IP Telephony 比较侧重于指各种软件包、工具和服务。

2. 网络电话与 PSTN 电话的技术差别

为了解 IP 电话和 PSTN 电话在技术上的差别，首先看在 IP 网络上传送声音的基本过程。如图6.3所示，拨打 IP 电话和在 IP 网络上传送声音的过程可归纳如下：

(1)来自麦克风的声音在声音输入装置中转换成数字信号，生成"编码声音样本"输出。

(2)这些输出样本以帧为单位(如 30 ms 为一帧)组成声音样本块，并复制到缓冲存储器。

(3)IP 电话应用程序估算样本块的能量。静音检测器根据估算的能量来确定这个样本块是作为"静音样本块"来处理，还是作为"说话样本块"来处理。

(4)如果这个样本块是"说话样本块"，就选择一种算法对它进行压缩编码，算法可以是 H.323 中推荐的任何一种声音编码算法，或者全球数字移动通信系统(Global System for Mobile Communications，GSM)中采用的算法。

(5)在样本块中插入样本块头信息，然后封装到用户数据包协议(UDP)套接(Socket Interface)成为信息包。

(6)信息包在物理网络上传送。在通话的另一方接收到信息包之后，去掉样本块头信息，使用与编码算法相反的解码算法重构声音数据，再写入到缓冲存储器。

(7)从缓冲存储器中把声音复制到声音输出设备转换成模拟声音，完成一个声音样本块的传送。

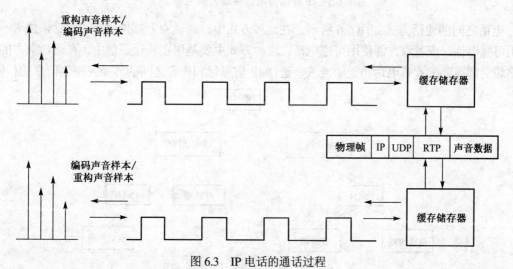

图 6.3　IP 电话的通话过程

从原理上讲，IP 电话和 PSTN 电话之间在技术上的主要差别是它们的交换结构。因特网使用的是动态路由技术，而 PSTN 使用的是静态交换技术。PSTN 电话是在线路交换网络上进行，对每对通话都分配一个固定的带宽，因此通话质量有保证。在使用 PSTN 电话时，呼叫方拿起收/发话器，拨打被呼叫方的国家码、地区码和市区号码，通过中央局建立连接，然后双方就可进行通话。在使用 IP 电话时，用户输入的电话号码转发到位于专用小型交换机(Private Branch Exchange，PBX)和 TCP/IP 网络之间最近的 IP 电话网关，IP 电话网关查找通过因特网到达被呼叫号码的路径，然后建立呼叫。IP 电话网关把声音数据装配成 IP 信息包，然后按照 TCP/IP 网络上查找到的路径把 IP 信息包发送出去。对方的 IP 电话网关接收到这种 IP 信息包之后，把信息包还原成原来的声音数据，并通过 PBX 转发给被呼叫方。

3．IP 电话的通话方式

　　IP 电话真正大量投入时，估计会有三种基本的通话方式：在 IP 终端(计算机)之间的通话，IP 终端与普通电话(或可视电话)之间通过 IP 网络和 PSTN 网络的通话，以及普通电话(或可视电话)之间通过 IP 网络和 PSTN 网络的通话。

　　IP 终端之间的通话方式如图 6.4 所示。在这种通话方式中，通话收发双方都要使用配置有相同类型的或兼容的 IP 电话软件和相关部件，如声卡、麦克风、喇叭等。声音的压缩和解压缩由 PC 承担。

图 6.4　IP 终端与 IP 终端之间的通话

　　IP 终端与电话终端之间的通话方式如图 6.5 所示。在这种通话方式中，通话的一方使用配置有 IP 电话软件和相关部件的计算机，另一方则使用 PSTN/ISDN/GSM 网络上的电话。在 IP 网络的边沿需要有一台配有 IP 电话交换功能的网关，用来控制信息的传输，并把 IP 信息包转换成线路交换网络上传送的声音，或者相反。

图 6.5　IP 终端与电话终端之间的通话

　　电话之间的通话方式如图 6.6 所示。在这种方式中，通话双方都使用普通电话，或者一方使用可视电话，或者双方都使用可视电话。这种方式主要是用在长途通信中，在通话双方的 IP 网络边沿都需要配置有电话功能的网关，进行 IP 信息包和声音之间的转换及控制信息的传输。

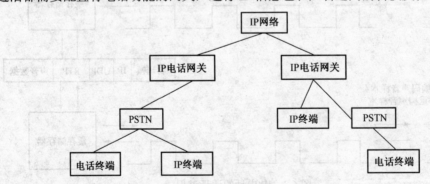

图 6.6　通过 IP 网络的电话之间的通话

4．IP 电话标准

　　开通 IP 电话服务需要使用的一个重要标准是信号传输协议(Signaling Protocol)。信号传输协议是用来建立和控制多媒体会话或呼叫的一种协议，数据传输不属于信号传输协议。这些会话包括多媒体会议、电话、远距离学习和类似的应用。IP 信号传输协议(IP Signaling Protocol)用来创建网络上客户的软件和硬件之间的连接。多媒体会话的呼叫建立和控制的主要功能包括用户地址查找、地址转换、连接建立、服务特性磋商、呼叫终止和呼叫参与者的管理等。附加的信号传输协议包括账单管理、安全管理、目录服务等。

　　广泛使用 IP 电话的最关键问题之一是建立国际标准，这样可使不同厂商开发和生产的设备能够正确地在一起工作。当前开发 IP 电话标准的组织主要有 ITU-T、IETF 和欧洲电信标准学会（European Telecommunications Standards Institute，ETSI）等。人们认为两个比较值得注意的可用于 IP 电话信号传输的标准是 ITU 的 H.323 系列标准和 IETF 的入会协议（Session Initiation Protocol，SIP）。SIP 是由 IETF 的 MMUSIC（Multiparty Multimedia Session Control）工作组正在开发的协议，它是在 HTML 语言基础上开发的、比 H.323 简便的一种协议。该协议原来是为在因特网上召开多媒体会议开发的协议。H.323 和 SIP 这两种协议代表解决相同问题（多媒体会议的信号传输和控制）的两种不同的解决方法。此外，还有两个信号传输协议被考虑为 SIP 结构的一部分。这两个协议是：会话说明协议（Session Description Protocol，SDP）和会话通告协议（Session Announcement Protocol，SAP），因特网多媒体远程会议协会（International Multimedia Teleconferencing Consortium，IMTC）的 VoIP forum 和 MIT 因特网电话协会（MIT Internet Telephony Consortium）对不同标准和网络之间的协同工作比较感兴趣。

5. 可视电话

　　利用电话线传送图像与传统电话相结合构成的可视电话系统，满足了人们长期以来打电话"既闻其声，又见其人"的愿望。它是最早实现的多媒体通信。可视电话从概念上可做以下划分：在模拟通信网络上传输静态图像的电话称为可视电话，而在模拟通信网和数字网上传输动态或准动态图像又称为电视电话。其图像传输速率为 1～15 帧/秒，有时这两种系统统称为可视电话系统。

　　早在 20 世纪 60 年代后期，可视电话的研制和应用曾经形成热点，在当时技术水平下的传输线路、交换系统及可视电话的价格等因素限制了可视电话的应用。初期的可视电话产品需要使用 ISDN 电话线以高于普通模拟电话线的速率来传输电视图像和声音，这就使这种可视电话产品的推广应用受到限制。随着 28.8 Kb/s 调制解调器的出现，世界上立即就开发出了许多在模拟电话线上使用的第一代可视电话产品。H.324 现在已被国际电信联盟（ITU）采纳并作为世界可视电话标准，它指定了一种普通的方法，用来在用高速调制解调器连接的设备之间共享电视图像、声音和数据。H.324 是第一个指定在公众交换电话网络上实现协同工作的标准。这就意味下一代的可视电话产品能够协同工作，并为市场增长打下了基础。

　　H.324 系列是一个低位速率多媒体通信终端标准，在它的旗号下的标准包括：

　　(1) H.263：电视图像编码标准，压缩后的速率为 20 Kb/s。

　　(2) G.723.1：声音编码标准，压缩后的速率为 5.3 Kb/s（用于声音＋数据）或者 6.3 Kb/s。

　　(3) H.223：低位速率多媒体通信的多路复合协议。

　　(4) H.245：多媒体通信终端之间的控制协议。

　　(5) T120：实时数据会议标准（可视电话应用中不一定是必须的）。

　　H.324 使用 28.8 Kb/s 调制解调器来实现可视电话呼叫者之间的连接，这与 PC 用户使用调制解调器和电话线连接因特网或者其他在线服务的通信方式类似。调制解调器的连接一旦建立，H.324 终端就使用内置的压缩编码技术把声音和电视图像转换成数字信号，并把这些信号压缩成适合模拟电话线的数据速率和调制解调器连接速率的数据。在调制解调器的最大数据速率为 28.8 Kb/s 的情况下，声音被压缩后的数据率大约为 6 Kb/s，其余的带宽用于传输被压缩的电视图像。

　　H.324 可支持各种类型的采用 H.324 标准的可视电话机。在今后若干年里将可能看到各种各样的可视电话产品，其类型可归纳成以下几种：

(1)标准型可视电话/单机型可视电话(Standalone Video Phone)：这种产品与我们现在使用的非移动型电话和移动电话类似，但在电话机上安装有摄像机和 LCD 显示器。

(2)TV 基可视电话(TV-based Video Phone)：这种产品是一种放在电视机上的多媒体电话终端，它内置有摄像机，使用电视机作为可视电话的显示器。

(3)PC 基可视电话(PC-based Video Phone)：这种产品实际是给 PC 添加一种功能而已。利用 PC 作为可视电话终端时，在 PC 上需要安装执行 H.324 系列标准的可视电话软件，需要配置图像数字化卡和声音卡作为图像和声音的输入/输出设备，用彩色显示器显示电视图像，用计算机内部的处理器对电视图像和声音进行压缩解压缩，并用 28.8 Kb/s 或 56 Kb/s 调制解调器连接其他的可视电话终端，具备以上条件就可把 PC 当做一个可视电话终端。

H.324 可视电话的声音质量接近普通电话的质量。按 H.324 标准规定，电视图像的帧速率取决于显示的图像大小。例如，如果可视电话连接双方都使用 QCIF(76×132)的图像分辨率，电视图像的帧速率可达到 4～12 帧/秒，接近于普通电视图像帧速率的一半。但其实际的帧速率将与多媒体终端的计算速度、用户选择的显示窗口大小及当地的线路质量有关。

H.324 可视电话几乎不改变人们使用电话的习惯。与普通电话类似，把可视电话插入到办公室或家庭的电话插座中，使用声音呼叫在先(Voice Call First)方式与使用可视电话的被呼叫方建立连接，这是最简单的连接方法。拨打可视电话与拨打普通电话相同，被呼叫方一旦响应呼叫，用户就可简单地在可视电话机上按一个"连接键"，或者在 PC 基可视电话机上按一个"连接"图标，就可以选择可视电话方式，进行"面对面"的通话。

6.2.3　无线多媒体

随着近几年高速无线网络通信的发展，同时也因为无线通信固有的优点，如架设灵活方便、适于移动等特点，综合语音、数据、视频业务的无线多媒体应用越来越普遍。

目前市场上无线多媒体应用较多的是微波段(2.4 GHz 和 5.8 GHz)无线设备，可以提供全双工的 V.35、E1、EIA530A 等标准的广域网接口，可以直接与相应的复用器、路由器、程控交换机或视频编解码器连接。但因为微波段设备要求必须是可视的通信环境，无法满足一些特定用户的移动或长距离等复杂情况下的多媒体应用，无线多媒体电台恰好满足该应用场合。无线多媒体电台通过广域网接口与多路复用器相连，多路复用器复合电话、传真、局域网及监控图像信号为一路数字数据信号从广域网口送到电台，电台实现数据在空中的透明传输。可传输的距离视实际的传输环境而定，一般情况下可传输 50～100 km。

1．无线多媒体对无线设备的要求

目前，无线数据传输的设备很多，所采用的工作频点、调制方式、传输速率、传输距离及要求的传输条件也各不相同，每款设备基本上都是针对特定的应用设计的。无线多媒体应用对无线设备的要求非常苛刻。

(1)为提供一个用户满意的视频图像，无线链路必须提供足够的传输带宽，因为在低频段没有足够可用的无线频率资源，要提供较高的传输速率，必须使用较高的载波频率。

(2)前端设备的移动性又要求无线链路具有较强的绕射能力及穿透能力。

(3)为了保证传输距离及稳定性，要求无线设备的发射功率大、接收灵敏度高、抗干扰性能好。

(4)为了在不同无线传输、障碍物阻挡的环境下达到良好的传输效果，要求无线设备尽可能采用较低载波频率。

2．各种无线多媒体电台

（1）LEDR 电台

LEDR 系列电台是一款电信级的点对点无线链路电台。其设备最大的特点是在低频段提供很高的传输速率，工作频段低（最低可到 330 MHz），使电台具有一定的绕射及传透能力，并且提供长距离传输。此电台采用先进的数字处理技术（DSP），高效的调制技术（32QAM），充分利用低频段的有限带宽，实现了无线电台在低频段占用较少带宽情况下提供高数据传输。同时由于该电台采用数字信号处理技术与 FEC 前向纠错技术，可使其具有很高的信号接收灵敏度，并能保证信号的可靠传输，使其更适应恶劣环境中的应用。该电台体积较大、功耗较高，所以比较适合车载移动视频应用。

（2）iNET 电台

iNET 电台是一款工业级的无线电台，其良好的设计及坚固的外壳可以应用到各种恶劣的环境下，该设备采用先进的跳频扩频技术，使得设备抗干扰能力非常强。电台工作在 900 MHz，具有较强的穿透能力，能够穿越建筑物进行通信。电台支持点对多点通信，同时设备提供多种接口：以太网口、串口，使得系统中可以同时提供多种应用。电台提供多级安全保护，使得非法用户无法窃听及非法接入，适合安全性能要求很高的单位使用，另外电台数据速率高，体积小，功耗低，适合现场携带或车载应用。

（3）TransNET 电台

TransNET 电台是一款工业级的无线电台，工作温度范围宽，适于在极端恶劣的环境下工作。接收灵敏度非常高，传输距离远，支持高速移动过程中的数据传输。电台支持点对多点的轮询方式，串口透明传输，持单工、半双工、时分双工工作模式。远端设备可在多个基站及中继站之间漫游。电台模块体积小，价格低，方便集成到用户的系统中。特别适合现场携带的单向图像传输。

（4）entraNET 电台

entraNET 电台是一款工业级的无线电台，设备提供以太网接口和串口，空中速率 106 Kb/s，遵循 802.11 协议。采用先进的跳频扩频技术，最高可达 140 跳/秒，使得设备抗干扰能力非常强，具有前向纠错、数据多发、重发。电台接收灵敏度高，传输距离远。支持设备高速移动过程中的数据传输。支持远端设备在多个基站及中继站之间的漫游。电台安全性能高，支持多级安全措施，128 位密钥，双向认证。电台支持 QoS 服务，保证网络中重要的数据优先发送。适用于车载的无线数据传输及简单图像传输。

3．无线多媒体网络

随着无线通信技术的发展，无线网络已经具备了承载多媒体业务的能力。3G 系统在准静止条件下能够达到 2 Mb/s 的速率，即使是在高速运动的列车上，传输速率也可以达到 144 Kb/s，能够支持音频或低速率视频等多媒体业务。而无线局域网可以达到甚至超过 54 Mb/s 的信道传输速率，完全可以向准静止终端提供宽带的视频多媒体业务。但是，无线网络与有线网络相比，系统存在诸多特殊性，使得其 QoS 控制机制和有线网络的 QoS 控制机制存在较大差别。具体来说，网络特性的差别表现在以下几个主要方面：

（1）无线网络的频谱和功率资源严格受限，所能达到的带宽远低于有线网络。因此，高效地利用无线资源、减小开销、提高系统容量，是无线多媒体网络面临的主要问题之一。

（2）无线信道的特性与终端的地理位置分布相关，信道特性相差很大。通常距离基站近的终端信道条件好，距离基站远的终端信道条件差，远近终端的业务要达到相同的 QoS 必须付出不同的代价。

(3)在无线多媒体网络中，终端允许移动。移动带来了漫游和切换问题，这是有线网络中没有的。此外，终端移动导致信道特性变化，使得无线链路的 QoS 随之变化，必须采取适当的措施来维持链路性能。

(4)在无线多媒体网络中，系统容量并不是常数。系统容量与业务速率、误码率、时延、抖动、丢包等 QoS 性能参数密切相关。为了维持系统的稳定、保证已存在业务的 QoS，必须采取适当的无线资源测量方法，然后对无线资源实施相应的控制。

4. 无线多媒体业务分类

全球无线通信系统将业务分成四大类，基本上是按照时延要求来划分的：

(1)会话式业务：这是一类典型的实时业务，要求端到端延迟和抖动小。此类业务有电话、IP 电话、视频会议等。

(2)流媒体业务：这类业务数据流单向传输，也是实时业务，但对延迟要求较宽松。此类业务有视频点播、网络实况广播等。

(3)交互式业务：这类业务的特点是请求—响应模式，对延迟几乎没有要求。此类业务的典型代表是 Web 浏览。

(4)背景业务：这类业务通常对传输延迟没有限制。典型业务如 E-mail，或者后台的 FTP下载等。

6.2.4 视频会议

1. 视频会议概述

视频会议有两大结构体系：H.320 和 H.323。H.320 标准基于电路交换网络，DDN/ISDN/SDH E1 等，产生于 20 世纪 80 年代末。H.323 标准基于包交换的 IP 网络，产生于 20 世纪 90 年代中期。欧美国家由于网络建设早，ISDN 网络比较普及，我国网络建设稍晚，但起点较高，E1 和 IP 网络较常见。IP 网由于其成本较低、扩展方便的特性，发展更加迅速。

视频会议系统的核心技术是视频编解码技术。视频编解码协议也有两大体系：一套是ITU(国际电信联盟)制定的 H.261/H.263/H.263+/H.263++系列；另一套是 ISO(国际标准化组织)制定的 MPEG-1/2/4 系列。2002 年 ITU 和 ISO 联合共同推出了 H.264 视频编解码协议。这一协议的推出对视频会议产业有重要意义。促进了产品的标准化，提升了视频质量。

H.261、H.263、H.263+、MPEG-1 的编解码标准占用带宽为 64～2048 Kb/s，只支持 352×288，1CIF 的图像分辨率。MPEG-2 能支持 704×576(4 CIF)的高分辨率，但占用带宽要求太高，要达到 4CIF 分辨率，需要 6 Mb/s 以上的带宽。MPEG-4 编解码对于突变情况如场景切换等具备更好的适应性；可以用最少的数据获得最佳的图像质量，在 1.5 Mb/s 的情况下，图像质量可以达到 DVD 质量。H.264 不仅比 H.263 节约了 50%的码率，而且对网络传输具有更好的支持功能。它引入了面向 IP 包的编码机制，有利于网络中的分组传输，支持网络中视频的流媒体传输，支持不同网络资源下的分级编码传输，从而获得平稳的图像质量。

音频编解码协议早期采用的是 G.711/722/723/728/729 等窄频编解码技术。随着 MP3 等宽频编解码技术在视频会议系统上的使用，越来越多的厂家和用户认识到好的音质对远程会话的重要性。最近国际电联推出了 G.722.1 Annex C 标准宽频音频协议，便于各厂家互连互通。G 系列是基于传统的电话音质的编码技术，频响范围为 300～3400 Hz，采样率为 8 kHz，每路声音占用带宽为 8～64 Kb/s。MP3 是用于高保真音乐的高效声音压缩算法，频响范围 20 Hz～20 kHz，采样频率为 44.1 kHz，支持双声道编码技术，其效果比 G 系列音质好，但对带宽要求较高。G.722.1-Annex C 支持 14 kHz 超宽带音频，在 24 Kb/s 带宽时即可提供接近 CD 音质的音频质量，不但声音更加清晰，且减少了用户因视频会议所带来的听觉疲累。

2．H.323 的拓扑结构

1996 年批准的 H.323 是一个在局域网（LAN）上且不保证服务质量（QoS）的多媒体通信标准。H.323 允许声音、电视图像和数据任意组合之后进行传送。H.323 指定包括 H.261 和 H.263 作为电视图像编码器，指定 G.711、G.722、G.728、G.729 和 G.723.1 作为声音编码器。此外，还包括网关（Gateways）、会议服务器（Gatekeeper）和多点控制设备（MCU）。H.323 广泛支持因特网电话（Internet Telephony）。

H.323 是 H.320 的改进版本。H.320 阐述的是在 ISDN 和其他线路交换网络上的电视会议和服务。自从 1990 年批准以来，许多公司已经在局域网（LAN）上开发了电视会议，并通过网关扩展到广域网（WAN），H.323 就是在这种情况下对 H.320 做了必要的扩充。H.323 使用因特网工程特别工作组（Internet Engineering Task Force，IETF）开发的实时传输/实时传输控制协议（Realtime Transport Protocol/Real-Time Transport Control Protocol，RTP/RTCP），以及国际标准化的声音和电视图像编译码器。1998 年 2 月批准的 H.323 版本 2 也正在应用到因特网上的多点和点对点的多媒体通信中。

H.323 要支持以前的多媒体通信标准和设备，因此扩充后比较详细的拓扑结构如图 6.7 所示。从图6.7 中可以看到，H.323 不仅在局域网上通信，而且还可通过 H.323 网关在公众交换电话网（PSTN）、窄带综合业务数字网（N-ISDN）上的终端和宽带综合业务数字网（B-ISDN）上的终端进行通信；从图6.7 中还可看出组成 H.323 多媒体通信系统的基本部件：H.323 终端、H.323 网关、H.323 会务器和 H.323 MCU。使用合适的代码转换器，H.323 网关还可支持遵循 V.70、H.324、H.322、H.320、H.321 和 H.310 标准的终端。

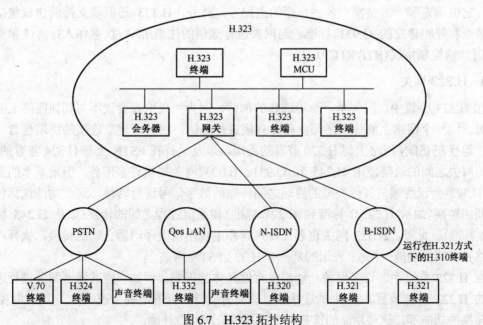

图 6.7　H.323 拓扑结构

3. H.323 终端

H.323 终端是局域网上的客户使用的设备,它提供实时的双向通信,组成部件如图6.8 所示。在 H.323 终端中,可供选择的标准包括电视图像编码器(H.263/H.261)、声音编码器(G.71X/G.72X/G.723.1)、T120 实时数据会议(Real Time Data Conferencing)和 MCU 的功能。但所有的 H.323 终端都必须具备声音通信的功能,而电视图像和数据通信是可选择的。H.323 指定了在不同的声音、电视图像和数据终端在一起工作时所需要的运行方式,是新一代因特网电话、声音会议终端和电视会议终端技术的基础。

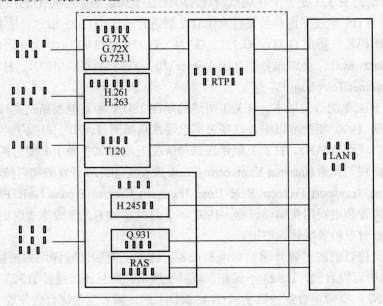

图 6.8 H.323 终端结构

所有 H.323 终端必须支持 H.245 标准。H.245 是 1998 年 9 月批准的多媒体通信控制协议,它定义流程控制、加密和抖动管理、启动呼叫信号、磋商要使用的终端的特性和终止呼叫等过程,它也确定哪一方是发布各种命令的主控方。此外,H.323 还需要支持的协议包括定义呼叫信令和呼叫建立的 Q.931 标准、与网关进行通信的注册/准入/状态(RAS)协议和实时传输/实时传输控制协议(RTP/RTCP)。

4. H.323 网关

在 H.323 会议中,网关是一个可选择的部件,因为如果电视会议不与其他网络上的终端连接时,同一个网络上的终端之间就可以直接进行通信。网关可建立连接的终端包含 PSTN 终端、运行在 ISDN 网络上与 H.320 兼容的终端,以及运行在 PSTN 上与 H.324 兼容的终端。终端与网关之间的通信使用 H.245 和 Q.931。H.323 网关提供许多服务,但最基本的服务是对在 H.323 会议终端与其他类型的终端之间传输的数字信号进行转换。这个功能包括传输格式之间的转换(如从 H.225.0 标准到 H.221 标准)和通信过程之间的转换(如从 H.245 标准到 H.242 标准)。此外,H.323 网关也要支持声音和电视图像编译码器之间的转换,执行呼叫建立和终止呼叫的功能。图6.9表示的是一个 H.323/PSTN 网关。

在 H.323 标准中,许多网关功能都没有做具体的限制。例如,能够通过网关进行通信的实际的 H.323 终端数目、SCN 的连接数目、同时支持召开的电视会议数目、声音/电视图像/数据转换的功能等,这些功能的选择和设计都留给网关设计师。

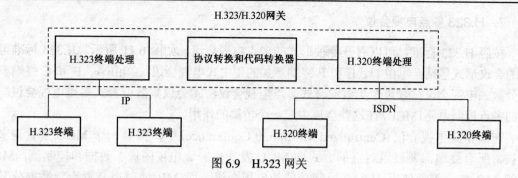

图 6.9　H.323 网关

5. H.323 会务器

会务器是 H.323 中最重要的部件，是管辖区域里的所有呼叫的中心控制点，并为注册的端点提供呼叫控制服务。从多方面看，H.323 会务器就像是一台虚拟的交换机。

会务器执行两个重要的呼叫控制功能。一个是定义在 RAS 规范中的地址转换，即从终端别名和网关的 LAN 别名转换成 IP 或国际信息包交换协议(Internetwork Packet Exchange，IPX)地址；另一个是在 RAS 规范中定义的网络管理功能。例如，如果一个网络管理员已经设定在局域网上同时召开的会议数目，一旦超过这个设定值时会务器可拒绝更多的连接，以限制总的会议带宽，其余的带宽用于电子邮件、文件传输和网上的其他应用。由单个会务器管理的所有终端、网关和多点控制单元(MCU)的集合称为 H.323 区域(H.323 Zone)，如图6.10所示。会务器的一个可供选择但有价值的特性是它可安排 H.323 的呼叫。这个特性便于服务提供者管理使用他们的网络进行呼叫的账目，也可以在被呼叫端点不能使用的情况下把呼叫转接到另一个端点。此外，这个特性还可用来平衡多个路由器之间的呼叫负荷。

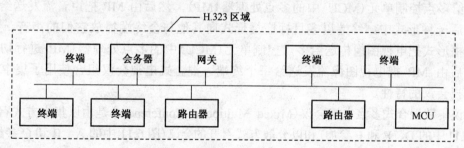

图 6.10　会务器

在 H.323 系统中，会务器不是必须的。但如果有会务器存在时，终端必须要使用会务器提供的服务功能。这些功能就是地址转换、准入控制、带宽管理和区域管理。

6. H.323 多点控制单元

多点控制单元(MCU)支持在 3 个或 3 个以上的端点之间召开电视会议。在 H.323 电视会议中，一个 MCU 单元由多点控制器 MC(Multipoint Controller)和 n 个多点处理器 MP(Multipoint Processors)组成。MC 处理 H.245 推荐标准中指定的在所有终端之间进行协商的方法，以便确定在通信过程中共同使用的声音和电视图像的处理能力。MC 也控制会议资源，确定哪些声音和电视数据流要向多个目标广播，但不直接处理任何媒体流。MP 处理媒体的混合，以及处理声音数据、电视图像数据和数据等。MC 和 MP 可以作为单独的部件或者集成到其他的 H.323 部件。

7. H.323 多点电视会议

按照 H.323 标准，可以召开各种形式的多点电视会议，如图 6.11 所示。H.323 标准可支持的会议形式包括：①由 D、E 和 F 终端参加的集中式电视会议；②由 A、B 和 C 终端参加的分散式电视会议；③声像集散混合式多点电视会议；④会议集散混合式多点电视会议。图中的多点控制单元(MCU)在这些会议中起一个桥梁的作用。

在集中式电视会议(Centralized Multipoint Conference)中，需要一个 MCU 来管理多点会议，所有终端都要以点对点的方式向 MCU 发送声音、电视图像、数据和控制流。MCU 中的 MC 集中管理使用 H.245 控制功能的电视会议，而 MP 处理声音混合、数据分发、电视图像切换/混合，并把处理的结果返回给每个与会终端。MP 也提供转换功能，用于在不同的编译码器和不同的位速率之间进行转换，并可使用多目标广播方式发送经过加工的电视。

在分散式电视会议(Decentralized Multipoint Conference)中，与会终端以多目标广播的方式向没有使用 MCU 的所有其他与会终端广播声音和电视图像。与会终端响应和显示综合接收到的声音，以及选择一个或多个接收到的电视图像，而多点数据的控制仍然由 MCU 集中处理，H.245 控制信道(H.245 Control Channel)信息仍然以点对点的方式传送到 MC。

声像集散混合式多点电视会议(Hybrid Multipoint Conference)有两种形式：声音集中广播混合式多点电视会议(Hybrid Multipoint Conference-Centralized Audio)和电视集中广播混合式多点电视会议(Hybrid Multipoint Conference-Centralized Video)。在前一种形式中，终端以多目标广播形式向其他与会终端播放它们的电视，而以单目标广播形式把声音传送给多点控制单元(MCU)中的多点处理器(MP)，然后由 MP 把声音流发送给每个终端；在后一种形式中，终端以多目标广播形式向其他与会终端播放它们的声音，而以单目标广播形式把电视图像传送给多点控制单元(MCU)中的多点处理器(MP)进行切换和混合，然后由 MP 把电视图像流发送给每个终端。混合式电视会议组合使用了集中式和分散式电视会议的特性。

会议集散混合式多点电视会议(Mixed Multipoint Conferences)是由以集中方式召开的会议(图6.11中的 D、E 和 F 参加)和以分散方式召开的会议(图 6.11 中的 A、B 和 C 参加)组合的一种会议形式。

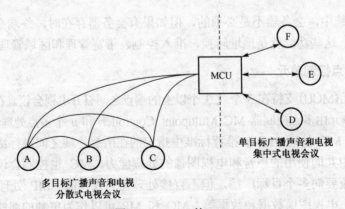

图 6.11　H.323 的 MCU

6.3　网络安全

6.3.1　网络安全概述

随着 Internet 迅猛发展和网络社会化的到来，网络已经无所不在地影响着社会的政治、经济、文化、军事、意识形态和社会生活等各个方面。同时在全球范围内，针对重要信息资源和网络基础设施的入侵行为和企图入侵行为的数量仍在持续不断增加，网络攻击与入侵行为对国家安全、经济和社会生活造成了极大的威胁。因此，网络安全已成为世界各国当今共同关注的焦点。

1．网络安全基本概念

网络安全就是为防范计算机网络硬件、软件、数据偶然或蓄意破坏、篡改、窃听、假冒、泄露、非法访问和保护网络系统持续有效工作的措施总和。

网络安全是一门涉及计算机科学、网络技术、通信技术、密码技术、信息安全技术、应用数学、数论、信息论等多种学科的综合性科学。

2．网络安全保护侧重范围

研究人员更关注从理论上采用数学方法精确描述安全属性。

工程人员从实际应用角度对成熟的网络安全解决方案和新型网络安全产品更感兴趣。

评估人员较多关注的是网络安全评价标准、安全等级划分、安全产品测评方法与工具、网络信息采集及网络攻击技术。

网络管理或网络安全管理人员通常更关心网络安全管理策略、身份认证、访问控制、入侵检测、网络安全审计、网络安全应急响应和计算机病毒防治等安全技术。

对于国家安全保密部门来说，必须了解网络信息泄露、窃听和过滤的各种技术手段，避免涉及国家政治、军事、经济等重要机密信息的无意或有意泄露；抑制和过滤威胁国家安全的反动与邪教等意识形态信息传播。

对公共安全部门而言，应当熟悉国家和行业部门颁布的常用网络安全监察法律法规、网络安全取证、网络安全审计、知识产权保护、社会文化安全等技术，一旦发现窃取或破坏商业机密信息、软件盗版、电子出版物侵权、色情与暴力信息传播等各种网络违法犯罪行为，能够取得可信、完整、准确、符合国家法律法规的诉讼证据。

军事人员则更关心信息对抗、信息加密、安全通信协议、无线网络安全、入侵攻击和网络病毒传播等网络安全综合技术，通过综合利用网络安全技术夺取网络信息优势；扰乱敌方指挥系统；摧毁敌方网络基础设施，以便赢得未来信息战争的决胜权。

3．网络安全内容

(1)物理安全

防盗。计算机偷窃行为所造成的损失可能远远超过计算机本身的价值，因此必须采取严格的防范措施，以确保计算机设备不会丢失。

防火。计算机机房发生火灾一般是由于电气原因、人为事故或外部火灾蔓延引起的。

防静电。静电是由物体间的相互摩擦、接触而产生的，计算机显示器也会产生很强的静电。

防雷击。雷击防范的主要措施是，根据电气、微电子设备的不同功能及不同受保护程序和所属保护层，确定防护要点做分类保护；根据雷电和操作瞬间过电压危害的可能通道，从电源线到数据通信线路都应做多级层保护。

防电磁泄漏。电磁发射包括辐射发射和传导发射。这两种电磁发射可被高灵敏度的接收设备接收并进行分析、还原，造成计算机的信息泄露。屏蔽是防电磁泄漏的有效措施，屏蔽主要有电屏蔽、磁屏蔽和电磁屏蔽三种类型。

(2)逻辑安全

计算机的逻辑安全需要用口令、文件许可、查账等方法来实现。

可以限制登录的次数或对试探操作加上时间限制；可以用软件来保护存储在计算机文件中的信息；限制存取的另一种方式是通过硬件完成，在接收到存取要求后，先询问并校核口令，然后访问列于目录中的授权用户标志号。

有一些安全软件包也可以跟踪可疑、未授权的存取企图，例如，多次登录或请求别人的文件。

(3)操作系统安全

操作系统是计算机中最基本、最重要的软件。同一计算机可以安装几种不同的操作系统。如果计算机系统可提供给许多人使用，操作系统必须能区分用户，以便于防止他们相互干扰。

一些安全性较高、功能较强的操作系统可以为计算机的每位用户分配账户。通常，一个用户一个账户。操作系统不允许一个用户修改由另一个账户产生的数据。

(4)连网安全

访问控制服务：用来保护计算机和连网资源不被非授权使用。

通信安全服务：用来认证数据机要性与完整性，以及各通信的可信赖性。

4. 网络安全的特征

(1)保密性

信息不泄露给非授权用户、实体或过程，或供其利用。

(2)完整性

数据未经授权不能进行改变。即信息在存储或传输过程中保持不被修改、不被破坏和丢失。

(3)可用性

可被授权实体访问并按需求使用。即当需要时能否存取所需的信息。例如，网络环境下拒绝服务、破坏网络和有关系统的正常运行等都属于对可用性的攻击。

(4)可控性

对信息的传播及内容具有控制能力。

(5)可靠性

可靠性是所有信息系统正常运行的基本前提，通常指信息系统能够在规定的条件与时间内完成规定的功能。

(6)有效性

有效性指信息资源容许授权用户按需访问，是信息系统面向用户服务的安全特性。信息系统只有持续有效，授权用户才能随时、随地根据自己的需要访问信息系统提供的服务。

（7）可审查性

出现安全问题时提供依据与手段。

（8）拒绝否认性

拒绝否认性也称不可抵赖性或不可否认性，是指通信双方不能抵赖或否认已完成的操作和承诺，利用数字签名能够防止通信双方否认曾经发送和接收信息的事实。在多数情况下，网络安全更侧重强调网络信息的保密性、完整性和有效性。

5. 全方位的安全体系

与其他安全体系类似，企业应用系统的安全体系应包含：

（1）访问控制

通过对特定网段、服务建立的访问控制体系，将绝大多数攻击阻止在到达攻击目标之前。

（2）检查安全漏洞

通过对安全漏洞的周期检查，即使攻击可到达攻击目标，也可使绝大多数攻击无效。

（3）攻击监控

通过对特定网段、服务建立的攻击监控体系，可实时检测出绝大多数攻击，并采取相应的行动（如断开网络连接、记录攻击过程、跟踪攻击源等）。

（4）加密通信

主动的加密通信，可使攻击者不能了解、修改敏感信息。

（5）认证

良好的认证体系可防止攻击者假冒合法用户。

（6）备份和恢复

良好的备份和恢复机制，可在攻击造成损失时，尽快地恢复数据和系统服务。

（7）多层防御

攻击者在突破第一道防线后，延缓或阻断其到达攻击目标。隐藏内部信息，使攻击者不能了解系统内的基本情况。

（8）设立安全监控中心

为信息系统提供安全体系管理、监控，以及紧急情况服务。

6.3.2　网络安全面临的威胁

2001 年 9.11 红黑客大战，数以千计的网络服务和网站主机被攻击、抹黑、张贴假新闻，导致网站被迫长时关闭，导致经济、新闻、社会秩序的混乱，造成极大的损失。

2002 年 1 月，上海某公司经营的网络游戏《传奇》上注册的 100 余万用户资料被人在许多著名网站上公布，涉及金额千万元以上。

根据美国联邦调查局的最新调查结果，大部分大型企业和政府机构都遭到过计算机黑客的攻击。

美国纽约咨询公司 Predictive 对计算机黑客事例进行的追踪调查结果显示，在发生黑客攻击的国家中，中国为 29%，位居第三位，尽管攻击手段单调（大多数只是 DOS 攻击）、技术水平不高（使用应用简单的软件），但是对防御单薄甚至无防御的中国企业网络、政务网络等造成极大破坏。

1. 网络面临的安全威胁

(1)未授权访问、信息外泄、网络暴露。

(2)仿冒身份、窃听报文，获取机密。

(3)流量攻击、DOS 攻击，导致服务瘫痪。

(4)获取系统后门、服务漏洞，操控设备。

(5)通过特定技术和工具，针对网络传送数据、网络储存数据、网络设备资源；未经授权进行访问；甚至破坏、修改、控制这些数据和资源。

(6)安全攻击的技术难度越来越小，而攻击工具自动化程度越来越高。

(7)安全肇事者人群在变化，要求技术水平越来越低。

2. 网络用户易受攻击的原因

(1)用户的业务运作越来越多地依赖永远在线。

(2)重要网络、业务更长久地暴露在公众环境中。

(3)技术的高度发展，方便了信息交流的平民化，也方便了攻击技术的平民化。

(4)IP 技术的特点是简单和开放，可以降低网络建设和运维费用，但也容易引入漏洞。

3. 网络安全类型

(1)运行系统安全

即保证信息处理和传输系统的安全。它侧重于保证系统正常运行，避免因为系统的崩溃和损坏而对系统存储、处理和传输的信息造成破坏和损失，避免由于电磁泄漏，产生信息泄露，干扰他人，受他人干扰。

(2)网络上系统信息的安全

包括用户口令鉴别，用户存取权限控制，数据存取权限、方式控制，安全审计，安全问题跟踪，计算机病毒防治，数据加密。

(3)网络上信息传播安全

即信息传播后果的安全，包括信息过滤等。它侧重于防止和控制非法、有害的信息进行传播后的后果。避免公用网络上大量自由传输的信息失控。

(4)网络上信息内容的安全

侧重于保护信息的保密性、真实性和完整性。避免攻击者利用系统的安全漏洞进行窃听、冒充、诈骗等有损于合法用户的行为。本质上是保护用户的利益和隐私。

6.3.3　计算机网络安全措施

计算机网络安全措施主要包括保护网络安全、保护应用服务安全和保护系统安全三方面，各方面都要结合考虑安全防护的物理安全、防火墙、信息安全、Web 安全、媒体安全等。

1. 保护网络安全

保护网络安全是为保护商务各方网络端系统之间通信过程的安全性。保证机密性、完整性、认证性和访问控制性是网络安全的重要因素。保护网络安全的主要措施如下：

(1)全面规划网络平台的安全策略。

(2)制定网络安全的管理措施。

(3)使用防火墙。

(4)尽可能记录网络上的一切活动。

(5)注意对网络设备的物理保护。

(6)检验网络平台系统的脆弱性。

(7)建立可靠的识别和鉴别机制。

2. 保护应用安全

保护应用安全，主要是针对特定应用(如 Web 服务器、网络支付专用软件系统)所建立的安全防护措施，它独立于网络的任何其他安全防护措施。虽然有些防护措施可能是网络安全业务的一种替代或重叠，如 Web 浏览器和 Web 服务器在应用层上对网络支付结算信息包的加密，都通过 IP 层加密，但是许多应用还有自己特定安全要求。

由于电子商务中的应用层对安全的要求最严格、最复杂，因此更倾向于在应用层而不是在网络层采取各种安全措施。

虽然网络层上的安全仍有其特定地位，但人们不能完全依靠它来解决电子商务应用的安全性。应用层上的安全业务可以涉及认证、访问控制、机密性、数据完整性、不可否认性、Web 安全性、EDI 和网络支付等应用的安全性。

3. 保护系统安全

保护系统安全，是指从整体电子商务系统或网络支付系统的角度进行安全防护，它与网络系统硬件平台、操作系统、各种应用软件等互相关联。涉及网络支付结算的系统安全包含下述一些措施：

(1)在安装的软件中，如浏览器软件、电子钱包软件、支付网关软件等，检查和确认未知的安全漏洞。

(2)技术与管理相结合，使系统具有最小穿透风险性。如通过诸多认证才允许连通，对所有接入数据必须进行审计，对系统用户进行严格安全管理。

(3)建立详细的安全审计日志，以便检测并跟踪入侵攻击等。

6.3.4　常用的网络安全技术

1. 虚拟网(VLAN)技术

虚拟网技术主要基于近年发展的局域网交换技术(ATM 和以太网交换)。交换技术将传统的基于广播的局域网技术发展为面向连接的技术。因此，网管系统有能力限制局域网通信的范围而无需通过开销很大的路由器。由以上运行机制带来的网络安全的好处是显而易见的：信息只到达应该到达的地点。因此，防止了大部分基于网络监听的入侵手段。通过虚拟网设置的访问控制，使在虚拟网外的网络节点不能直接访问虚拟网内节点。但是，虚拟网技术也带来了新的安全问题：

(1)执行虚拟网交换的设备越来越复杂，从而成为被攻击的对象。

(2)基于网络广播原理的入侵监控技术在高速交换网络内需要特殊的设置。

(3)基于 MAC 的 VLAN 不能防止 MAC 欺骗攻击。

以太网从本质上基于广播机制，但应用了交换器和 VLAN 技术后，实际上转变为点到点通信，除非设置了监听口，信息交换不会存在监听和插入问题。

但是，采用基于 MAC 的 VLAN 划分将面临假冒 MAC 地址的攻击。因此，VLAN 的划分最好基于交换机端口。但这要求整个网络桌面使用交换端口或每个交换端口所在的网段机器均属于相同的 VLAN。

网络层通信可以跨越路由器，因此攻击可以从远方发起。IP 协议族各厂家实现的不完善，因此在网络层发现的安全漏洞相对更多，如 IP sweep、teardrop、sync-flood、IP spoofing 攻击等。

2. 防火墙技术

网络防火墙技术是一种用来加强网络之间访问控制，防止外部网络用户以非法手段通过外部网络进入内部网络访问内部网络资源，保护内部网络操作环境的特殊网络互联设备。它对两个或多个网络之间传输的数据包如链接方式按照一定的安全策略实施检查，以决定网络之间的通信是否被允许，并监视网络运行状态。

防火墙产品主要有堡垒主机、包过滤路由器、应用层网关(代理服务器)及电路层网关、屏蔽主机防火墙、双宿主机等类型。虽然防火墙是保护网络免遭黑客袭击的有效手段，但也有明显不足：无法防范通过防火墙以外的其他途径的攻击，不能防止来自内部变节者和不经心的用户们带来的威胁，也不能完全防止传送已感染病毒的软件或文件，以及无法防范数据驱动型的攻击。

自从 1986 年美国 Digital 公司在 Internet 上安装了全球第一个商用防火墙系统，提出防火墙概念后，防火墙技术得到了飞速的发展。国内外已有数十家公司推出了功能各不相同的防火墙产品系列。

防火墙处于 5 层网络安全体系中的最底层，属于网络层安全技术范畴。在这一层上，企业对安全系统提出的问题是：所有的 IP 是否都能访问到企业的内部网络系统，如果答案是"是"，则说明企业内部网还没有在网络层采取相应的防范措施。

作为内部网络与外部公共网络之间的第一道屏障，防火墙是最先受到人们重视的网络安全产品之一。虽然从理论上看，防火墙处于网络安全的底层，负责网络间的安全认证与传输，但随着网络安全技术的整体发展和网络应用的不断变化，现代防火墙技术已经逐步走向网络层之外的其他安全层次，不仅要完成传统防火墙的过滤任务，同时还能为各种网络应用提供相应的安全服务。另外还有多种防火墙产品正朝着数据安全与用户认证、防止病毒与黑客侵入等方向发展。

3. 病毒防护技术

病毒历来是信息系统安全的主要问题之一。由于网络的广泛互连，病毒的传播途径和速度大大加快。一般将病毒的途径分为：

(1)通过 FTP、电子邮件传播。

(2)通过光盘、磁盘传播。

(3)通过 Web 游览传播，主要是恶意的 Java 控件网站。

(4)通过群件系统传播。

病毒防护的主要技术如下：

(1)阻止病毒的传播。在防火墙、代理服务器、SMTP 服务器、网络服务器、群件服务器上安装病毒过滤软件。在 PC 安装病毒监控软件。

(2)检查和清除病毒。使用防病毒软件检查和清除病毒。

(3)病毒数据库的升级。病毒数据库应不断更新，并下发到桌面系统。

(4)在防火墙、代理服务器及 PC 上安装 Java 及 ActiveX 控制扫描软件，禁止未经许可的控件下载和安装。

4．入侵检测技术

利用防火墙技术，经过仔细的配置，通常能够在内外网之间提供安全的网络保护，降低了网络安全风险。但是，仅使用防火墙，网络安全还远远不够：

(1)入侵者可寻找防火墙背后可能敞开的后门。

(2)入侵者可能就在防火墙内。

(3)由于性能的限制，防火墙通常不能提供实时的入侵检测能力。

入侵检测(Intrusion Detection)技术是近年出现的新型网络安全技术，是用来识别针对计算机、网络系统(含硬件系统、软件系统和信息资源等)的非法攻击和使用，包括检测外部非法入侵者的恶意攻击和试探、内部合法用户的超越使用权限的试探和非法操作等，并提供实时的入侵检测及采取相应的防护手段，如记录证据用于跟踪和恢复、断开网络连接等。

实时入侵检测不仅能够对付来自内部网络的攻击，而且能够缩短黑客入侵的时间。入侵检测系统可分为两类：

(1)基于主机

基于主机的入侵检测系统用于保护关键应用的服务器，实时监视可疑的连接、系统日志检查、非法访问的闯入等，并提供对典型应用的监视，如 Web 服务器应用。基于主机的安全监控系统具备如下特点：

① 精确，可以精确地判断入侵事件；

② 高级，可以判断应用层的入侵事件；

③ 对入侵事件立即进行反应；

④ 针对不同操作系统特点；

⑤ 占用主机宝贵资源。

(2)基于网络

基于网络的入侵检测系统用于实时监控网络关键路径的信息。基于网络的安全监控系统具备如下特点：

① 能够监视经过本网段的任何活动；

② 实时网络监视；

③ 监视粒度更细致；

④ 精确度较差；

⑤ 防入侵欺骗的能力较差；

⑥ 交换网络环境难于配置。

基于主机及网络的入侵监控系统通常均可配置为分布式模式：

(1)在需要监视的服务器上安装监视模块(Agent)，分别向管理服务器报告及上传证据，提供跨平台的入侵监视解决方案。

(2)在需要监视的网络路径上，放置监视模块(Sensor)，分别向管理服务器报告及上传证据，提供跨网络的入侵监视解决方案。

选择入侵监视系统的要点是:

① 协议分析及检测能力;

② 解码效率(速度);

③ 自身安全的完备性;

④ 精确度及完整度,防欺骗能力;

⑤ 模式更新速度。

5. 安全扫描技术

网络安全技术中,另一类重要技术为安全扫描技术。安全扫描技术与防火墙、安全监控系统互相配合能够提供很高安全性的网络。

安全扫描工具源于黑客在入侵网络系统时采用的工具。商品化的安全扫描工具为网络安全漏洞的发现提供了强大的支持。安全扫描工具通常也分为基于服务器和基于网络的扫描器。

(1)基于服务器的扫描器主要扫描服务器相关的安全漏洞,如 password 文件、目录和文件权限、共享文件系统、敏感服务、软件、系统漏洞等,并给出相应的解决办法建议。通常与相应的服务器操作系统紧密相关。

(2)基于网络的安全扫描主要扫描设定网络内的服务器、路由器、网桥、变换机、访问服务器、防火墙等设备的安全漏洞,并可设定模拟攻击,以测试系统的防御能力。通常该类扫描器限制使用范围(IP 地址或路由器跳数)。

网络安全扫描的主要性能应该考虑以下方面:

(1)速度。在网络内进行安全扫描非常耗时。

(2)网络拓扑。通过 GUI 的图形界面,可选择某些区域的设备。

(3)能够发现的漏洞数量。

(4)是否支持可定制的攻击方法。通常提供强大的工具构造特定的攻击方法。因为网络内服务器及其他设备对相同协议的实现存在差别,所以预制的扫描方法肯定不能满足客户的需求。

(5)报告,扫描器应能给出清楚的安全漏洞报告。

(6)更新周期。提供该项产品的厂商应尽快给出新发现的安生漏洞扫描特性升级,并给出相应的改进建议。安全扫描器不能实时监视网络上的入侵,但是能够测试和评价系统的安全性,并及时发现安全漏洞。

6. 认证和数字签名技术

认证技术主要解决网络通信过程中通信双方的身份认可,数字签名作为身份认证技术中的一种具体技术,还可用于通信过程中的不可抵赖要求的实现。

认证技术将应用到企业网络中的以下方面:

(1)路由器和交换机之间的认证;

(2)操作系统对用户的认证;

(3)网管系统对网管设备的认证;

(4) VPN 网关设备之间的认证;

(5)拨号访问服务器与客户间的认证;

(6)应用服务器(如 Web Server)与客户的认证;

（7）电子邮件通信双方的认证。

数字签名技术主要用于：

（1）基于 PKI 认证体系的认证过程。

（2）基于 PKI 的电子邮件及交易（通过 Web 进行的交易）的不可抵赖记录。

认证过程通常涉及加密和密钥交换。通常，加密可使用对称加密、不对称加密及两种加密方法的混合。目前常用的认证方式有如下三种。

（1）UserName/Password 认证

该种认证方式是最常用的一种认证方式，用于操作系统登录、telnet、rlogin 等，但由于此种认证方式过程不加密，即 password 容易被监听和解密。

（2）使用摘要算法的认证

Radius（拨号认证协议）、路由协议（OSPF）、SNMP Security Protocol 等均使用共享的 Security Key，加上摘要算法（MD5）进行认证，由于摘要算法是一个不可逆的过程，因此在认证过程中，由摘要信息不能计算出共享的 security key，敏感信息不在网络上传输。市场上主要采用的摘要算法有 MD5 和 SHA-1。

（3）基于 PKI 的认证

使用公开密钥体系进行认证和加密。该种方法安全程度较高，综合采用了摘要算法、不对称加密、对称加密、数字签名等技术，很好地将安全性和高效率结合起来。这种认证方法目前应用在电子邮件、应用服务器访问、客户认证、防火墙验证等领域。该种认证方法安全程度很高，但是涉及比较繁重的证书管理任务。

7．应用系统的安全技术

由于应用系统的复杂性，有关应用平台的安全问题是整个安全体系中最复杂的部分。下面列出了在 Internet/Intranet 中主要的应用平台服务的安全问题及相关技术。

（1）域名服务

Internet 域名服务为 Internet/Intranet 应用提供了极大的灵活性。几乎所有的网络应用均利用域名服务。但是，域名服务通常为黑客提供了入侵网络的有用信息，如服务器的 IP、操作系统信息、推导出可能的网络结构等。同时，新发现的针对 BIND-NDS 实现的安全漏洞也开始发现，而绝大多数的域名系统均存在类似的问题。如由于 DNS 查询使用无连接的 UDP 协议，利用可预测的查询 ID 可欺骗域名服务器给出错误的主机名—IP 对应关系。

因此，在利用域名服务时，应该注意到以上的安全问题。主要的措施有：

① 内部网和外部网使用不同的域名服务器，隐藏内部网络信息。

② 域名服务器及域名查找应用安装相应的安全补丁。

③ 对付 Denial-of-Service 攻击，应设计备份域名服务器。

（2）Web Server 应用安全

Web Server 是企业对外宣传、开展业务的重要基地，现已成为黑客攻击的首选目标之一。Web Server 经常成为 Internet 用户访问公司内部资源的通道之一，如 Web Server 通过中间件访问主机系统，通过数据库连接部件访问数据库，利用通用网关接口 CGI（Common Gateway Interface）访问本地文件系统或网络系统中其他资源。但 Web 服务器越来越复杂，其被发现的安全漏洞越来越多。为了防止 Web 服务器成为攻击的牺牲品或成为进入内部网络的跳板，需要给予更多的关心：

① Web 服务器置于防火墙保护之下；

② 在 Web 服务器上安装实时安全监控软件；

③ 在通往 Web 服务器的网络路径上安装基于网络的实时入侵监控系统；

④ 经常审查 Web 服务器配置情况及运行日志；

⑤ 运行新的应用前，先进行安全测试。如新的 CGI 应用；

⑥ 认证过程采用加密通信或使用 X.509 证书模式；

⑦ 小心设置 Web 服务器的访问控制表。

(3) 电子邮件系统安全

电子邮件系统也是网络与外部必须开放的服务系统。由于电子邮件系统的复杂性，其被发现的安全漏洞非常多，并且危害很大。

加强电子邮件系统的安全性，通常有如下办法：

① 设置一台位于停火区的电子邮件服务器作为内外电子邮件通信的中转站(或利用防火墙的电子邮件中转功能。所有出入的电子邮件均通过该中转站中转。

② 同样为该服务器安装实时监控系统。

③ 邮件服务器作为专门的应用服务器，不运行任何其他业务(切断与内部网的通信)。

④ 升级到最新的安全版本。

(4) 操作系统安全

市场上几乎所有的操作系统均已发现有安全漏洞，并且越流行的操作系统发现的问题越多。对操作系统的安全，除了不断地增加安全补丁外，还需要检查系统设置(敏感数据的存放方式、访问控制、口令选择/更新)和基于系统的安全监控系统。

习　题　6

1. 请举例说明无线网络应用实例。

2. 说明多媒体数据压缩的类型及特点。

3. 目前音频数据压缩的国际标准有哪些？是分别针对哪些应用制定的？

4. 目前视频数据压缩的国际标准有哪些？是分别针对哪些应用制定的？

5. 多媒体通信的特点有哪些？举出几个你所知道的多媒体通信业务的实例。

6. 查阅相关资料，说明目前我国无线网络的发展情况。

7. 查阅相关资料，说明目前我国多媒体通信网的建设状况。

8. 简述可视电话系统的组成及相关的国际标准。

9. 简述电视会议系统的组成及相关的国际标准。

10. 查阅相关资料，列出我国目前网络安全产品及网络安全措施。

11. 网络安全的典型技术有哪些？

12. 简述网络安全威胁的发展趋势。

13. 简述计算机网络安全技术及其应用。

14. 简述防火墙的发展动态和趋势。

15. 简述计算机网络的基本功能，以及依据网络覆盖范围的大小将其分为哪几类？

16. 简述第三代无线通信技术标准，并比较优缺点。

17. 简述 3G 在日常生活中的应用及发展前景。

实　验

实验1　网络的基本硬件要素和双绞线连接线的制作

【实验目的】

1. 熟悉局域网的几种拓扑结构，通过比较，理解它们各自的特点。

2. 了解网络所使用的传输介质、网卡、集线器等网络传输介质，以及交换机、网桥、路由器、网关等网络互连设备。

3. 掌握如何制作双绞线连接线以创建简单的端对端网络。

【实验性质】

验证性实验。

【实验要点】

一、网络的分类

1. 按网络的拓扑结构分类

网络的拓扑结构是指网络中通信线路和站点(计算机或设备)的几何排列形式。

(1)星型网络：各站点通过点到点的链路与中心站相连。

(2)环型网络：各站点通过通信介质连成一个封闭的环形。

(3)总线型网络：网络中所有站点共享一条数据通道。

(4)树型网络、星环型网络等其他类型拓扑结构的网络，都是以上述三种拓扑结构为基础构建的。

2. 按网络的传输介质分类

传输介质是构成信道的主要部分，是数据信号在异地之间传播的真实媒介。数据信号的传输质量不但与传送的数据信号和收发特性有关，而且与传输介质有关。传输介质的特性直接影响通信的质量指标。

(1)双绞线

双绞线(Twistedpair)也称为双扭线，双绞线是把两根绝缘铜导线并排放在一起拧成有规则的螺旋形，然后在外层再套上一层保护套或屏蔽套。目前市场上有5种类型(从1类线到5类线)的非屏蔽双绞线(UTP)，以及1个类型的屏蔽双绞线(STP)。

(2)同轴电缆

同轴电缆(Coaxialcable)是由一根空心的外圆柱形的导体围绕单根内导体构成的。内导体为实芯或多芯硬质铜线电缆，外导体为硬金属或金属网。内导体和外导体之间由绝缘材料隔离，外导体外还有外皮套或屏蔽物。由于外导体屏蔽层的作用，同轴电缆具有较高的抗干扰性能。网络中使用的同轴电缆有两种：一种称为"细缆"，阻抗为 50 Ω，传输速率可达 10 Mb/s，在不加中继的情况下，有效传输距离为 185 m；另一种称为"粗缆"，阻抗也为 50 Ω，传输速率可达 10 Mb/s，在不加中继的情况下，有效传输距离为 500 m。

（3）光导纤维

光导纤维（Opticalfiber）是发展最为迅速的传输介质。光纤通信就是利用光导纤维（简称光纤）传递光脉冲来进行通信的。光纤通常由非常透明的石英玻璃拉成细丝，主要由纤芯和外包一层玻璃同心层构成双层通信圆柱体。纤芯用来传导光波。光纤通信容量大、距离长、误码率低、保密性好，目前已被广泛应用。

（4）无线传输介质

无线传输介质包括：各个波段的无线电、地面微波接力线路、卫星微波线路，以及激光、红外线等。

二、局域网的硬件设备

组成小型局域网的主要硬件设备有网卡、集线器等网络传输介质，以及交换机、网桥、路由器、网关等网络互连设备。用集线器组成的网络称为共享式网络，而用交换机组成的网络称为交换式网络。

（1）网卡

网卡（Network Interface Card，NIC）也称网络适配器，是连接计算机与网络的硬件设备。网卡插在计算机或服务器扩展槽中，通过网络线（如双绞线、同轴电缆或光纤）与网络交换数据、共享资源，如图实1.1、图实1.2所示。

图实 1.1　无线局域网网卡　　　　　　　　图实 1.2　Realtek 10/100 Mb/s 网卡

（2）集线器

集线器（HUB）是局域网中计算机和服务器的连接设备，是局域网的星型连接点，每个工作站是用双绞线连接到集线器上，由集线器对工作站进行集中管理，如图实1.3所示。

图实 1.3　HUB（集线器）

（3）交换式集线器

交换式集线器（Switch HUB）与共享式集线器不同，它具有信号过滤的功能。它只将信号传送给某一已知地址的端口，而不像共享式集线器那样将信号传送给网络上的所有端口。

除此之外，交换式集线器上的每个端口都拥有专用带宽，可以让多个端口之间同时进行对话，而不会互相影响。

（4）中继器

中继器（Repeater）用于延伸同型局域网，在物理层连接两个网络，在网络间传递信息。中继器在网络间传递信息，起信号放大、整形和传输作用。

（5）网桥

网桥（Bridge）在数据链路层连接两个局域网络段。网间通信从网桥传送，网内通信被网桥隔离。网络负载重而导致性能下降时，用网桥将其分为两个网络段，可最大限度地缓解网络通信繁忙的程度，提高通信效率。例如，把分布在两层楼上的网络分成每层一个网络段，用网桥连接。网桥同时起隔离作用，一个网络段上的故障不会影响另一个网络段，从而提高网络的可靠性。

（6）路由器

路由器（Router）用于连接网络层、数据链路层、物理层等执行不同协议的网络，协议的转换由路由器完成，从而消除网络层协议之间的差别。路由器适合连接复杂的大型网络。路由器的互连能力强，可以执行复杂的路由选择算法，处理的信息量比网桥多，但处理速度比网桥慢。

（7）网关

网关（Gateway）用于连接网络层之上执行不同协议的子网，组成异构的互联网。网关能实现异构设备之间的通信，对不同的传输层、会话层、表示层、应用层协议进行翻译和变换。网关具有对不兼容的高层协议进行转换的功能。例如，使 NetWare 的 PC 工作站和 SUN 网络互连。

三、双绞线连接线的制作

双绞线一般分为非屏蔽双绞线（UTP）和屏蔽双绞线（STP）两大类。每条双绞线通过两端安装的 RJ-45 连接器（俗称水晶头）与网卡和集线器（或交换机）相连，最大网线长度为 100 m。

1．双绞线连接网卡和集线器时的线对分布

在局域网中，从网卡到集线器间的连接为直通（MDI），即两个 RJ-45 连接器中导线的分布应统一。5 类 UTP 规定有 8 根（4 对线，只用了其中的 4 根，其中脚 1 和脚 2 必须成一对，脚 3 和脚 6 也必须成一对）。当 RJ-45 连接器有弹片的一面朝下，带金属片的一端向前时，RJ-45 接头中 8 个脚的分布如图实 1.4 所示。其中脚 1（TX+）和脚 2（TX-）用于发送数据，脚 3（RX+）和脚 6（RX-）用于接收数据，即一对用于发送数据，一对用于接收数据。其他的 2 对（4 根）没有使用。

脚 1　脚 2　脚 3　脚 4　脚 5　脚 6　脚 7　脚 8

图实 1.4　RJ-45 接头中 8 个引脚的分布

当用双绞线连接网卡和集线器时，两端的 RJ-45 连接器中导线的分布如图实 1.5 所示。

脚 1　脚 2　脚 3　脚 4　脚 5　脚 6　脚 7　脚 8　　　　脚 1　脚 2　脚 3　脚 4　脚 5　脚 6　脚 7　脚 8

图实 1.5　两端的 RJ-45 连接器中导线的分布

2. 双绞线连接两个集线器时的线对分布

如果是两个集线器(或交换机)通过双绞线级联,则双绞线接头中线对的分布与上述连接网卡和集线器时有所不同,必须进行错线(MDIX)。

错线的方法是:将一端的 TX+接到另一端的 RX+,一端的 TX-接到另一端的 RX-,也就是 A 端的脚 1 接到 B 端的脚 3,A 端的脚 2 接到 B 端的脚 6,连接方式如图实 1.6 所示。

脚 1 脚 2 脚 3 脚 4 脚 5 脚 6 脚 7 脚 8　　　　脚 1 脚 2 脚 3 脚 4 脚 5 脚 6 脚 7 脚 8

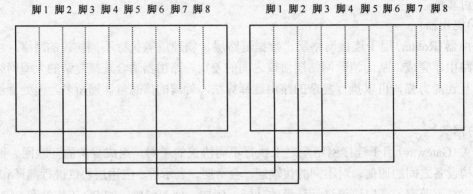

图实 1.6　错线连接图

3. 双绞线直接连接两个网卡时的线对分布

在进行两台计算机之间的连接时,两端必须要进行错线,其方法与集线器之间互连时相同。

四、以太网传输介质 5 类双绞线制作技术

EIA/TIA 568A 连接器规范:　　　　　EIA/TIA 568B 连接器规范:

引脚	功能	线序	功能	线序
1	T3	白绿	T2	白橙
2	R3	绿	R2	橙
3	T2	白橙	T3	白绿
4	R1	蓝	R1	蓝
5	T1	白蓝	T1	白蓝
6	R2	橙	R3	绿
7	T4	白棕	T4	白棕
8	R4	棕	R4	棕

制作网线时,以 100 Mb/s 的 EIA/TIA568B 作为标准规格。

【实验内容】

1. 参观机房的物理架构,了解网络的拓扑结构、硬件。

2. 认识局域网中所使用的传输介质,掌握各种传输介质的特性。认识局域网的硬件设备,掌握各自的优、缺点。

3. 制作一根电缆线,用于连接网卡和集线器。

【思考题】

1. 简述计算机网络的分类。

2. 简述集线器和交换机的区别。

3. 简述中继器、网桥、路由器及网关的协议层次。

实验2　Windows 网络配置和 TCP/IP 协议配置

【实验目的】

1．掌握如何在 Windows 系统中进行网络配置。
2．掌握如何在 Windows 系统中进行 TCP/IP 协议配置。
3．掌握文件共享的设置和使用方法。
4．掌握网络打印机的使用方法。

【实验性质】

验证性实验。

【实验要点】

(1)客户端：指客户机，配置时选择 Windows 所用的网络类型。在安装 Windows 时，会自动安装 Client for Microsoft Networks 和 Client for NetWare Networks。

(2)适配卡(Adapter)：就是安装的网卡。此卡负责计算机和电缆间信息的传送和接收。

(3)通信协议：规定数据在网络内如何传输。Windows 完全支持的有下列 3 种通信协议：

　　IPX/SPX：NetWare、Windows NT 网络使用。

　　NetBUEI：Windows NT 网络使用。

　　TCP/IP：Internet 和广域网络使用。

(4)IP Address(IP 地址)：由 4 字节组成的 32 位地址，是一台计算机在因特网中的唯一标识。

(5)Gateway(网关)：在电子邮件系统中，网关是一个系统，它可从不同的电子邮件系统发送和接收电子邮件。

(6)DNS(Domain Name System，域名系统)：用于 Internet 的分布式名字/地址系统。

(7)DNS 服务器：存有网络域名、节点名及相应地址，并能完成域名、节点名到地址转换的服务。这种名字到地址的转换通常称为解析。

一、Windows 的网络配置

1．设置计算机名称及隶属的工作组名称

(1)单击"开始"按钮，打开"开始"菜单，依次选择"设置"和"控制面板"菜单项，打开"控制面板"对话框。

(2)在控制面板中选择"网络和拨号连接"，在打开的对话框中单击"网络标识"，打开"系统特性"对话框。

(3)在对话框中，单击"属性"按钮，打开"标识更改"对话框，设置计算机的名称和工作组的名称。

2．安装"Microsoft 网络上的文件和打印机共享"服务

(1)Windows 2000 在默认情况下已经将"Microsoft 网络上的文件和打印机共享"安装到计算机中，也可根据需要自行安装。

(2)在 Windows 2000 桌面上右击"网上邻居"图标，选择"属性"命令，打开"网络"对话框，双击"本地连接"，打开"本地连接"对话框，单击"属性"按钮，在该对话框中选择"Microsoft 网络上的文件与打印机共享"，即可完成安装。

二、Windows TCP/IP 协议配置

1．添加并配置协议

在 Windows 2000 桌面上右击"网上邻居"图标，选择"属性"命令，打开"网络"对话框，双击"本地连接"，打开"本地连接"对话框，单击"属性"按钮，在该对话框中选择"安装"按钮，打开"选择网络组件类型"对话框，选择"添加"按钮，即可完成相应协议的添加。

2．配置 TCP/IP 协议

在上述步骤中，打开"本地连接"对话框后，双击"Internet 协议(TCP/IP)"，打开"Internet 协议(TCP/IP)属性"对话框，即可配置 IP 地址、子网掩码和默认网关。

3．配置 DNS

在上述"Internet 协议(TCP/IP)属性"对话框中，可配置 DNS。

三、设置网络驱动器

设置网络驱动器是将共享文件夹和某个指定的驱动器号建立一种映射关系，将来可通过"我的电脑"中的该驱动器访问共享文件夹。

(1)映射网络驱动器。在桌面上右击"网上邻居"，选择"映射网络驱动器"，弹出"映射网络驱动器"对话框，在所示的"驱动器"中，选择为映射资源分配的驱动器号，通过"浏览"按钮定位共享文件夹。

(2)断开网络驱动器。在桌面上右击"网上邻居"，选择"断开网络驱动器"，选择相应的驱动器即可断开网络驱动器。

四、访问共享打印机

在其他计算机中添加打印机时选择"网络打印机"，并在随后的提示中输入共享打印机的网络路径，其格式为"\\计算机名称\共享打印机名称"，也可利用查找功能得到该共享打印机的路径，随后按照向导的提示完成网络打印机的安装。

【实验内容】

对计算机进行部分网络配置和 TCP/IP 协议配置，要求：

(1)将计算机名设置为 pcxx(xx 为实验者姓名拼音)。

(2)工作组设为 tongxinx(x 为实验者所在的班级序号，例如，一班同学的工作组设为 tongxin1)。

(3)添加 Microsoft 的 TCP/IP 协议。

(4)将计算机的 IP 地址设为 192.168.1.1xx(xx 为自己的学号，例如，学号为 1 的同学将 IP 地址设为 192.168.1.101，子网掩码设为 255.255.255.0，网关设为 192.168.1.1。

(5)共享本机的某个文件夹，允许其他同学访问。

(6)访问其他同学的共享文件夹，并映射网络驱动器。

(7)安装网络打印机。

【思考题】

1．Windows 系统完全支持的通信协议有哪些？

2．DNS 服务器的主要作用是什么？

实验 3　网络连接性能测试

【实验目的】

1. 熟悉使用 ping 工具进行测试。
2. 熟悉利用 ipconfig/winipcfg 工具进行测试。

【实验性质】

验证性实验。

【实验要点】

一、使用 ping 工具进行测试

ping 无疑是网络中使用最频繁的小工具，主要用于测定网络的连通性。ping 程序使用 ICMP 协议，简单地发送一个网络包并请求应答，接收请求的目的主机再次使用 ICMP 发回同其接收的数据一样的数据，于是 ping 便可对每个包的发送和接收报告往返时间，并报告无响应包的百分比，这对确定网络是否正确连接，以及网络连接的状况（包丢失率）十分有用。ping 是 Windows 操作系统集成的 TCP/IP 应用程序之一，可在"开始"→"运行"命令中直接执行。

二、利用 ipconfig/winipcfg 工具进行测试

利用 ipconfig/winipcfg 工具可以查看和修改网络中的 TCP/IP 协议的有关配置，如 IP 地址、网关、子网掩码等。这两个工具在 Windows 95/98/Me 中都能使用，功能基本相同，只是 ipconfig 以 DOS 的字符形式显示，而 winipcfg 则采用图形界面显示。

1. ipconfig 工具

ipconfig 也是内置于 Windows 的 TCP/IP 应用程序之一，用于显示本地计算机的 IP 地址配置信息和网卡的 MAC 地址。

2. winipcfg 工具

winipcfg 工具的功能与 ipconfig 基本相同，只是 winipcfg 在操作上更加方便，以图形界面方式显示。若需要查看任何一台计算机上的 TCP/IP 协议配置情况时，只需在 Windows 95/98/Me 上选择"开始"→"运行"命令，在出现的对话框中输入命令"winipcfg"，出现如图实 3.1 所示的测试结果。

三、使用网络路由跟踪工具 Tracert 进行测试

网络路由跟踪程序 Tracert 是一个基于 TCP/IP 协议的网络测试工具，利用该工具可以查看从本地主机到目标主机所经过的全部路由。无论在局域网

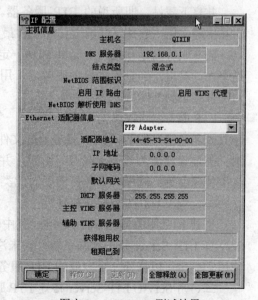

图实 3.1　winipcfg 测试结果

还是在广域网或因特网中，通过 Tracert 所显示的信息，既可以掌握一个数据包信息从本地计算机到达目标计算机所经过的路由，还可以了解网络堵塞发生在哪个环节，为网络管理和系统性能分析及优化提供依据。

【实验内容】

1. 使用 ping 工具测试本机 TCP/IP 协议的工作情况，记录下相关信息。
2. 使用 ipconfig 工具测试本机 TCP/IP 网络配置，记录下相关信息。
3. 使用 winipcfg 工具测试本机 TCP/IP 网络配置，记录下相关信息。
4. 使用 Tracert 工具测试本机到实验室内的另一台计算机所经过的路由数，记录下相关信息。

【思考题】

1. 简述 ping 工具的测试原理。
2. ipconfig、winipcfg 工具分别可以在哪些操作系统中使用？

实验 4　FTP 服务器的建立与设置

【实验目的】

1. 利用 Serv-U FTP Server 软件建立 FTP 服务器。
2. 对 FTP 服务器进行设置、管理和使用。

【实验性质】

验证性实验。

【实验要点】

一、FTP 服务与 FTP 软件基础知识

共享下载站，即所说的 FTP 服务器。用户通过 FTP 协议能够在两台连网的计算机之间相互传递文件，它是互联网上传递文件最常用的方法。

FTP 服务器是互联网上提供 FTP 一定存储空间的计算机，它可以是专用服务器，也可以是个人计算机。当它提供这项服务后，用户可以连接到服务器下载文件，也允许用户把自己的文件传输到 FTP 服务器当中。

FTP 服务器可以以两种方式登录，一种是匿名登录，另一种是使用授权账号与密码登录。一般匿名登录只能下载 FTP 服务器的文件，且传输速度相对要慢一些。而授权账号与密码登录，需要管理员为其设置账号与密码，并进行进一步设置，如他们能访问到哪些资源，下载与上传速度等；同样，管理员需要对此类账号进行限制，并尽可能地把权限调低。

二、Serv-U FTP Server 软件

搭建 FTP 服务器的软件有多种，其中较常用的是 IIS 中的 FTP 功能与 Serv-U FTP Server。Serv-U FTP Server 是一款共享软件，未注册可以使用 30 天。它是专业的 FTP 服务器软件，使用它完全可以搭建一个专业的 FTP 服务器，现在互联网专用的 FTP 服务一般采用此软件。

三、用 Serv-U FTP Server 搭建 FTP 服务器

Serv-U FTP Server（以下简称 Serv-U）是一款专业的 FTP 服务器软件，与其他同类软件相比，Serv-U 功能强大，性能稳定，安全可靠，且使用简单，它可在同一台机器上建立多个 FTP 服务器，可以为每个 FTP 服务器建立对应的账号，并能为不同的用户设置不同的权限，能详细记录用户访问的情况等。其任务过程示意图如图实4.1所示。

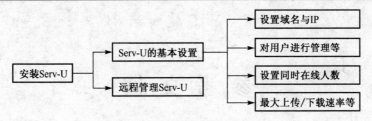

图实 4.1　任务过程示意图

四、Serv-U 的基本设置

1．设置 Serv-U 的域名与 IP 地址

2．创建新账户

3．服务器的测试

以上设置结束后，用 Serv-U 建立的 FTP 服务器即可正常投入使用。建议在使用前对 FTP 服务器进行测试，测试一般分本地测试或远程测试。本地测试即在自己计算机测试，远程测试在网络上其他计算机或请网友帮忙，告诉网友 IP 地址、账户名与密码。

打开 IE，在地址栏中输入"ftp://用户名:密码@IP 地址"，确认后看是否能访问到相应文件，也可使用专业的 FTP 客户端软件，推荐使用 Cute FTP Pro。

4．设置访问目录权限

访问目录权限是对用户或用户组所访问的目录的权限设置，新建账户一般默认为读取、查看、继承权限，并没有上传、删除等权限。即使是同一个账户，也会有对不同目录有不同权限的要求。

5．Serv-U 的管理

Serv-U 有着较合理且严密的管理体系，包括设置 FTP 服务器的最大连接数、为用户设置最大上传、下载速度、设置磁盘配额、各种提示信息、上传下载比率等，读者将体会到 Serv-U 管理功能所带来的便利，比 IIS 的 FTP 功能方便、强大。

【实验内容】

1．在计算机上安装 Serv-U 软件。

2．设置 Serv-U 的域名与 IP 地址，域名设为 www.xxxx.com(xxx 为实验者姓名的拼音)，IP 地址按照本机的 IP 地址设置。

3．创建匿名用户，并指定匿名用户所能访问的目录，设置匿名用户只有浏览权限。

4．创建两个新账户，分别为其设置密码，对这两个账户分别设置目录访问权限，一个账户允许浏览、下载，另一个账户允许浏览、下载、上传。利用本机和远程测试进行检验。

5．设置 Serv-U 最大连接数，利用本机和远程测试进行检验。

【思考题】

1．个人 FTP 服务器是通过 FTP 专用软件，在个人计算机上建立 FTP 服务，它与专业 FTP 服务器相比，具有的优势和不足分别是什么？

2．在个人计算机上建立 FTP 服务器，为什么要合理设置最大上传、下载速度？

参 考 文 献

[1] 谢希仁. 计算机网络(第 5 版). 北京：电子工业出版社，2010

[2] 于鹏，丁喜纲. 计算机网络技术基础(第 3 版). 北京：电子工业出版社，2009

[3] 徐其兴. 计算机网络技术及应用(第 2 版). 北京：高等教育出版社，2004

[4] 高阳，王坚强. 计算机网络技术及应用. 北京：清华大学出版社，2009

[5] 达新宇. 孟涛. 现代通信新技术. 西安：西安电子科技大学出版社，2002

[6] 林福宗. 多媒体技术基础(第 3 版). 北京：清华大学出版社，2009

[7] 曹加恒，李晶. 新一代多媒体技术与应用. 武汉：武汉大学出版社，2006

[8] 蔡安妮，孙景鳌. 多媒体通信技术基础. 北京：电子工业出版社，2004

[9] 蔡皖东. 多媒体通信技术. 西安：西安电子科技大学出版，2006

[10] 杨寅春. 网络安全技术. 西安：西安电子科技大学出版社，2009

[11] 杨茂云. 信息与网络安全实用教程. 北京：电子工业出版社，2007

[12] 霍红编. 计算机网络安全. 北京：高等教育出版社，2004

[13] 印润远. 计算机信息安全. 北京：中国铁道出版社，2006

[14] 谢希仁. 计算机网络(第 4 版). 北京：电子工业出版社，2006

[15] 刘衍珩. 计算机网络(第 2 版). 北京：科学出版社，2007

[16] 高传善等. 数据通信与计算机网络. 北京：高等教育出版社，2001

[17] Shay W.A，高传善等译. 数据通信与网络教程. 北京：机械工业出版社，2000

[18] Andrew S. T，熊桂喜等译. 计算机网络(第 3 版). 北京：清华大学出版社，1998

[19] 谢希仁. 计算机网络(第 2 版). 北京：电子工业出版社，1999

[20] (美)James F.Kurose 等. 计算机网络——自顶向下方法与 Internet 特色(英文影印版). 北京：高等教育出版社，2001

[21] Andrew S.Tanenbaum 著，熊桂喜译. 计算机网络(第 3 版). 北京：清华大学出版社，1998

[22] 倪鹏云. 计算机网络系统结构分析(第 2 版). 北京：国防工业出版社，2000

[23] 胡道元. 计算机网络. 北京：清华大学出版社，2005

[24] 吴企渊. 计算机网络. 北京：清华大学出版社，2006

[25] 张曾科. 计算机网络. 北京：清华大学出版社，2005

[26] 王群. 计算机网络教程. 北京：清华大学出版社，2005

[27] 刘志华. 计算机网络实用教程. 北京：清华大学出版社，2006

[28] 康辉. 梅芳，张晓旭. 计算机网络基础教程. 北京：清华大学出版社，2005

[29] 吴金龙. 洪家军. 数据通信与网络应用. 北京：清华大学出版社，2006

[30] 方峻. 计算机网络基础简明教程. 北京：清华大学出版社，2005